"十四五"职业教育国家规划教材

"十二五"职业教育国家规划教材

本教材第1版曾获首届全国教材建设奖全国优秀教材一等奖

走进焊接

ZOUJIN HANJIE

主　编　吴志亚

副主编　陈　妍

参　编　滕玮晔　樊巧芳　何旭丹
潘　云　周　元　陆　琪

第2版

本书第1版曾获首届全国教材建设奖全国优秀教材一等奖。

本书为“十四五”和“十二五”职业教育国家规划教材，是为了适应中等职业教育教学改革的需要，根据焊接技术应用专业的教学实际和其他机械类专业对焊接技术知识的需求，结合中等职业教育人才培养目标的要求编写的。

本书分为文化篇、专业篇、职业篇、自我认识篇，主要内容有当代焊接先进技术、焊接在各行业的应用、各种焊接方法、焊接材料和焊接检验，学习焊接技术所从事的岗位，作为准企业员工须遵守的“7S”管理规范和须培养的安全意识，中职学生如何学好焊接技术及正确自我剖析并建立学好焊接技术的自信心等知识，是中职焊接技术应用专业学生入学时必须掌握的知识。

本书在编写过程中，选用了大量来自企业、行业的图片和视频，采用故事和案例的形式，融入了我国研发制造的高科技设备和产品，内容浅显易懂，并富有感染力，可极大地激发学习者的求知欲和爱国情怀，是当前中等职业学校焊接技术应用专业入门教育的最新读本，可作为高等、中等职业教育焊接技术应用专业及相近专业的新生教育用书，也可作为普通高中生、初中生、社会人员的自学用书。

图书在版编目（CIP）数据

走进焊接/吴志亚主编. —2版. —北京：机械工业出版社，2021.5
（2024.8重印）
“十二五”职业教育国家规划教材：修订版
ISBN 978-7-111-68178-6

Ⅰ.①走… Ⅱ.①吴… Ⅲ.①焊接-职业教育-教材 Ⅳ.①TG4

中国版本图书馆CIP数据核字（2021）第085753号

机械工业出版社（北京市百万庄大街22号 邮政编码100037）
策划编辑：王海峰 责任编辑：王海峰
责任校对：李 杉 封面设计：张 静
责任印制：刘 媛
涿州市般润文化传播有限公司印刷
2024年8月第2版第6次印刷
184mm×260mm · 15.75印张 · 267千字
标准书号：ISBN 978-7-111-68178-6
定价：59.80元

电话服务
客服电话：010-88361066
010-88379833
010-68326294

网络服务
机 工 官 网：www.cmpbook.com
机 工 官 博：weibo.com/cmp1952
金 书 网：www.golden-book.com
机工教育服务网：www.cmpedu.com

关于“十四五”职业教育国家规划教材的出版说明

为贯彻落实《中共中央关于认真学习宣传贯彻党的二十大精神的决定》《习近平新时代中国特色社会主义思想进课程教材指南》《职业院校教材管理办法》等文件精神，机械工业出版社与教材编写团队一道，认真执行思政内容进教材、进课堂、进头脑要求，尊重教育规律，遵循学科特点，对教材内容进行了更新，着力落实以下要求：

1. 提升教材铸魂育人功能，培育、践行社会主义核心价值观，教育引导学生树立共产主义远大理想和中国特色社会主义共同理想，坚定“四个自信”，厚植爱国主义情怀，把爱国情、强国志、报国行自觉融入建设社会主义现代化强国、实现中华民族伟大复兴的奋斗之中。同时，弘扬中华优秀传统文化，深入开展宪法法治教育。

2. 注重科学思维方法训练和科学伦理教育，培养学生探索未知、追求真理、勇攀科学高峰的责任感和使命感；强化学生工程伦理教育，培养学生精益求精的大国工匠精神，激发学生科技报国的家国情怀和使命担当。加快构建中国特色哲学社会科学学科体系、学术体系、话语体系。帮助学生了解相关专业和行业领域的国家战略、法律法规和相关政策，引导学生深入社会实践、关注现实问题，培育学生经世济民、诚信服务、德法兼修的职业素养。

3. 教育引导学生深刻理解并自觉实践各行业的职业精神、职业规范，增强职业责任感，培养遵纪守法、爱岗敬业、无私奉献、诚实守信、公道办事、开拓创新的职业品格和行为习惯。

在此基础上，及时更新教材知识内容，体现产业发展的新技术、新工艺、新规范、新标准。加强教材数字化建设，丰富配套资源，形成可听、可视、可练、可互动的融媒体教材。

教材建设需要各方的共同努力，也欢迎相关教材使用院校的师生及时反馈意见和建议，我们将认真组织力量进行研究，在后续重印及再版时吸纳改进，不断推动高质量教材出版。

机械工业出版社

前　言

目前，焊接结构的应用非常广泛，从外层空间到深海水下，从一百万吨的大油轮到直径只有头发丝的几十分之一的集成电路引线，焊接都是其主要加工工艺。据工业发达国家统计，每年经过焊接加工的钢材就占钢产量的45%左右。近十几年来，中国制造领域中的海洋工程装备、航空航天装备、高档数控机床和机器人、先进轨道交通装备、节能与新能源汽车、电力装备等都与现代焊接设备和焊接技术密切相关，为了推动制造业高端化、智能化、绿色化发展，许多工厂和企业引进了各种先进的焊接技术及设备，对焊接技术人才的需要非常迫切，近几年，焊接技术应用专业学生的就业形势呈现出供不应求的局面。

很多人对焊接的认识只停留在焊条电弧焊、气焊等比较古老的焊接方法上，实际上，经过一个多世纪的发展，焊接技术已经从手工操作逐渐发展成为现代的自动化焊接技术，为推进新型工业化，加快建设制造强国，未来我国装备制造行业将会更广泛应用焊接机器人。

虽然从事焊接工作的薪水比较高，但由于学生和家长对焊接专业认识不足，出现了招生难的问题。通过本书，可以使学生和家长对焊接有一个全新的认识，对将来的职业有个更好的规划。

本书在第1版的基础上，主要从以下几方面进行了修订：①更新了部分图片，对上一版中用词、配图不规范的地方，进行了纠正；②增加了焊接成才案例；③增加了二维码，读者通过扫描二维码，即可获得相关课件和视频；④增加了焊接在工程上的应用及焊接人物介绍，展现行业新业态、新水平、新技术，用社会主义核心价值观铸魂育人，提升学生职业素养，激发学生的爱国情怀。

本书可作为中等职业学校焊接技术应用专业教育的入门读本，也可作为机械设计制造类专业认识焊接的教材。本书包括文化篇、专业篇、职业篇、自我认识篇四部分内容。

第一篇文化篇，介绍了焊接技术的发展、焊接在各行各业的应用，通过案例说明了焊接在行业生产中的重要地位。

第二篇专业篇，介绍了焊接方法、焊接的对象、焊接的操作、焊接的缺陷、焊接检验、焊接应力与变形等。

第三篇职业篇，介绍了焊接岗位，作为准企业员工须遵守的“7S”管理规范和须培养的安全意识。

第四篇自我认识篇，介绍了中职学生如何学好焊接技术及正确自我剖析并建立学好焊接技术的自信心等知识，通过焊接成才案例，激发学生学习焊接技术的热情。

本书是中等职业教育改革与创新教材，编者根据中职学生的认知特点，以全新的理念来编写此书，力求在传统教材的基础上有较大的突破。总体而言，本书具有以下几个特点：

1）在编写目的上，坚持为党育人、为国育才，在书中融入了港珠澳大桥、奋斗者号载人潜水器、沪苏通长江公铁大桥、大国工匠等大量视频内容，以激发学生爱国热情，教育学生趁年轻多学习知识和技能，不负韶华，为中华民族伟大复兴事业不断奋斗。

2）在编写理念上，根据中职学生的认知特点，采用大量精美图片展现各知识点，尽量以丰富的信息给学习者更多感官的刺激与体验。

3）在编写模式上，通过四大部分，从焊接技术的应用、焊接的基本知识到焊接的岗位、焊接技术证书，使学生对焊接技术应用专业有一个系统的了解，从新入学就可以进行职业生涯规划。

4）在编写内容上，反映了行业企业的新技术、新装备、新工艺，通过故事和案例，增进学生对内容的掌握，激发学生对专业的热爱。

5）在教学实施上，贯彻“做中学、学中做”的职教理念，引导学生改变学习方式，并自觉地走入社会，与社会融合，为从事焊接技术的职业生涯奠定基础。

建议在新生入学的第一学期完成本课程的学习。本书的教学学时分配建议如下，任课教师可根据学校的具体情况做适当的调整。

篇	章	内容	建议学时
第一篇	第一章	天衣无缝——认识焊接	2
	第二章	焊花四射——焊接的应用	4
	第三章	钢铁裁缝——走进焊接行业	2
第二篇	第一章	百花齐放推陈出新——焊接方法、设备和材料	12
	第二章	知己知彼胸有丘壑——焊接的对象	6
	第三章	得心应手运斤成风——焊接的操作	6
	第四章	千里之堤毁于蚁穴——焊接的缺陷	4
	第五章	一丝不苟攻瑕索垢——焊接检验	4
	第六章	瑕瑜互见统筹兼顾——焊接应力与变形	4
第三篇	第一章	安全重于一切——焊接安全生产	4
	第二章	好习惯等于成功的一半——“7S”管理	2
	第三章	我的工作我做主——焊接岗位	2
	第四章	一技在手，天下有我	2
第四篇	第一章	凡事预则立——焊接专业职业生涯规划	2
	第二章	学有所成——焊接成才案例	2
学时总计		58	

本书由吴志亚主编。参加本书编写的有陈妍、滕玮晔、樊巧芳、何旭丹、潘云、周元、陆琪。其中第一篇由滕玮晔编写，第二篇第一章和第四篇第二章由吴志亚、何旭丹、陆琪编写，第二篇第四、五章由陈妍编写，第四篇第一章由何旭丹编写，第二篇第二章和第三篇第三章由樊巧芳编写，第三篇第一、二章由潘云编写，第二篇第三、六章和第三篇第四章由周元编写。

本书在编写过程中参考了大量的文献资料，在此向文献资料的作者致以诚挚的谢意！

由于编者水平有限，书中不妥之处在所难免，恳请广大读者提供意见和建议。

编　者

二维码索引

（续）

序号	名　　称	图　　形	页码	序号	名　　称	图　　形	页码
13	接头		99	22	超声波探伤仪焊缝检测		145
14	收尾		100	23	磁粉探伤机探伤原理		146
15	氩弧焊焊接		102	24	便携式直流磁粉探伤机操作演示		147
16	氩弧焊送丝		103	25	发动机内部紫外荧光 UV 渗透检测方案		149
17	自动化生产性——机器人装配、焊接		110	26	收缩变形		159
18	焊接缺陷		116	27	角变形		160
19	焊接缺陷及其防止措施		126	28	T 形梁矫正		162
20	射线检测数字化介绍		138	29	手工装配、焊管子		180
21	超声波探伤原理基础		144	30	铁轨焊接		181

（续）

序号	名　　称	图　　形	页码	序号	名　　称	图　　形	页码
31	机器人		182	36	高凤林		225
32	激光焊接		182	37	张冬伟		227
33	水下焊接		183	38	王中美		229
34	珍惜青春为圆梦 风雨过后是彩虹 ——《职业生涯规划》		206	39	卢仁峰		232
35	职业生涯规划之MBTI性格类型分析		208				

目　录

第二篇　专　业　篇

第三篇 职 业 篇

第四篇 自我认识篇

第一篇

文化篇

第一章　天衣无缝——认识焊接

第二章　焊花四射——焊接的应用

第三章　钢铁裁缝——走进焊接行业

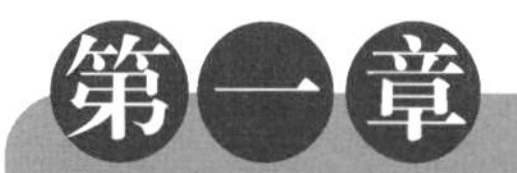

第一章 天衣无缝——认识焊接

[学习目标]

1. 了解焊接的特点、中国焊接发展历史及世界焊接历史发展历程。
2. 增强学生对焊接专业的学习兴趣。
3. 学会利用网络资源寻找各类学习资源。

一、什么是焊接

焊接作为一种实现材料永久性连接的方法，与铸造、锻压、热处理、金属切削等加工方法一样，被广泛应用于机械制造、石油化工、桥梁、建筑、动力工程、交通车辆、船舶、航天、航空、电子、核能等各个工业部门，并已成为现代机械制造工业中不可缺少的加工工艺方法，没有现代焊接技术的发展，就没有现代工业和科学技术的发展。随着国民经济和现代科学的发展，其应用领域将不断地拓宽，焊接技术也将随之不断进步，仅以新型焊接方法为例，到目前为止已达几十种之多，选用合理的焊接方法才能保证焊接产品的质量。

焊接是指通过适当的物理化学过程（加热或加压），使两个工件产生原子（或分子）之间结合力而连成一体的加工方法。焊接过程的本质就是采用加热、加压或两者并用的办法，使两个分离表面的金属原子之间达到晶格距离并形成结合力。

（1）焊接的优点

1）焊接可节省金属材料，提高接头强度。与铆接相比，焊接可以节省金属材料，从而减轻结构重量；与粘接相比，焊接具有较高的强度，焊接接头的承载能力可以达到与焊件母材相当的水平。

2）焊接工艺过程比较简单，生产率高。焊接既不需像铸造那样要进行制作模型、造砂型、熔炼、浇注等一系列工序，也不需像铆接那样要开孔、制造铆钉并加热等，因而缩短了生产周期，提高了生产率。

3）焊接接头质量好。焊接接头不仅强度高，而且其他性能如物理性、耐热性、耐蚀性及密封性都能够与焊件材料相匹配。

4）焊接方法利用率高。焊接可以化大为小，能将不同材料连接成整体制造双金属结构；还可将不同种类的毛坯连成铸-焊、铸-锻-焊复合结构，从而充分发挥材料的潜力，提高设备利用率，用较小的设备制造出大型的产品。

（2）焊接的缺点

1）结构无可拆性。

2）焊接时局部加热，焊接接头的组织和性能与母材相比发生变化，产生焊接残余应力和焊接变形。

3）焊接缺陷较隐蔽，易导致焊接结构的意外破坏。

二、古代焊接技术

中国具有辉煌的文化和历史，其中也包括科学技术的发展历史。中国科学院考古研究所和中国科学院自然科学史研究所在考古中发现了许多有关焊接的文物，如在河南的殷墟开发中发现了很多器皿，这些器皿中就有钎焊焊缝，主要是以锡焊为主；挖掘出土的春秋战国时期，曾侯乙墓中的建鼓铜座上有许多盘龙，发现其上钎焊焊接的钎料成分已经是混合的了，包括铅和锡、锡和银等，和现代的软钎焊配方很相近。

焊接技术是随着金属的应用而出现的，古代的焊接方法主要是铸焊、钎焊和锻焊。中国商朝制造的铁刃铜钺，就是铁与铜的铸焊件，其表面铜与铁的熔合线蜿蜒曲折，接合良好。战国时期制造的刀剑，刀刃为钢，刀背为熟铁，一般是经过加热锻焊而成的。据明朝宋应星所著《天工开物》记载：“凡焊铁之法，西洋诸国别有奇药。中华小焊用白铜末，大焊则竭力挥锤而强合之，历岁之久，终不可坚。”古代焊接技术长期停留在铸焊、锻焊和钎焊的水平上，使用的热源都是炉火，温度低、能量不集中，无法用于大截面、长焊缝工件的焊接，只能用以制作装饰品、简单的工具和武器。

阅读材料

中国古代焊接成就——秦始皇陵铜车马

1980年，陕西临潼秦始皇陵西侧一个陪葬坑里出土了两乘大型陪葬铜车马，一前一后排列，大小约为真人真马的二分之一，如图1-1所示。制作年代至晚在陵墓兴建时期，即公元前210年之前。铜车马主体为青铜所铸，一些零部件为金银饰品，各个部件分别铸造，秦代工匠成功地运用了铸造、焊接、镶嵌、销接、活铰连接、子母扣连接、转轴连接等各种工艺技术，并将其完美地结合为一个整体，是20世纪考古史上发现的结构最为复杂、形体最为庞大的古代青铜器，被誉为“青铜之冠”。

图1-1　秦始皇陵铜车马

铜车马的几千个零部件是怎样连接起来的呢？大体可分为两大类，即不可拆卸冶铸连接和可拆卸机械连接。不可拆卸连接方法有铸焊、钎焊等。铸焊是铜车马铸造中使用最多的一种方法，其中包括熔化铸焊法、铸接法、铸补法。熔化焊接的典型铸件是2号车车轼与车厢板的连接，其焊缝长达72cm。铸接也是铜车马中采用较多的装配法，凡是不能一次完成的复杂铸件，都需用铸接法。铸补是用来修补铜车马的铸造缺陷。钎焊使用在铜车马的两侧窗户上，小型零部件常常用这种焊接技术。铜车上方壶的铜链是用很细的铜丝弯曲组成的双曲链环，非常精美，是用直径只有0.5~1mm的环形铜丝对接钎焊而成的，焊点小到根本无法用肉眼看出，只有在显微镜下才可以观察到。

三、近代焊接技术

近代焊接的发展历史，是从1882年出现碳弧焊开始，直到20世纪30年代生产上还只是采用气焊和焊条电弧焊等简单的焊接方法。由于焊接具有节省金属、生产率高、产品质量好和大大改善劳动条件等优点，所以近半个多世纪内得到了极为迅速的发展。20 世纪 40 年代后期出现了优质焊条，使长期以来人们怀疑的焊接技术得到了一次飞跃。20 世纪 40 年代后期，由于埋弧焊和电阻焊的应用，使焊接过程机械化和自动化成为现实。20 世纪 50 年代的电渣焊、各种气体保护焊、超声波焊，20 世纪 60 年代的等离子弧焊、电子束焊、激光焊等先进焊接方法的不断涌现，使焊接技术达到了一个新的水平。近年来对能量束焊接、太阳能焊接、冷压焊等新的焊接方法也正在研究和使用，尤其是在焊接工艺自动控制方面有了很大的发展，采用电子计算机控制可以获得较好的焊接质量和较高的生产率。采用视频监控焊接过程，便于遥控，有助于实现焊接自动化。焊接过程中采用工业机器人，使焊接工艺自动化达到了一个崭新的阶段，使人不能达到的地方能够用机器人进行焊接，既安全又可靠，特别是在原子能工业中更具发展前景。

世界焊接历史发展历程

公元前 1000 多年前，中国的殷朝采用铸焊制造兵器。

公元前 200 年前，中国已经掌握了青铜的钎焊及铁器的锻焊工艺。

1801 年：英国人 H. Davy 发现电弧。

1836 年：EdmundDavy 发现乙炔气。

1856 年：英格兰物理学家 James Joule 发现电阻焊原理。

1859 年：Deville 和 Debray 发明氢氧气焊。

1881 年：法国人 De Meritens 发明最早期的碳弧焊机。

1885 年：美国人 Elihu Thompson 获得电阻焊机的专利权。

1885 年：俄国人 Benardos 和 Olszewski 发展了碳弧焊接技术。

1888 年：俄国人 H. г. Славянов 发明金属极电弧焊。

1889—1890 年：美国人 C. L. Coffin 首次使用光焊丝作电极进行了电弧焊接。

1895 年：法国人 Le Chatelier 获得发明氧乙炔火焰的证书。

1898 年：德国人 Goldschmidt 发明铝热焊。

1898 年：德国人克莱菌·施密特发明铜电极弧焊。

1900 年：英国人 Strohmyer 发明薄皮涂料焊条。

1901 年：德国人 Menne 发明氧矛切割。

1909 年：Schonherr 发明等离子弧。

1916 年：安塞尔·先特·约发明焊接区 X 射线无损探伤法。

1919 年：C. J. Halslag 发明交流焊。

1923 年：斯托迪发明堆焊。

1926 年：美国人 Langmuir 发明原子氢焊。

1926 年：美国人 Alexandre 发现 CO_2 气体保护焊原理。

1930 年：苏联人罗比诺夫发明埋弧焊。

1936 年：瑞士人 Wasserman 发明低温钎焊。

1939 年：美国人 Reinecke 发明等离子流喷枪。

1941 年：美国人 Meredith 发明钨极惰性气体保护电弧焊（氩弧焊）。

1943 年：美国人 Behl 发明超声波焊。

1944 年：英国人 Carl 发明爆炸焊。

1947 年：苏联人 Ворошевич（沃罗舍维奇）发明电渣焊。

1950 年：德国人 F. Buhorn 发现等离子电弧。

1953 年：美国人 Hunt 发明冷压焊。

1953 年：苏联的柳波夫斯基、日本的关口等人发明 CO_2 气体保护电弧焊。

1955 年：美国人托姆·克拉浮德发明高频感应焊。

1956 年：苏联人楚迪克夫发明摩擦焊技术。

1957 年：法国人施吉尔发明电子束焊。

1957 年：苏联人卡扎克夫发明扩散焊。

1960 年：美国的 Airco 推出熔化极脉冲气体保护焊工艺。

1976 年：日本人荒田发明串联电子束焊。

1984 年：苏联女宇航员 Svetlana Savitskaya 在太空中进行焊接试验。

1988 年：焊接机器人开始在汽车生产线中大量应用。

1991 年：英国焊接研究所发明搅拌摩擦焊，成功地焊接了铝合金平板。

1996 年：以乌克兰巴顿焊接研究所 B. K. Lebegev 院士为首的三十多人的研制小组，研究开发了人体组织的焊接技术。

2001 年：人体组织焊接成功应用于临床。

2002 年：三峡水轮机的焊接完成，是已建造和目前正在建造的世界上最大的水轮机。

四、现代焊接技术

新中国成立前，我国焊接水平很低，只有少量的焊条电弧焊和气焊，只用于修理工作，焊接材料和焊接设备全部依靠进口。焊工人数不多，更没有培养焊接

人才的高等和中等技术学校。新中国成立后，特别是改革开放以来，焊接技术得到了迅速发展，目前已作为一种基本工艺方法应用于船舶、车辆、航空、锅炉、电机、冶炼设备、石油化工机械、矿山机械、起重机械、工程机械、建筑及国防等各个工业部门，并成功焊接了不少重大产品，如国家体育场——鸟巢、30 万kW 双水内冷汽轮发电机组、被喻为世界造船“皇冠上的明珠”的 LNG 液化天然气船、原子反应堆、神舟系列载人飞船、人造卫星等。中国先后自行研制、开发和引进了一些先进的焊接设备、技术和材料。目前，国际上在生产中已经采用的成熟焊接方法与装备，在国内也都有所应用，只是应用的深度和广度有所不同而已。中国的制造企业已经在采用诸如电子束焊接、激光焊接、激光钎焊和激光切割、激光与电弧复合热源焊接、单丝或双丝窄间隙埋弧焊、四丝高速埋弧焊、双丝脉冲气体保护焊、等离子弧焊、精细等离子弧切割、水射流切割、数控切割系统、机器人焊接系统、焊接柔性生产线、变极性焊接电源、表面张力过渡焊接电源和全数字化焊接电源等，甚至目前在国际上比较热门的搅拌摩擦焊技术，也已经应用到产品的生产上。

各种新工艺如多丝埋弧焊、窄间隙全位置焊、水下 CO_2 半自动焊、全位置脉冲等离子弧焊、异种金属的摩擦焊和数字控制气割等已在国内得到广泛应用，并且已经建立了锅炉省煤器、过热器蛇形管的摩擦焊，汽车车体电阻点焊和车轮气体保护焊等数十条生产自动线，设计制造了近百种焊接设备，如储能点焊机、窄间距全位置等离子弧焊机、微束等离子弧焊机、150kV 200mA 真空电子束焊机、激光焊机等，生产了 160 多种焊条和多种焊丝、焊剂等焊接材料。为培养焊接人才和发展焊接科学技术，先后在许多高等和中等学校设置了焊接专业，并建立了焊接研究所和焊机研究所，为建立一支宏大的焊接队伍创造了有利条件。

在科学技术飞速发展的今天，焊接技术已经从一种传统的热加工技术发展成为集材料、冶金、结构、力学、电子等多门类科学为一体的工程工艺学科。随着相关学科技术的发展和进步，不断有新的知识融合到焊接技术中，如计算机、微电子、数字控制、信息处理、工业机器人及激光技术等已经被广泛应用于焊接领域，使焊接的技术含量得到了极大提高。焊接行业已经渗透到制造业的各个领域，直接影响产品的质量和寿命，以及生产的成本、效率和市场反应速度。

（1）我国焊接技术现状 随着科学技术的发展，焊接技术已从过去简单的金属材料连接发展成为各工业领域应用最广泛，其他连接方法无法比拟的精确、可靠、低成本、高质量的金属材料连接技术。昔日那些戴着防护面具操作的电焊工，如今只是焊接大军中的一小部分，现代焊接在能源利用、焊接方法、工艺技术及控制手段等方面都发生了巨大变化。焊接能源包括火焰、电弧、电阻、超声波、等离子、电子束、激光束、微波等十几种；电弧焊、氩弧焊、钎焊等焊接新技术、新工艺有数十种；计算机已普遍应用于焊接领域，可对焊接电流、焊接速度及电弧弧长等多项参数进行实时分析和控制，确定最佳焊接参数。

目前，国外成熟的焊接方法、材料及装备在我国也都有应用，只是应用规模和范围不同。我国的制造企业已经采用电子束焊接、激光焊接、激光钎焊、激光切割、激光与电弧复合热源焊接、水射流切割、双丝或单丝窄间隙埋弧焊、多丝高速埋弧焊、双丝脉冲气体保护焊、等离子弧焊、精细等离子切割、数控切割、机器人焊接、焊接柔性生产线、变极性焊接电源和全数字化焊接电源等焊接技术及设备。代表自动焊接技术的数字化焊机、数字化控制技术已在三峡工程、西气东输等工程中广泛使用。目前，在国际上比较热门的搅拌摩擦焊技术，也已经应用到我国工业生产中。我国的焊接生产技术水平有了很大的提高，虽然目前焊接自动化比例只有30%（发达国家已达近80%），但随着自动焊接设备的普及，焊接技术正逐步由手工向半自动、自动、智能化方向发展。

（2）我国焊接人才概况　随着我国制造业的发展，全国每年最少需用75万台焊机，需要具有相关技能和知识的人去使用。有关资料显示，每年全国至少需要焊接人才60万人左右，而目前全国有关院校相关专业每年培养的初、中、高三个级别的焊接技术人才最多只有15万人左右，仅占需求的1/4，且高级焊接人才比例非常小。据不完全统计，一些工业发达国家焊接机械化的平均水平已达70%~80%，而我国只有20%~30%。在我国，大部分焊接作业离不开人工操作，焊接人才的缺乏已经成为令许多企业头疼的问题，尤其是焊接工程师、焊接技师等高级焊接人才，更是“千金难求”。

据中国焊接学会与焊接协会统计，在发达国家，焊接人员与总人口的比例为4∶1000，而我国目前仅有焊工140万，在焊接结构生产一线的技术人员仅占焊接工程技术人员的17%；焊接技术队伍中，焊接技师与焊工的比例是1∶140。这些数据表明，我国焊接工作者匮乏，高素质技能型人才严重缺乏。一些省市劳动部门的有关调查、分析预测及人才交流市场反映的信息也表明，在技能型人才的需求与招聘中，焊接工人特别是高级工以上的焊接人才是缺口最大的技能型人才之一。

焊花四射——焊接的应用

[学习目标]

1. 认识典型焊接产品。
2. 了解焊接技术在制造业等相关行业中的应用。
3. 了解先进的焊接技术及发展趋势。

思政元素

2018年10月23日，在港珠澳大桥开通仪式上，习近平总书记在亲切会见大桥管理施工人员代表时强调："港珠澳大桥的建设创下多项世界之最，非常了不起，体现了一个国家逢山开路、遇水架桥的奋斗精神，体现了我国综合国力、自主创新能力，体现了勇创世界一流的民族志气。这是一座圆梦桥、同心桥、自信桥、复兴桥。"桥连港珠澳，风满大湾区。这座世纪之桥是改革开放40年来国家繁荣发展的一个集中缩影，她不仅连接起了内地与香港、澳门，也连接起了中国与世界，连接起了昨天、今天与明天。我们坚信，在珠三角这片中国市场经济最发达和走向国际化最早的地区，港珠澳大桥将有力地集聚三地优势、加强三地联动，一个崭新的、充满活力的大湾区将进一步加速中国对外开放的步伐，为全面深化改革开放写下新的时代注脚。

干字当头，实字为先。55km的超长距离、淤泥深厚以及海洋腐蚀环境严峻的外海施工环境、海底40多m深处建造最长的沉管隧道……港珠澳大桥自筹建之始就面临着一个个超级难题。中国建设者们以逢山开路、遇水架桥的奋斗精神攻坚克难，创造了一个个桥梁建设史上的奇迹。习总书记的深刻讲话为之做了最好的注解："一个国家筚路蓝缕、坎坷奋进到今天这一步，逢山开路、遇水架桥，你们这是最形象的体现，中国特色社会主义就这么走过来的，一国两制就这么走过来的。"

实干要想为，更要敢为、善为。习总书记念兹在兹："我们要有自主创新的骨气和志气，加快增强自主创新能力和实力。"港珠澳大桥正是中国自主创新的生动实践。世界总体跨度最长、钢结构桥体最长、海底沉管隧道最长跨海大桥……这一创下多个世界之最的浩大工程集成了世界上最先进的管理技术和经验，有力展示了中国的自主创新能力和争创一流的志气。

"社会主义是干出来的，新时代也是干出来的。"习总书记在港珠澳大桥开通仪式上的深情寄语鼓舞人心、催人奋进。我们要以总书记重要讲话精神为巨大动力，以港珠澳大桥的建设为榜样，更加坚定我们的道路自信、理论自信、制度自信、文化自信，大力弘扬实干精神，重整行装再出发，为新时代的创新发展凝聚起强大的民族志气！

通过介绍我国古代悠久的焊接历史，激发学生爱国热情，更好投入学习。

通过介绍港珠澳大桥海底沉管焊接，教育学生在焊接操作中不断追求滴水不漏、丝毫不差的工匠精神。

通过介绍奋斗者号载人舱球壳先进的真空电子束焊接工艺，教育学生为今后学习打好基础。

通过介绍习近平总书记致奋斗者号的贺信，教育学生学习严谨求实、团结协作、拼搏奉献、勇攀高峰的中国载人深潜精神。

通过介绍习近平总书记在港珠澳大桥开通仪式上的讲话，激发学生民族自豪感，教育学生趁年轻多学习知识和技能，不负韶华，为中华民族伟大复兴事业不断奋斗。

一、焊接技术在船舶制造工业中的应用

船舶工业是为水上交通、海洋开发和国防建设等提供技术装备的现代综合性产业，也是劳动、资金、技术密集型产业，对机电、钢铁、化工、航运、海洋资源勘采等上、下游产业发展具有较强带动作用，对促进劳动力就业、发展出口贸易和保障海防安全意义重大。我国船舶工业有望成为最具有国际竞争力的产业之一。船舶焊接技术是现代造船模式中的关键技术之一，先进的船舶高效焊接技术，在提高船舶建造效率、降低船舶建造成本、提高船舶建造质量等方面具有非常重

要的作用，也是企业提高经济效益的有效途径。经过70多年的发展，中国已经成为世界焊接大国和造船大国，但远不是一个焊接强国，广大造船焊接科技人员一直致力于造船焊接工艺方法的多样化，目前已有40多种造船焊接工艺方法并获得有关船级社的认可。高效焊接技术除了在散货船、油船、集装箱船等主力船型上应用之外，还在液化天然气（LNG）船（图1-2）、液化石油气（LPG）船、大型散装箱船、海洋浮式生产储油（FPSO）船、奋斗者号载人潜水器（图1-3）、超大型油轮（VLCC）（图1-4）、超大型矿砂船（VLOC）（图1-5）、滚装船、水翼船等高技术、高附加值船舶上获得广泛应用。

图1-2　液化天然气（LNG）船

图1-3　奋斗者号载人潜水器

图1-4　30万t级超级油轮

图1-5　40万t级矿砂船

阅读材料

液化天然气（LNG）船简介

2008年4月3日，我国第一艘自行建造的14.7万m^3薄膜型液化天然气船在沪东中华造船（集团）有限公司顺利交付船东，中国人终于成功摘取了世界造船

“皇冠上的明珠”，中国乃至世界造船史就此揭开了崭新的一页。业内普遍认为，殷瓦钢焊接工程突出地表现了液化天然气船建造的工艺复杂性和高难度。一艘14.7万m^3的液化天然气船，全船的殷瓦钢焊缝长度达到130km，按照规定，所有焊缝不能有丝毫的泄漏、不允许任何一个点出现焊接质量问题。殷瓦钢是建造液化天然气船的主要材料，是一种耐超低温特殊钢材，薄如纸片，厚度仅为0.7mm，焊接中，不能有汗水滴到上面，不能留下手印，否则整块殷瓦钢要全部调换，一次损失可能上百万、上千万元，甚至更多。殷瓦钢焊接所涉及的工艺、板材、焊接材料和自动焊焊机全部为国内首次使用，其中仅焊接新工艺数量就多达好几百项，每一项新工艺平均又有5个关键参数需要确定。攻克殷瓦钢焊接难题，是沪东中华在这场持久战中所经历的众多硬仗中最有代表性的一仗。

奋斗者号简介

奋斗者号是中国拥有自主知识产权的全海深载人潜水器，由中国船舶七〇二所牵头，蛟龙号、深海勇士号载人潜水器的研发力量为主的科研团队承担，近百家科研院所、高校、企业的近千名科研人员，经过艰苦攻关，历时4年多研制完成。2020年11月10日8时12分，奋斗者号在马里亚纳海沟成功坐底，坐底深度10909m，刷新了中国载人深潜的新纪录。2020年11月28日，习近平致信祝贺“奋斗者”号全海深载人潜水器成功完成万米海试并胜利返航。奋斗者号最核心的载人舱球壳采用高强度高韧性的钛合金材料制成，壁厚105mm，直径2m，重达6t，由我国自主研发制造，载人舱球壳用的是国际先进的真空电子束焊接方法，一次焊接成形。载人舱的选材决定了其焊接工艺要求极高、难度极大，在世界上首次应用此类技术一次性成功完成半球赤道缝焊接，突破了高强高韧钛合金材料的特殊焊接工艺，焊接质量满足技术指标要求。

国产大飞机C919

二、焊接技术在航空航天工业中的应用

焊接技术作为制造技术的重要组成部分，同时也是航天飞机、航空航天发动机、箭弹星船体结构、容器、管路和一些精密器件制造中不可缺少的技术。在航天飞机、发动机和航天器的研制和生产中，焊接技术已经成为主导工艺方法之一。越来越多的产品采用搅拌摩擦焊、变极性等离子弧焊、电子束焊、激光焊与其他焊接技术复合等各种焊接方法把不同材料、形状、结构和功能的零部件连接成一个复杂的整体，大大简

化了构件整体加工的工序，节省了材料，提高了生产率。焊接技术的进步与发展不仅能够减轻飞机、发动机的重量，而且还为航空飞机、发动机以及航天器结构设计提供技术支持，促进航空飞机、发动机性能的提高。国产 C919 大型客机（图 1-6）、拥有自主知识产权的 ARJ21 飞机、嫦娥一号卫星（图 1-7）、新一代大型电子束焊接运载火箭发动机（图 1-8）、神舟飞船（图 1-9）及载人航天工程、新型卫星等航空航天成就令人振奋。

图 1-6　国产 C919 大型客机

图 1-7　嫦娥一号卫星

图 1-8　电子束焊接运载火箭发动机

图 1-9　神舟飞船

阅读材料

C919 大型客机简介

C919 是中国继运-10 后自主设计、研制的第二种国产大型客机。C 是 China 的首字母，也是中国商用飞机有限责任公司英文缩写 COMAC 的首字母，同时还寓意，就是立志要跻身国际大型客机市场，要与 Airbus（空中客车）和 Boeing（波音）一道在国际大型客机制造业中形成 ABC 并立的格局。第一个“9”的寓意是天长地久，“19”代表的是中国首型大型客机最大载客量为190座。机身采用机器人自动焊接系统进行大型复杂薄壁的焊接。

长征系列运载火箭简介

长征系列运载火箭是中国自行研制的航天运载工具，基本覆盖了各种地球轨道的不同航天器的发射需要。其发射能力分别是：低地轨道从0.2～12t，太阳同步轨道从0.4～5.7t，地球同步轨道从1.5～5.5t。火箭贮箱是火箭研制生产中难度最大的部分之一，其直径5m，长20余米，由前后底组合件和8个筒段组合焊接而成。针对产品体积较大且结构刚性较弱的特点，中国运载火箭技术研究院研究运用铣焊一体技术、内撑外压技术和辅助支撑技术等手段解决了焊接过程中的一系列难点问题。

神舟飞船简介

神舟系列飞船是中国自行研制，具有完全自主知识产权，达到或优于国际第三代载人飞船技术的飞船。神舟号飞船是采用三舱一段，即由返回舱、轨道舱、推进舱和附加段构成，由13个分系统组成。神舟号飞船与国外第三代飞船相比，具有起点高、具备留轨利用能力等特点。神舟号系列飞船和轨道舱都是全铝合金焊接结构，焊接接头的气密性和变形控制是焊接制造的关键。哈尔滨工业大学焊接实验室把在高效焊接方面取得的成果部分用于航空航天领域以及武器装备制造上。

三、焊接技术在汽车、摩托制造工业中的应用

焊接技术在汽车、摩托制造工业中的应用如图1-10～图1-13所示。

图1-10 激光焊接车身

图1-11 汽车自动化生产线

图 1-12 客车生产线

图 1-13 焊接机器人在国内第一条摩托车生产线上

焊接是现代机械制造业中的一种工艺方法，在汽车制造中得到广泛的应用。汽车的发动机、变速器、桥、车架、车身、车厢六大总成都离不开焊接技术的应用。在汽车零部件的制造中，大量采用点焊、凸焊、缝焊、滚点（凸）焊、焊条电弧焊、CO_2 气体保护焊、氩弧焊、气焊、钎焊、摩擦焊、电子束焊和激光焊等各种焊接方法。激光焊接运用于汽车可以降低车身重量，提高车身的装配精度，增加车身的刚度，降低汽车车身制造过程中的冲压和装配成本，减少车身零件的数目。由于激光拼焊具有减少零件和模具数量、减少点焊数目、优化材料用量、降低零件重量、降低成本和提高尺寸精度等优点，目前已经被许多大型汽车制造商和配件供应商所采用。激光焊接主要用于车身框架结构的焊接。例如，顶盖与侧面车身的焊接，传统焊接方法的电阻焊已经逐渐被激光焊接所代替。采用激光焊接技术，工件连接之间的接合面宽度可以减小，既降低了板材使用量，也提高了车体的刚度。激光焊接零部件，零件焊接部位几乎没有变形，焊接速度快，而且不需要焊后热处理。

四、焊接技术在桥梁行业中的应用

港珠澳大桥的钢铁裁缝

改革开放以来，我国社会主义现代化建设和各项事业取得了世人瞩目的成就，公路交通的大发展和西部地区的大开发为公路桥梁建设带来了良好的机遇。近十多年来，我国大跨径桥梁的建设进入了一个辉煌的时期，在中华大地上建设了一大批结构新颖、技术复杂、设计和施工难度大、现代化品位和科技含量高的大跨径斜拉桥、悬索桥、拱桥、PC连续刚构桥，积累了丰富的桥梁设计和施工经验。我国公路桥梁建设水平已跻身于国际先进行列：世界首座跨度超千米的公铁两用斜拉桥——沪苏通长江公铁大桥（图 1-14），最长跨海大桥——港珠澳大桥（图 1-15），世界第一拱桥——广西平南三桥（图1-16），世界最大跨径峡谷悬索桥——金安金沙江大桥（图1-17）等。

图1-14　沪苏通长江公铁大桥

图1-15　港珠澳大桥

图1-16　广西平南三桥

图1-17　金安金沙江大桥

阅读材料

沪苏通长江公铁大桥简介

沪苏通长江公铁大桥

沪苏通长江公铁大桥南起苏州市张家港市、北至南通市通州区，位于苏通长江公路大桥上游、江阴长江公路大桥下游，是通锡高速公路、沪苏通铁路、通苏嘉甬高速铁路共同的过江通道，跨越长江江苏段。大桥全长11.072km（其中公铁合建桥梁长6989m），包括两岸大堤间正桥长5827m，北引桥长1876m，南引桥长3369m；大桥上层为双向六车道高速公路（通锡高速公路），设计速度100km/h；下层为双向四线铁路，设计速度200km/h（沪苏通铁路）、250km/h（通苏嘉甬高速铁路）。沪苏通长江公铁大桥于2014年3月1日动工建设，2019年9月20日实现全桥合龙，2020年7月1日建成通车。沪苏通长江公铁大桥采用主跨1092m的钢桁梁斜拉桥结构，是中国自主设计建造、世界上首座跨度超千米的公铁两用斜拉桥，设计建造技术实现了五个“世界首创”。

港珠澳大桥简介

港珠澳大桥

港珠澳大桥被称为“现代世界新七大奇迹”之一，大桥全长55km，集桥、岛、隧于一体，创造了沉管隧道最长、最大跨径、最大埋深、最大体量的世界纪录，涵盖了当今世界岛隧桥多项尖端科技，是当今世界最具挑战性的工程之一。该桥是目前世界钢结构桥体最长的跨海大桥，设计使用寿命120年，打破了国内大桥设计上限百年的寿命，也达到了国际大桥设计使用寿命的新高度。主体工程桥梁上部用钢量达42.5万t，由港珠澳大桥管理局完成了系统性的钢结构制造创新规划，实现了港珠澳大桥桥梁钢结构制造综合创新体系的构建和运行，先后开展了板单元自动化焊接技术、免涂装耐候钢焊接、高效焊接技术、迷你机器人焊接技术等研究，打破了传统的钢桥制造模式，有效提高了自动化焊接水平。

广西平南三桥简介

广西平南三桥位于广西贵港市平南县，是荔玉高速平南北互通连接线上跨越浔江的一座特大桥，于2020年12月正式建成通车，全长1035m，主桥跨径575m，其主桥桥面宽36.5m，设双向四车道，全桥总用钢量15000t，大桥主拱肋主弦管由筒节焊接而成，最大的筒节直径1.4m，高3m，是用一张面积为9.4m^2的钢板切割焊接而成。

金安金沙江大桥简介

金安金沙江大桥位于成都至丽江高速公路段，大桥主跨长度为1386m，由单片钢桁梁重量约216t的128片钢桁梁拼装组成，主桁架杆上弦杆、下弦杆件采用Q420qD钢材，其余杆件及正交异形板均采用Q345qD钢材，是世界首座全桥采用U肋全熔透焊接工艺的桥梁，为世界最大跨径的山区峡谷悬索桥。

五、焊接技术在建筑行业中的应用

建筑钢结构具有自重轻、建设周期短、适应性强、外形丰富、维护方便等优点，其应用范围广泛。自20世纪80年代以来，中国建筑钢结构得到了空前的发展，高层钢结构、空间钢结构、桥梁钢结构、轻钢结构和住宅钢结构如雨后春笋。迄今为止，我国已建成数百幢高层焊接钢结构建筑，大跨度空间钢结构已在各种体育馆、展览中心、大剧院、候机楼、飞机库和一些工业厂房中应用，代表性的建筑有国家游泳中心——水立方（图1-18）、国家大剧院（图1-19）、上海环球金融中心（图1-20）、国家体育场——鸟巢（图1-21）。

图1-18　国家游泳中心——水立方

图1-19　国家大剧院

图1-20　上海环球金融中心

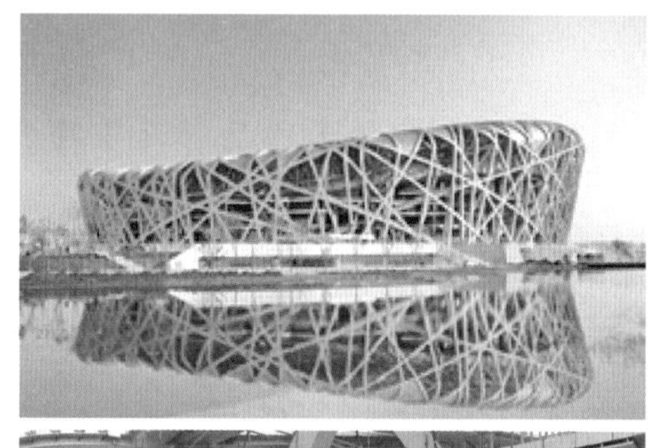

图1-21　国家体育场——鸟巢

阅读材料

国家游泳中心——水立方简介

国家游泳中心又被称为“水立方”（Water Cube），位于北京奥林匹克公园内，其与国家体育场鸟巢分列于北京城市中轴线北端的两侧，共同形成相对完整的北京历史文化名城形象。“水立方”的钢结构为“新型多面体空间钢架结构”。这种结构具有整体重量轻（总用钢量 6900t，每平方米用钢量仅 120kg）、跨度大（最大跨度 130m）的特点。“水立方”钢结构墙体的厚度 3.472m，屋顶厚度 7.211m，整个构件有 20000 个杆件，10000 个球，每一个结点、每一个杆件全然不一。所有的连接点都是焊接球接点，全部用焊条进行焊接，光是焊条的重量就达 1300 多吨。

国家大剧院简介

国家大剧院位于北京市中心天安门广场西，人民大会堂西侧，西长安街以南，造型新颖、前卫，构思独特，是传统与现代、浪漫与现实的结合。国家大剧院外部为钢结构壳体呈半椭球形，由 18000 多块钛金属板拼接而成，面积超过 $30000m^2$，18000 多块钛金属板中，只有 4 块形状完全一样，整个壳体钢结构重达 6475t，焊缝总长度达 65km，东西向长轴跨度 212.2m，是目前世界上最大的穹顶。平面投影东西方向长轴长度为 212.2m，南北方向短轴长度为 143.64m，建筑物高度为 46.285m，比人民大会堂低 3.32m，基础最深部分达到 -32.5m，有 10 层楼那么高。

上海环球金融中心简介

上海环球金融中心是位于上海陆家嘴的一栋摩天大楼，是一幢以办公为主，集商贸、宾馆、观光、展览及其他公共设施于一体的大型超高层建筑，楼高 492m，地上 101 层，是中国第八高楼（截至 2014 年）、世界最高的平顶式大楼。工程钢结构总重量 617 万 t，主要钢材材质为 ASTM2A572M2345 级别，最大板厚 100mm，在部分复杂节点部位采用铸钢件。

国家体育场——鸟巢简介

国家体育场——鸟巢为 2008 年北京奥运会的主体育场。体育场的形态如同孕育生命的“巢”和摇篮，寄托着人类对未来的希望。设计者们对这个场馆没有做任何多余的处理，把结构暴露在外，因而自然形成了建筑的外观。“鸟巢”外形结构主要由巨大的门式钢架组成，共有 24 根桁架柱，整个建筑顶面呈鞍形，长轴为 332.3m，短轴为 296.4m，最高点高度为 68.5m，最低点高度为 42.8m。国家体育场钢结构工程在焊接施工技术和管理上均代表了中国建筑钢结构焊接技术的发展趋势。整个工程没有一颗螺丝钉和铆钉，采用 100% 全焊钢结构，所有构件作用力全都由焊缝承担，用钢 4.8 万 t，使用焊接材料超过 2000t，钢结构焊缝总长达到 30 多万米。该工程工地连接为焊接吊装，分段多，现场焊缝长度长，加之厚板焊接、高强钢焊接、铸钢件焊接等居多，造成现场焊接工作量相当大，难度高，高空焊接仰焊多。这是中国国内在建筑结构上首次使用 Q460 规格的钢材；而这次使用的钢板厚度达到110mm，是之前绝无仅有的，自开始建设，科技人员就在炼钢、焊接、钢结构卸载等多个领域取得了重大突破，实现了Q460E-Z35高强钢的完全国产化，作为影响结构体系安全运营的焊接工序质量要求之高是显而易见的，对焊接质量的要求更是精益求精。

六、焊接技术在锅炉和压力容器制造中的应用

锅炉、压力容器（图1-22～图1-25）和管道涉及许多重要的工业部门，其中包括火力、水力、风力，核能发电设备，石油化工装置，煤液化装置、输油、输气管线，饮料、乳品加工设备，制药机械，饮用水处理设备和液化气储藏和运输设备等，焊接技术的内容是相当广泛的。近十年来，国内外锅炉、压力容器和管道的焊接技术取得了令人瞩目的新发展。随着锅炉、压力容器和管道工作参数的大幅度提高及应用领域的不断扩展，对焊接技术提出了越来越高的要求。所选用的焊接方法、焊接工艺、焊接材料和焊接设备应保证焊接接头的高质量，同时必须满足高效、低耗、低污染的要求。通过不懈的努力，已在许多关键技术上取得重大突破，并在实际生产中得到成功的应用，取得了可观的经济效益，使锅炉、压力容器和管道的焊接技术达到了新的发展水平。

图1-22 工业锅炉

图1-23 锅炉生产线

图1-24 典型压力容器

图1-25 压力容器

七、焊接技术在车辆制造工业中的应用

目前，我国车辆交通正在大力发展高速列车（图1-26）、地铁客车（图1-27）、磁悬浮列车（图1-28）以及重载货车（图1-29），车辆的轻量化是提高车速的首选条件，因此生产制造铝合金车体是铁路运输事业和城市轨道车辆发展的必然趋势。铝合金具有自重轻、耐腐蚀、外观平整度好、容易制造复杂曲面、比强度高等优点，可以减轻自重，减小运行中的阻力，降低能耗，增加载重，因此在世界各国铁道运输业得到了大力发展。车体、转向架作为高速列车上的重要组成部件，其质量影响着整个高速列车的安全。随着我国高速铁路的飞速发展，车体材料也由普通合金钢材料发展到不锈钢、铝合金、镁合金等轻质材料型材。材料的变更，自然也带动了加工技术的改进，激光切割、激光焊接等先进技术也随之引进到铁道车辆的制造生产线中。国内除中国南车青岛四方机车车辆股份有限公司生产铝合金车体外，中国南车集团南京浦镇车辆厂、株洲电力机车厂、中国北车集团长春轨道客车股份有限公司、唐山轨道客车有限责任公司也具备了批量生产铝合金车体的条件。

图1-26 复兴号动车组列车

图1-27 地铁客车

图1-28 磁悬浮列车

图1-29 重载货车

阅读材料

复兴号动车组列车简介

复兴号动车组列车，是我国研制、具有完全自主知识产权、达到世界先进水平的动车组列车。目前，复兴号已有13款车型投用，时速从160km到350km，形成了覆盖不同速度等级的复兴号系列动车组。

地铁客车简介

新型地铁客车全身都是不锈钢的金属色，车头平整，完全不同于和谐号动车。A型地铁车辆特别适合大运量级别的地铁线路，如上海、广州、深圳等城市。因采用不锈钢材料，耐蚀性高，新型客车不用涂漆处理，运营维护成本低。由于车体采用激光焊接最新技术工艺，提高了不锈钢车体结构的密闭性和整体刚度，进一步提升了不锈钢车体的内在品质和商品化质量。目前，激光焊接技术已成为国内外轨道交通装备行业争相研究和发展的新型车体焊接技术。激光焊接可实现连续焊和密封焊，热量集中、焊接变形小，车体的平整度凹凸小于1mm。

工程机械车辆简介

中国兵器工业集团北方重工北方股份公司生产的360t尤尼特瑞格MT5500型电动轮矿用车的车宽为9.45m，长15.39m，高7.67m，自重223t，载重后为557t，是目前为止世界上装载量最大的矿用车。

三一重工在上海临港产业园建成全球最大、最先进的挖掘机生产基地，焊接机器人大规模投入使用，大大提升了生产率和产品的稳定性，挖掘机的使用寿命大约翻了两番，售后问题下降了3/4。由于规范了管理，又进一步提升了整个生产体系的效率。

八、焊接技术在钢结构制造业中的应用

在钢结构领域，焊接技术的应用，使得钢结构的连接大为简化，提高了生产率，加快了速度，也保证了质量。在钢结构工程建设中，最重要的技术之一是焊接技术，它不仅能够使钢结构工程的质量得到保证，更重要的是，焊接技术赋予了钢结构更加顽强的生命力。对于钢结构来说，如果没有了焊接，那么这些钢也称不上是结构，只是一些没有生气的零散部件而已。正是因为焊接，才使得广州新电视塔

高高伫立（图 1-30），成为中国第一高塔，创造了 2010 年亚运会的辉煌成绩；正是因为焊接，中央电视台总部大楼才能够以雄伟的面貌展示在世界面前(图 1-31)，深圳机场 T3 航站楼才能雄伟树立（图 1-32）。壮观的西气东输（图 1-33）、南水北调等钢结构工程不断刷新着记录，焊接技术的革新也为钢结构制造行业的快速发展提供了支持。

图 1-30 广州新电视塔

图 1-31 中央电视台总部大楼

图 1-32 深圳机场 T3 航站楼

图 1-33 西气东输施工现场

阅读材料

广州新电视塔简介

广州塔又称广州新电视塔，位于中国广州市海珠区（艺洲岛）赤岗塔附近，标高 600m，距离珠江南岸 125m，由一座高达 454m 的主塔体和一个高 100 多米的天线杆构成。其结构设计新颖、时尚，造型优美、线条流畅、结构独特，昵称“小蛮腰”，是中国第一高塔，世界第三高塔。“小蛮腰”的最细处在 66 层。在广州塔的建设过程中，倾注了许多设计、施工单位工程技术人员的智慧。由于广州塔是一个典型的管状塔形钢结构，并且结构体系十分庞大，高达 600m，受力十分复杂。所以广州塔所选用的钢材几乎包含了目前国内高层建筑用钢中所有最高级别的钢材，如 Q460、Q390 等系列钢材，钢结构件的厚板焊接难度也是非常之高。

中央电视台总部大楼简介

中央电视台总部大楼，位于北京商务中心区，由裙楼、两个塔楼和悬臂结构组成。主楼高234m，两个塔楼从一个共同的平台升起，在162m高空大跨度外伸，形成相交对接。中央电视台新址主楼工程钢结构总吨位达14万t，钢构件共5.4万多件，安装过程中使用了95万套高强螺栓、30万m^3压型钢板、219万套栓钉、约12000t焊接材料。主楼箱形柱及斜撑的板厚最厚达135mm，厚板总量达8万多吨，现场焊接工作量大而复杂，存在大量厚板立焊、斜立焊，消除节点焊接应力和防止层状撕裂是钢结构焊接的重点控制内容。中央电视台总部大楼建筑外形前卫，被美国《时代》杂志评选为2007年世界十大建筑奇迹。

深圳机场T3航站楼简介

深圳机场T3航站楼工程总建筑面积为45.1万m^2，南北长约1128m，东西宽约640m，主要由主楼大厅和十字指廊两个区域及登机桥部分组成。航站楼屋顶钢结构采用双向加强桁架的斜交斜放网架，最大标高46.8m，最大跨度为108m。屋面汇水面积20万m^2，采用334个雨水斗，256个系统，主楼立管暗藏于结构柱内，指廊立管沿弧形幕墙结构安装。航站楼外形酷似“蝠鲼”，像海中跃起的飞鱼，在平面构型上可分为主楼、翼廊和指廊三大部分，设地面四层，地下一层。

西气东输工程简介

西气东输工程是我国迄今为止规模最为宏大的管道工程，其特点是线路长、管径大、输气压力高。管道横贯我国东西，西起新疆塔里木的轮南，东至上海市西郊的白鹤镇。管道自西向东途经新疆、甘肃、宁夏、陕西、山西、河南、安徽、江苏和上海市9个省（自治区）直辖市，全长4200km。西气东输采用X70级钢管，一级地区采用螺旋缝埋弧焊钢管，壁厚为14.6mm，二、三、四级地区使用直缝埋弧焊钢管，壁厚分别为17.5mm、21mm和26.2mm。这项长距离、大口径、高壁厚的浩大工程，采用了先进的全自动焊技术，取得了成功。

九、焊接技术在电子产品制造工业中的应用

微电子焊接技术是电子产品先进制造技术中的关键技术，是电子产品制造中电气互连的主体技术，是电子封装与组装技术发展到现阶段的代表技术，是电路模块

微间距组装互连、微组件或微系统组装互连的主要技术，还是传统芯片互连技术、器件封装技术与表面组装技术、立体组装技术等技术融合而发展起来的一项新兴跨学科综合性高新技术。微电子焊接是微电子封装技术中的重要环节，在微电子组装中采用波峰焊和再流焊技术进行自动化、大批量生产，大大提高了组装的良品率。

十、焊接技术在家用电器制造工业中的应用

家用电器在生产过程中越来越多地采用先进的激光复合焊接技术。激光复合焊接优点主要表现为更大的熔深、较大缝隙的焊接能力；焊缝的韧性更好，通过添加辅助材料可对焊缝晶格组织施加影响；无烧穿时焊缝背面下垂的现象；适用范围更广；借助于激光替换技术投资较少。对于激光 MIG 惰性气体保护焊，优点主要体现在：较高的焊接速度；熔焊深度大；产生的焊接热少；焊缝的强度高；焊缝宽度小；焊缝凸出小，从而使整个系统的生产过程稳定性好，设备可用性好；焊缝准备工作量和焊后焊缝处理工作量小；焊接生产工时短、费用低、生产率高；具有很好的光学设备配置性能。焊接技术在电视机（图 1-34）、空调（图 1-35）、洗衣机（图 1-36）、太阳能热水器（图 1-37）等生产中有着广泛的应用。

图 1-34　无铅焊接电视机生产线

图 1-35　空调焊接生产线

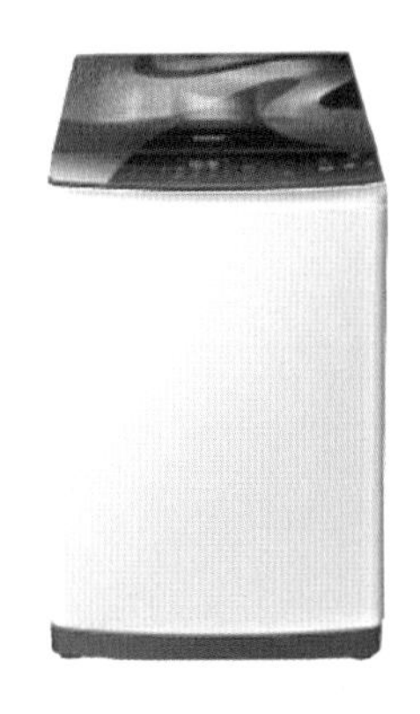

图 1-36　匀动力洗衣机

图 1-37　太阳能热水器焊接

阅读材料

匀动力洗衣机简介

海尔集团在国内市场推出了行业首款采用激光无缝焊接技术生产的洗衣机——匀动力洗衣机。目前市场上的全自动洗衣机内桶的制造技术大多采用“扣搭”技术，内桶的衔接处会存在缝隙或不平整，导致桶体强度不高、对衣物产生磨损。为了进一步提高内桶的可靠性和精细化，海尔洗衣机以汽车、造船行业为参照母本，将激光无缝焊接技术应用在匀动力洗衣机新品上，消除了内桶缝隙和不平整现象，在全面提高了产品的可靠性的同时更加呵护衣物。由于内桶的强度提高，匀动力洗衣机脱水时的最高转速比普通全自动洗衣机提高了25%，脱水效率大幅提升，并且耗电少、用时省。该产品为人们展示了科技时代、先进的制造技术对洗衣生活带来的巨大改变。

第二章 钢铁裁缝——走进焊接行业

[学习目标]

1. 认识焊接在工业生产中的地位。
2. 了解典型钢结构制造企业。
3. 了解典型焊接设备生产企业。

一、焊接在行业生产中的地位

焊接是一种将材料永久连接，并成为具有给定功能结构的制造技术。几乎所有的产品，从几十万吨巨轮到不足1g的微电子元件，在生产制造中都不同程度地应用了焊接技术。焊接已经渗透到制造业的各个领域，直接影响到产品的质量、可靠性和寿命以及生产的成本、效率和市场反应速度。

焊接需求很大程度上与钢的用量有密切的联系。在工业发达国家，焊接用钢量基本达到其钢材总量的60%～70%；在我国，据估计这个数值为40%～50%。从2013年开始，我国已成为世界上最大的焊接钢结构制造国。

从近年来中国完成的一些标志性工程来看，焊接技术发挥了重要作用。例如三峡水利枢纽的水电装备就是一套庞大的焊接系统，包括导水管、蜗壳、转轮、大轴、发电机机座等，其中马氏体不锈钢转轮直径10.7m、高5.7m、重440t，为世界上最大的铸-焊结构转轮。该转轮由上冠、下环和13个或15个叶片焊接而成，每个转轮的焊接需要用12t焊丝，耗时4个多月。神舟号系列飞船的成功发射与回收，标志着中国航天事业的巨大进步，其中两名航天员活动的返回舱和轨道舱都是铝合金的焊接结构，而焊接接头的气密性和变形控制是焊接制造的关键。

2005 年底由第一重型机械集团为神华公司制造的中国第一个煤直接液化装置的加氢反应器，直径 5.5m、长 62m、厚 337mm、重 2060t，为当今世界最大、最重的锻-焊结构加氢反应器，采用国内自主知识产权的全自动双丝窄间隙埋弧焊技术，每条环焊缝需连续焊接 5 天。西气东输的管线长 4200km，是中国第一条高强钢（X70）大直径长输管线，所用的螺旋钢管和直缝钢管全部是板-焊形式的焊接管。2020 年，全国造船完工量 3853 万载重吨，同比增长 4.9%。另外，重庆朝天门大桥是世界上最长的全焊钢拱桥；国家大剧院的椭球形穹顶是世界上最重的钢结构穹顶；奥林匹克主体育场的鸟巢钢结构重 4 万多吨。这些大型结构都是中国焊接制造的最大、最重、最长、最高、最厚、最新的具有代表性的重要产品。由此可见，焊接在国民经济发展和国防建设中具有非常重要的地位和作用。

二、典型行业企业简介

1. 江苏沪宁钢机股份有限公司——钢结构制造企业

江苏沪宁钢机股份有限公司创建于 1982 年，位于美丽富饶的江苏省宜兴市，是我国著名的大型钢结构制造企业，主要从事超高层、大跨度房屋建筑钢结构、大跨度钢结构桥梁结构、海洋钢结构、船舶钢结构、压力容器、管道、重型机械设备及成套设备的制作与安装。

公司具有房屋建筑工程施工总承包一级资质，钢结构制作、安装一级资质，甲级设计资质，中国钢结构协会特级资质，全系列电视塔、微波塔、通信塔、广播塔工业产品生产许可证，A2、A3 级压力容器特种设备制造许可证。同时具有中国合格评定国家认可委员会实验室认可证书（CNAS）、中国计量认证合格证书（CMA）及建设工程质量检测机构资质证书，具备金属和金属制品、焊接接头和焊接试样、金属与合金及无损检测等五大产品类别 29 项技术参数的检测能力。公司先后获得工程建设施工企业质量管理规范认证（GB/T 50430—2007）、质量管理体系认证（ISO 9001—2000）、环境管理体系认证（ISO 14001—2004）、职业健康安全管理体系认证（GB/T 28001—2001）、美国机械工程师协会（ASME）压力容器制造质量认证、美国钢结构协会（AISC）质量认证、日本钢结构协会（JIS）质量认证 。

公司“HNGJ”商标被国家工商总局认定为中国驰名商标，“HNGJ”品牌金属结构及其构件被认定为江苏省高新技术产品、江苏省质量信用产品、江苏省名牌产品，公司被江苏省政府授予江苏省高新技术企业、江苏省先进建筑业企业，被住房和城乡建设部授予全国优秀施工企业、全国建筑业先进企业等殊荣，2008年被建设部中国金属结构协会授予“中国建筑钢结构质量第一品牌”荣誉称号。

公司先后完成了上海八万人体育馆、上海大剧院、上海卢浦大桥、上海浦东国际机场航站楼、上海东海大桥、上海环球金融中心、上海中心大厦、上海虹桥国家展览中心、国家大剧院、国家体育场、国家网球中心、国家天文台、北京电视中心、京沪高铁北京南站、中央电视台总部大楼、首都国际机场T3航站楼、广州塔、广州珠江新城西塔和东塔、广州新白云机场、深圳京基大厦、深圳证券交易中心、深圳平安金融中心、成都双流国际机场航站楼、长江三峡永久性闸门、昆明长水国际机场航站楼、“FAST”天文学工程、拉萨火车站、海南国际会展中心等国内诸多重大建设工程。近年来获得中国建筑钢结构金奖82项、詹天佑土木工程大奖5项、鲁班奖20项、国家优质工程奖5项、国家科学技术进步奖2项，江苏省省长质量奖1项，获得创新钢结构制造技术专利33项、国家级工法5项、省级专利12项，参与国家建筑标准编制12项，由该公司承担的工程有19项荣获“百年百项杰出土木工程”大奖。

“完美无缺的产品质量，诚实卓越的企业信誉”是该公司一如既往的追求目标。“沪宁钢机”已成为国内外公认的中国建筑钢结构质量第一品牌。

2. 山东奥太电气有限公司——焊接装备生产企业

山东奥太电气有限公司作为国家级重点高新技术企业和面向全球的工业焊割设备制造商，专业为用户提供工业焊割设备、机器人焊割系统、自动化焊割装备和智能焊接云系统及其应用解决方案，服务于高铁、船舶、机械、钢结构、冶金、石化等不同行业。

该公司自1993年成立起一直专注于逆变技术及焊接技术的研究与创新，拥有国家级国家地方联合实验室、自动化焊接专机及机器人实验室、物联网及云计算焊接实验室，以及行业内实力最强的研发队伍，是中国焊接装备行业中唯一两次获得国家科技进步奖的企业。

“奥太”品牌系列产品以领先的技术、可靠的质量和先进的工艺得到广大用户的高度认可。自2005年迄今，奥太逆变焊机的品牌影响力、市场占有率和产销量始终是国内工业用逆变焊机的标杆，远远高于行业的平均发展速度和主要竞争对手的发展速度。近年来，随着智造浪潮的兴起，奥太焊接机器人系统、自动焊装备在大中型生产线的研发、制造方面处于国内领先地位，广泛应用于专用车、建筑工程、钢结构、煤矿机械、工程机械等领域；奥太机器人配套电源多次作为指定用机助力全国性各类焊接机器人大赛；公司于2018年荣获“智能机器人研发示范企业”称号，2019年和2020年分别上榜山东省首批和第二批“现代优势产业集群+人工智能”试点示范企业及项目名单，奥太专用汽车智能焊接机器人生产线强势入选“山东省人工智能优势产品”和“2019年度山东省首台（套）技术装备和关键核心零部件及生产企业”名单。在国际市场上，奥太产品作为中国工业产品的代表已出口到德国、英国、荷兰、西班牙、澳大利亚、南非、印度、俄罗斯、东南亚、南美和中东等60多个国家和地区。

奥太公司自成立以来，获得国家级、省部级等多项荣誉和多项专利，并长期担任中国焊接协会焊接设备分会、中国电器工业协会电焊机分会、中国工程建设焊接协会、中国职工焊接技术协会、中国石油工程建设协会、中国化工施工行业协会和中国船舶工业协会等行业协会的副理事长、常务理事。奥太焊机是历届全国工程建设系统和各世界级、国家级焊工技能比武大赛的指定用机。

行业的认可、用户的青睐将成为公司持久的发展动力，奥太公司将继续秉承“先人后事、求实高效、尽职尽责、真诚合作”和“质量是奥太人的自尊”的企业理念，不断提升为用户创造价值的能力。

第二篇

专业篇

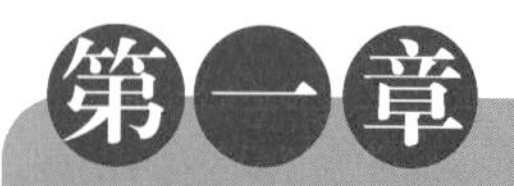

第一章 百花齐放推陈出新——焊接方法、设备和材料

[学习目标]

机器人焊接与民间艺术结合

1. 了解焊接及其本质。
2. 掌握焊接方法的分类。
3. 了解焊条电弧焊、埋弧焊、二氧化碳气体保护焊、钨极惰性气体保护焊等常用焊接方法的特点。
4. 熟悉几种常用焊接方法的应用。

思政元素

通过焊接方法分类，讲到焊接的发展，讲述现代焊接设备和焊接技术在实现制造强国的战略目标过程中的必要性和重要性。讲课中结合各种焊接方法，讲述当前我国焊接设备的发展现状和趋势，指出机器人焊接、智能化焊接设备和自动化生产线将成为焊接技术的重要的发展和应用方向，勉励学生要有时代紧迫感，要有社会担当精神，抓住机遇，迎接挑战，为国家由制造大国向制造强国转变贡献自己的力量。

一、焊接方法概述

1. 焊接及其本质

在金属结构和机器的制造中，经常需要将两个或两个以上的零件按一定形式和位置连接起来。通常可根据连接方法的特点，将其分为两大类：一类是可拆卸的连接方法，即不必毁坏零件就可以拆卸，如螺栓联接、键联接等，如图 2-1 所示；另一类是永久性连接方法，其拆卸只有在毁坏零件后才能实现，如铆接、焊接等，如图 2-2 所示。

a) 用螺栓联接的脚手架

b) 用键联接的汽车轮毂与轴

图 2-1 可拆卸连接

a) 中国第一座全钢结构铆接的桥梁（上海外白渡桥）

b) 用焊接连接的船舶

图 2-2 永久性连接

焊接就是通过加热或加压，或两者并用，使焊件达到结合的一种加工工艺方法。

2. 焊接方法分类

按照焊接过程中金属所处的状态不同，可以把焊接方法分为熔焊、压焊和钎焊三类。

（1）熔焊 熔焊是在焊接过程中，将焊件接头加热至熔化状态，不加压力完成焊接的方法。在加热的条件下，当被焊金属加热至熔化状态形成液态熔池时，原子之间可以充分扩散和紧密接触，因此冷却凝固后，可形成牢固的焊接接头。常见的气焊、电弧焊、埋弧焊、CO_2 气体保护焊、钨极氩弧焊等都属于熔焊的方法。

（2）压焊　压焊是在焊接过程中，必须对焊件施加压力（加热或不加热），以完成焊接的方法。这类焊接有两种形式：一是将被焊金属接触部分加热至塑性状态或局部熔化状态，然后施加一定的压力，以使金属原子间相互结合而形成牢固的焊接接头，如锻焊、电阻焊、摩擦焊和气压焊等；二是不进行加热，仅在被焊金属的接触面上施加足够大的压力，借助于压力所引起的塑性变形，而使原子间相互接近直至获得牢固的压挤接头，如冷压焊、爆炸焊等均属此类。

（3）钎焊　钎焊是采用比母材熔点低的钎料，将焊件和钎料加热到高于钎料熔点，低于母材熔点的温度，利用液态钎料润湿母材，填充接头间隙并与母材相互扩散实现连接焊件的方法。常见的钎焊方法有烙铁钎焊、火焰钎焊等。

常见的焊接方法如图 2-3 所示。

a) 气焊

b) 焊条电弧焊

c) 埋弧焊

d) CO_2气体保护焊

图 2-3　常用的焊接方法

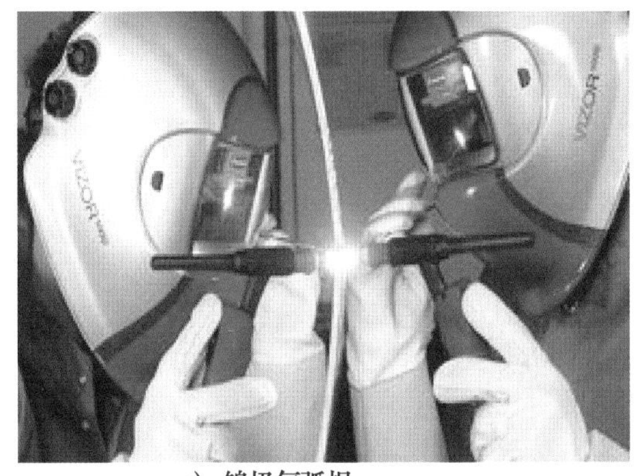

e）钨极氩弧焊

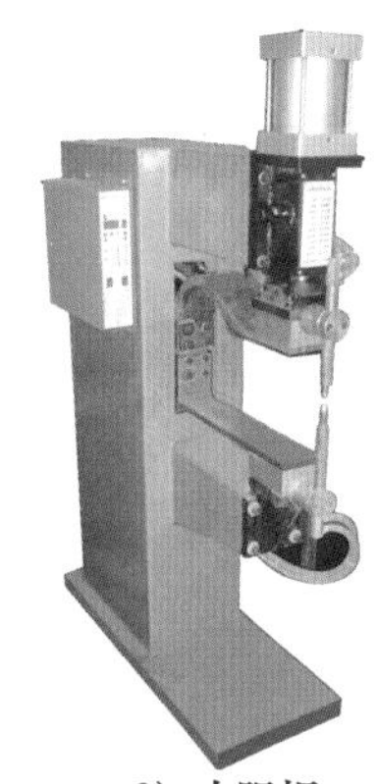

f）电阻焊

g) 火焰钎焊

h) 烙铁钎焊

图 2-3 常用的焊接方法（续）

3. 焊接的特点

焊接是目前应用极为广泛的一种永久性连接方法。焊接在许多工业部门的金属结构中，几乎全部取代了铆接；在机械制造业中，不少过去一直用整铸、整锻方法生产的大型毛坯也改成了焊接结构，大大简化了生产工艺，降低了成本。目前，世界各国年平均生产的焊接结构用钢已占钢产量的45%左右。焊接方法之所以能迅速地发展，是因为它本身具有一系列优点：

1）焊接与铆接相比，首先可以节省大量金属材料，减轻结构的重量。例如起重机采用焊接结构，其重量可以减轻15%~20%，建筑钢结构可以减轻10%~20%。其原因在于焊接结构不必钻铆钉孔，材料截面能得到充分利用，也不需要辅助材料。其次，简化了加工与装配工序，焊接结构生产不需要钻孔，划线的工作量较少，因此劳动生产率高。另外，焊接设备一般也比铆接生产所需的大型设备（如多头钻床等）的投资低。焊接结构还具有比铆接结构更好的密封性，这是压力容器特别是高温、高压容器不可缺少的性能。焊接生产与铆接生产相比还具有劳动强度低、劳动条件好等优点。

2）焊接与铸造相比，首先它不需要制作模样和砂型，也不需要专门熔炼、浇注，工序简单，生产周期短，对于单件和小批生产优势特别明显。其次，焊接结构比铸件能节省材料。通常，其重量比铸钢件轻20%～30%，比铸铁件轻50%～60%，这是因为焊接结构的截面可以按需要来选取，不必像铸件那样因受工艺条件的限制而加大尺寸，且不需要采用过多的肋板和过大的圆角。最后，采用轧制材料的焊接结构材质一般比铸件好。即使不用轧制材料，用小铸件拼焊成大件，小铸件的质量也比大铸件容易保证。

3）焊接具有一些用别的工艺方法难以达到的优点，如可根据受力情况和工作环境在不同的部位选用强度、耐磨性、耐蚀性、耐高温性等性能不同的材料。

焊接也有一些缺点：如产生焊接应力与变形，而焊接应力会削弱结构的承载能力，焊接变形会影响结构形状和尺寸精度。焊缝中还会存在一定数量的缺陷，焊接中还会产生有毒、有害的物质等。这些都是焊接过程中需要注意的问题。

焊条电弧焊焊接

二、焊条电弧焊

焊条电弧焊是用手工操纵焊条进行焊接的电弧焊方法，它是利用焊条和焊件之间产生的焊接电弧来加热并熔化焊条与局部焊件以形成焊缝的，是熔焊中最基本的一种焊接方法，也是目前焊接生产中使用最广泛的焊接方法。

1. 焊条电弧焊的原理

焊条电弧焊的焊接回路如图2-4所示，它是由弧焊电源、电弧、焊钳、焊条、电缆和焊件等组成。焊接电弧是负载，弧焊电源是为其提供电能的装置，焊接电缆则连接电源与焊钳和焊件。

焊接时，将焊条与焊件接触短路后立即提起焊条，引燃电弧，其工作原理如图2-5所示。

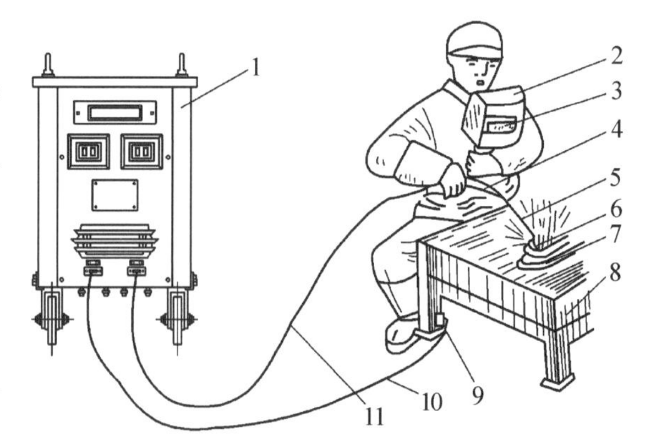

图2-4 焊条电弧焊的焊接回路

1—弧焊电源 2—面罩 3—护目镜 4—焊钳 5—焊条 6—电弧 7—焊件 8—工作台 9—接地线夹具 10—接焊件电缆 11—接焊钳电缆

2. 焊条电弧焊的设备和工具

焊条电弧焊的设备和工具有弧焊

电源、焊钳、焊接面罩、焊条保温筒、焊条红外线烘干箱，此外还有敲渣锤、钢丝刷等手工工具及焊工手套、绝缘胶鞋和工作服等防护用品，如图2-6～图2-12所示，其中最主要、最重要的设备是弧焊电源，即通常所说电焊机，为了区别其他电源，故称弧焊电源。弧焊电源的作用就是为焊接电弧稳定燃烧提供所需要的、合适的电流和电压。

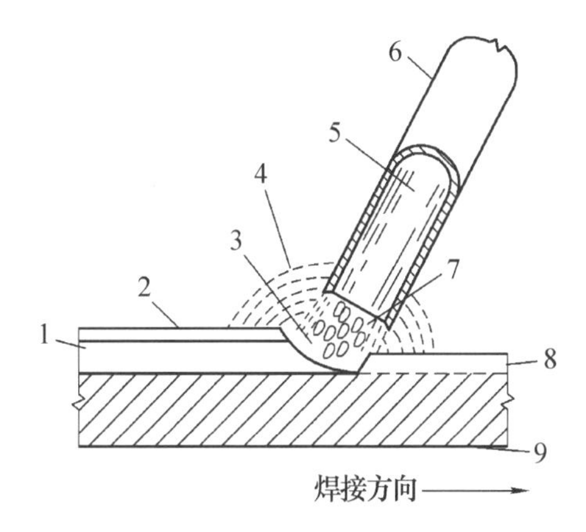

图2-5 焊条电弧焊的工作原理

1—焊缝 2—熔渣 3—熔池 4—保护气体 5—焊芯
6—焊条药皮 7—熔滴 8—熔深 9—母材

图2-6 弧焊电源

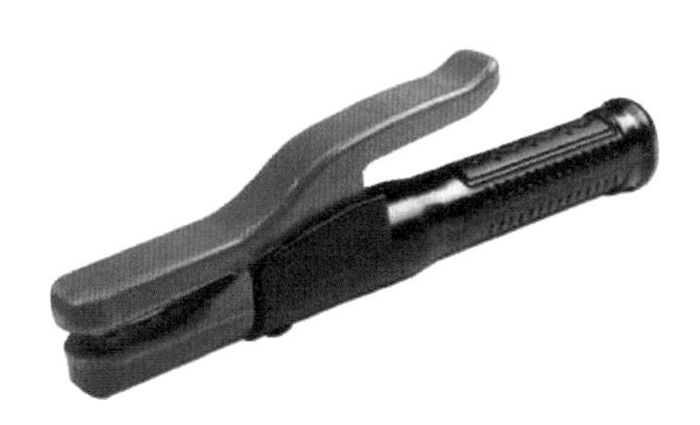

图2-7 焊钳

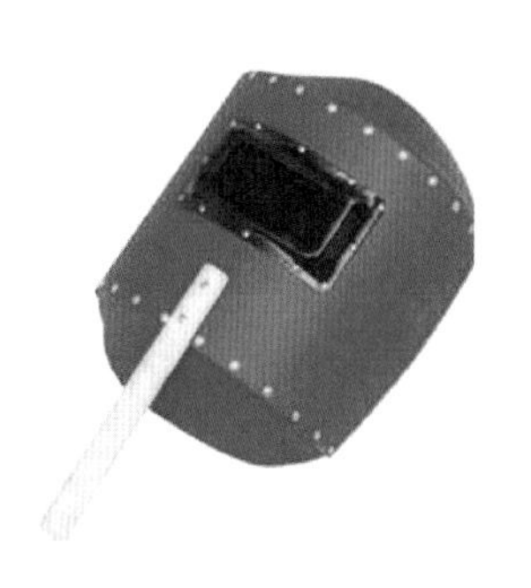

图2-8 焊接面罩

图2-9 焊条保温筒

图2-10 焊条红外线烘干箱

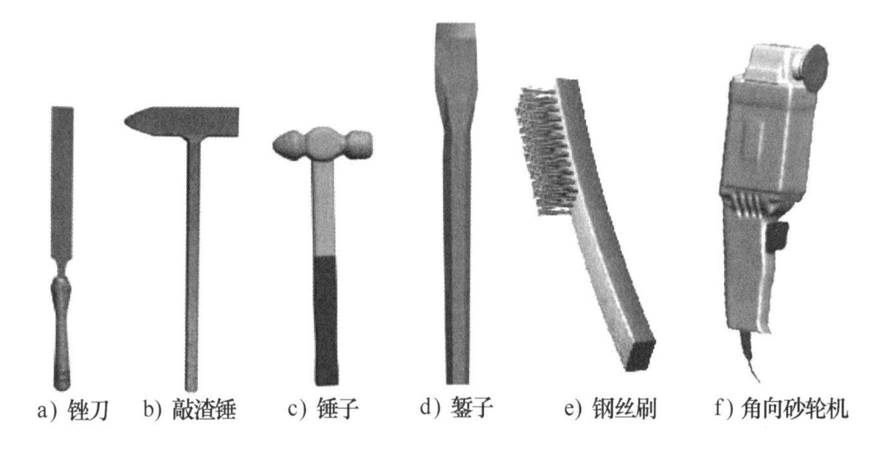

a）锉刀　b）敲渣锤　c）锤子　d）錾子　e）钢丝刷　f）角向砂轮机

图 2-11　常用的焊接手工工具

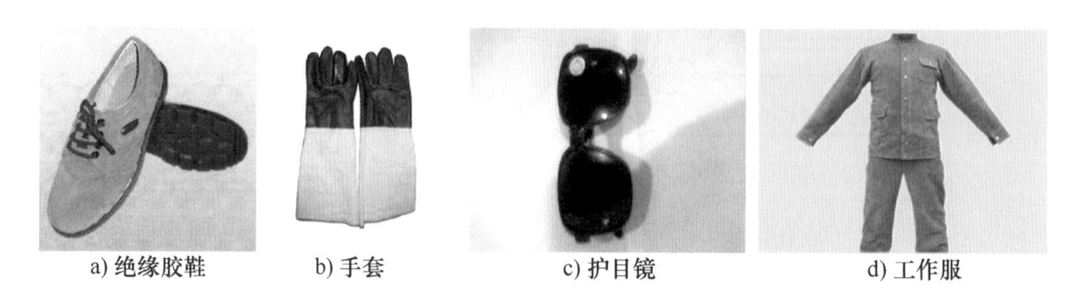

a) 绝缘胶鞋　b) 手套　c) 护目镜　d) 工作服

图 2-12　常用的焊接防护用品

3. 焊条电弧焊的焊接材料

焊条电弧焊的焊接材料就是焊条，焊条由焊芯和药皮组成。进行焊条电弧焊时，焊条既作电极，又作填充金属，熔化后与母材熔合形成焊缝。

4. 焊条电弧焊的特点

（1）焊条电弧焊的优点

1）工艺灵活、适应性强。对于不同的焊接位置、接头形式、焊件厚度及焊缝，只要焊条所能达到的任何位置，均能进行方便的焊接。对一些单件、小件、短的、不规则的、空间任意位置的以及不易实现机械化焊接的焊缝，更显得机动灵活，操作方便。

2）应用范围广。焊条电弧焊的焊条能够与大多数焊件金属性能相匹配，因而，接头的性能可以达到被焊金属的性能。焊条电弧焊不但能焊接碳钢和低合金钢、不锈钢及耐热钢，对于铸铁、高合金钢及非铁金属等也可以用焊条电弧焊焊接。此外，还可以进行异种钢焊接和各种金属材料的堆焊等。

3）易于分散焊接应力和控制焊接变形。由于焊接是局部的不均匀加热，所以焊件在焊接过程中都存在着焊接应力和变形。对结构复杂而焊缝又比较集中的焊件、长焊缝和大厚度焊件，其应力和变形问题更为突出。采用焊条电弧焊，可以通过改变焊接工艺，如采用跳焊、分段退焊、对称焊等方法，来减少变形和改善焊接应力的分布。

4）设备简单、成本较低。焊条电弧焊使用的是交流焊机和直流焊机，其结构都比较简单，维护保养也较方便，设备轻便而且易于移动，且焊接中不需要辅助气体保护，并具有较强的抗风能力，故投资少，成本相对较低。

（2）焊条电弧焊的缺点

1）焊接生产率低、劳动强度大。

2）焊缝质量依赖性强。

尽管半自动焊、自动焊在一些领域得到了广泛的应用，有逐步取代焊条电弧焊的趋势，但由于它具有以上特点，所以仍然是目前焊接生产中使用最广泛的焊接方法。

5. 焊条电弧焊的焊接参数

焊接参数是指焊接时为保证焊接质量而选定的诸物理量的总称。焊条电弧焊的焊接参数主要包括焊条直径、焊接电流、电弧电压、焊接速度、焊接层数等。焊接参数选择得正确与否，直接影响焊缝的形状、尺寸、焊接质量和生产率，因此，选择合适的焊接参数是焊接生产中一个十分重要的问题。

三、埋弧焊

埋弧焊是相对于明弧焊而言的，是指电弧在颗粒状焊剂层下燃烧的一种焊接方法。焊接时，焊机的起动、引弧、焊丝的送进及热源的移动全由机械控制，是一种以电弧为热源的高效的机械化焊接方法。现已广泛用于锅炉、压力容器、石油化工、船舶、桥梁、冶金及机械制造工业中，如图2-13和图2-14所示。

图2-13　长直焊缝的埋弧焊

图2-14　外环焊缝的埋弧焊

1. 埋弧焊的原理

埋弧焊是利用焊丝和焊件之间燃烧的电弧所产生的热量来熔化焊丝、焊剂和焊件而形成焊缝的，焊接工作原理如图 2-15 所示。图 2-16 所示为埋弧焊焊缝断面示意图。

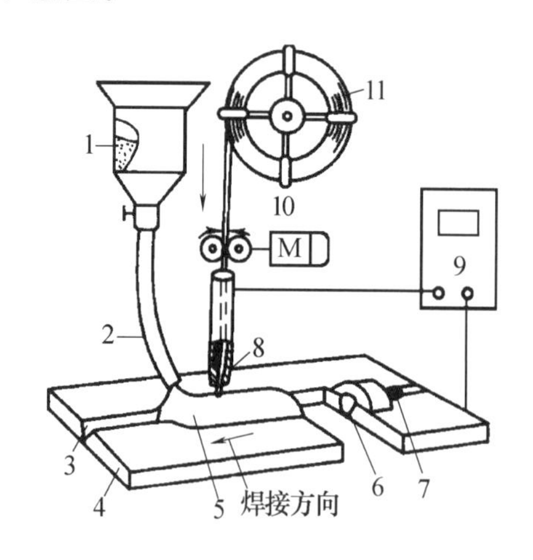

图 2-15 埋弧焊原理示意图

1—焊剂漏斗 2—软管 3—坡口 4—焊件 5—焊剂 6—熔敷金属 7—渣壳 8—导电嘴 9—电源 10—送丝机构 11—焊丝

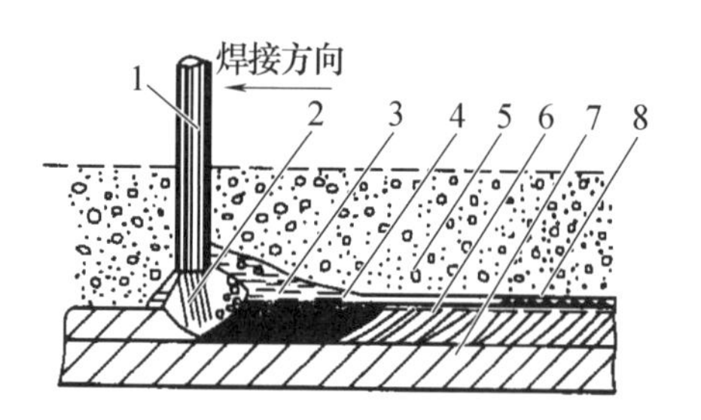

图 2-16 埋弧焊焊缝断面示意图

1—焊丝 2—电弧 3—熔池 4—熔渣 5—焊剂 6—焊缝 7—焊件 8—渣壳

2. 埋弧焊机

埋弧焊机按结构形式可分为小车式、悬挂式、车床式、门架式、悬臂式等，如图 2-17 所示，目前小车式、悬臂式用得较多。

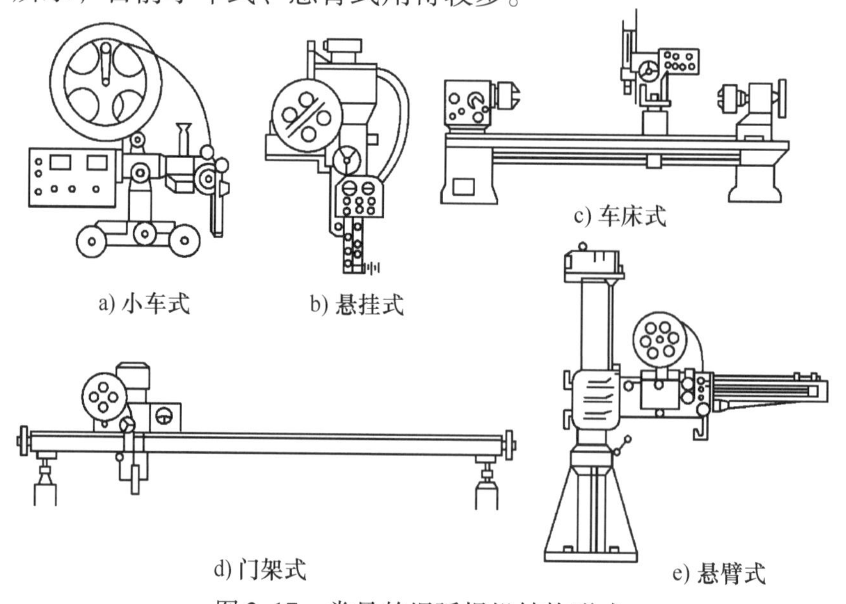

图 2-17 常见的埋弧焊机结构形式

典型埋弧焊机的组成如图 2-18 所示，它是由焊接电源、机械系统（包括送丝机构、行走机构、导电嘴、焊丝盘、焊剂漏斗等）、控制系统（控制箱、控制盘）组成的。目前使用最广泛的是变速送丝式埋弧焊机和等速送丝式埋弧焊机两种，其典型型号分别是 MZ-1000 和 MZ1-1000。

图 2-18 典型埋弧焊机的组成

1—焊接电源 2—控制装置 3—焊丝盘 4—焊丝 5—焊丝送给电动机 6—焊剂漏斗 7—焊丝送给滚轮 8—小车 9—轨道

3. 埋弧焊的焊接材料

埋弧焊的焊接材料有焊丝和焊剂，如图 2-19 和图 2-20 所示。

图 2-19 焊丝

图 2-20 焊剂

（1）焊丝 焊接时作为填充金属同时用来导电的金属丝称为焊丝。

（2）焊剂 埋弧焊时，能够熔化形成熔渣和气体，对熔化金属起保护作用并进行复杂的冶金反应的颗粒状物质称为焊剂。

4. 埋弧焊的特点

（1）埋弧焊的优点

1）焊接生产率高。埋弧焊可采用较大的焊接电流，同时因电弧加热集中，使熔深增加，单丝埋弧焊可一次焊透 20mm 以下不开坡口的钢板。而且埋弧焊的焊接速度也较焊条电弧焊快，单丝埋弧焊焊速可达 30 ~ 50m/h，而焊条电弧焊焊速则不超过 8m/h，从而提高了焊接生产率。

2）焊接质量好。因熔池有熔渣和焊剂的保护，使空气中的氮、氧难以侵入，提高了焊缝金属的强度和韧性。同时由于焊接速度快，热输入相对减少，故热影响区的宽度比焊条电弧焊小，有利于减少焊接变形及防止近缝区金属过热。另外，焊缝表面光洁、平整、成形美观。

3）改变焊工的劳动条件。由于实现了焊接过程机械化，操作较简便，而且电弧在焊剂层下燃烧没有弧光的有害影响可省去面罩，同时，放出的烟尘也少，因此焊工的劳动条件得到了改善。

4）节约焊接材料及电能。由于熔深较大，埋弧焊时可不开或少开坡口，减少了焊缝中焊丝的填充量，也节省了因加工坡口而消耗掉的母材。由于焊接时飞溅极少，又没有焊条接头的损失，所以节约焊接材料。另外，埋弧焊的热量集中，而且利用率高，故在单位长度焊缝上，所消耗的电能也大为降低。

5）焊接范围广。埋弧焊不仅能焊接碳钢、低合金钢、不锈钢，还可以焊接耐热钢及铜合金、镍基合金等非铁金属。此外，还可以进行耐磨、耐蚀材料的堆焊。但不适用于铝、钛等氧化性强的金属和合金的焊接。

（2）埋弧焊的缺点

1）埋弧焊采用颗粒状焊剂进行保护，一般只适用于平焊或倾斜度不大的位置及角焊位置焊接，其他位置的焊接，则需采用特殊装置来保证焊剂对焊缝区的覆盖和防止熔池金属的漏淌。

2）焊接时不能直接观察电弧与坡口的相对位置，容易产生焊偏及未焊透，不能及时调整焊接参数，故需要采用焊缝自动跟踪装置来保证焊枪对准焊缝不焊偏。

3）埋弧焊使用电流较大，电弧的电场强度较高，电流小于 100A 时，电弧稳定性较差，因此不适宜焊接厚度小于 1mm 的薄件。

4）焊接设备比较复杂，维修保养工作量比较大，且仅适用于直的长焊缝和环形焊缝焊接，对于一些形状不规则的焊缝难以焊接。

5. 埋弧焊的焊接参数

埋弧焊的焊接参数有焊接电流、电弧电压、焊接速度、焊丝直径、焊丝伸出长度、焊丝倾角、焊件倾斜等。其中，对焊缝成形和焊接质量影响最大的是焊接电流、电弧电压和焊接速度。

四、CO_2 气体保护焊

1. CO_2 气体保护焊的原理

CO_2 气体保护焊是利用 CO_2 作为保护气体的一种熔化极气体保护电弧焊方法，简称 CO_2 焊。其工作原理如图 2-21 所示，电源的两输出端分别接在焊枪和焊件上。盘状焊丝由送丝机构带动，经软管和导电嘴不断地向电弧区域送给；同时，CO_2 气体以一定的压力和流量送入焊枪，通过喷嘴后，形成一股保护气流，使熔池和电弧不受空气的侵入。随着焊枪的移动，熔池金属冷却凝固而成焊缝，从而将被焊的焊件连成一体。

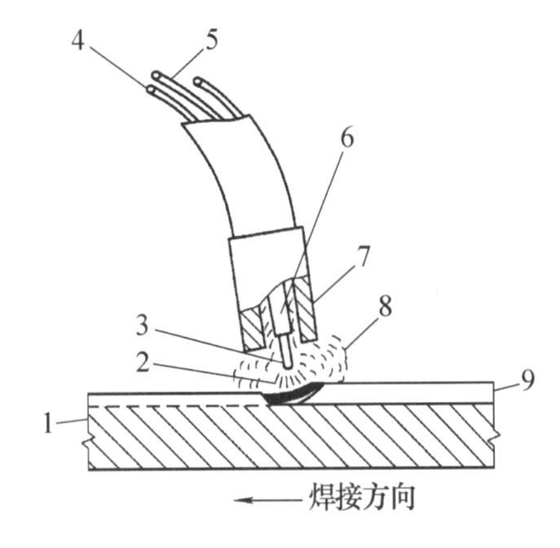

图 2-21 CO_2 气体保护焊的工作原理

1—母材 2—电弧 3—熔化焊丝
4—保护气体 5—焊丝 6—导电嘴
7—喷嘴 8—保护气体 9—焊缝

2. CO_2 气体保护焊的设备

CO_2 气体保护焊的设备有半自动焊设备和自动焊设备。其中半自动 CO_2 焊在生产中应用较广，常用的 CO_2 半自动焊设备组成如图 2-22 所示，主要由焊接电源、焊枪及送丝系统、CO_2 供气系统、控制系统等部分组成。而自动 CO_2 焊设备还有焊车行走机构。

图 2-22 CO_2 半自动焊设备组成

1—CO_2 气瓶 2—焊丝及送丝机构 3—焊机 4—焊枪 5—焊件

3. CO_2 气体保护焊的焊接材料

CO_2 气体保护焊所用的焊接材料是 CO_2 气体和焊丝。

（1）CO_2 气体　焊接用的 CO_2 一般是将其压缩成液体贮存于钢瓶内。CO_2 气瓶的容量为40L，可装25kg的液态 CO_2，占容积的80%，满瓶压力为5～7MPa，气瓶外表涂成白色，并标有黑色“液化二氧化碳”的字样。焊接用 CO_2 气体的纯度应大于99.5%，含水量不超过0.05%，否则会降低焊缝的力学性能，焊缝也易产生气孔。如果 CO_2 气体的纯度达不到标准，可进行提纯处理。

（2）焊丝　对焊丝的要求：CO_2 气体保护焊的焊丝必须比母材含有较多的Mn和Si等脱氧元素，以防止焊缝产生气孔，减少飞溅，保证焊缝金属具有足够的力学性能；焊丝中C的质量分数应在0.10%以下，并控制S、P的含量；焊丝表面镀铜，以防止生锈，有利于保存，并可改善焊丝的导电性及送丝的稳定性。

目前常用的 CO_2 气体保护焊焊丝有ER49-1和ER50-6等。CO_2 气体保护焊所用的焊丝直径在0.5～5mm范围内。CO_2 半自动焊常用的焊丝有 ϕ0.6mm、ϕ0.8mm、ϕ1.0mm、ϕ1.2mm等几种。

4. CO_2 气体保护焊的特点

（1）CO_2 气体保护焊的优点

1）焊接成本低。CO_2 气体来源广、价格低，而且消耗的焊接电能少，所以 CO_2 气体保护焊的成本低，仅为埋弧焊及焊条电弧焊的30%～50%。

2）生产率高。由于 CO_2 气体保护焊的焊接电流密度大，使焊缝厚度增大，焊丝的熔化率提高，熔敷速度加快；另外，焊丝又是连续送进，且焊后没有焊渣，特别是多层焊接时，节省了清渣时间，所以生产率比焊条电弧焊高1～4倍。

3）焊接质量高。CO_2 气体保护焊对铁锈的敏感性不大，因此焊缝中不易产生气孔，而且焊缝含氢量低，抗裂性能好。

4）焊接变形和焊接应力小。由于电弧热量集中，焊件加热面积小，同时 CO_2 气流具有较强的冷却作用，因此，焊接应力和变形小，特别适宜于薄板焊接。

5）操作性能好。因是明弧焊，可以看清电弧和熔池情况，便于掌握与调整，也有利于实现焊接过程的机械化和自动化。

6）适用范围广。CO_2 气体保护焊可进行各种位置的焊接，不仅适用薄板焊接，还常用于中、厚板的焊接，而且也适用于磨损零件的修补堆焊。

（2）CO_2 气体保护焊的不足之处

1）使用大电流焊接时，焊缝表面成形较差，飞溅较多。

2）不能焊接容易氧化的非铁金属材料。

3）很难用交流电源焊接及在有风的地方施焊。

4）弧光较强，特别是大电流焊接时，所产生的弧光强度及紫外线强度分别是焊条电弧焊的 2～3 倍和 20～40 倍，电弧辐射较强；而且操作环境中的 CO_2 的含量较大，对工人的健康不利，故应特别重视对操作者的劳动保护。

由于 CO_2 气体保护焊的优点显著，而其不足之处，随着对 CO_2 气体保护焊的设备、材料和工艺的不断改进，将逐步得到完善与克服，因此 CO_2 气体保护焊是一种值得推广应用的高效焊接方法。

五、熔化极惰性气体保护焊

熔化极惰性气体保护焊一般是采用氩气或氩气和氦气的混合气体作为保护进行焊接的，所以熔化极惰性气体保护焊通常指的是熔化极氩弧焊。

熔化极氩弧焊是用填充焊丝做熔化电极的氩气保护焊。当采用短路过渡或颗粒状过渡焊接时，由于飞溅较严重，电弧复燃困难，焊件金属熔化不良及容易产生焊缝缺陷，因此熔化极氩弧焊一般不采用短路过渡或滴状过渡形式而多采用喷射过渡的形式。

1. 熔化极氩弧焊的原理

熔化极氩弧焊采用焊丝做电极，在氩气保护下，电弧在焊丝与焊件之间燃烧。焊丝连续送给并不断熔化，而熔化的熔滴也不断向熔池过渡，与液态的焊件金属熔合，经冷却凝固后形成焊缝。熔化极氩弧焊按其操作方式有熔化极半自动氩弧焊和熔化极自动氩弧焊两种。

2. 熔化极氩弧焊的设备

熔化极氩弧焊的设备与 CO_2 气体保护焊基本相同，主要是由焊接电源、供气系统、送丝机构、控制系统、半自动焊枪、冷却系统等部分组成。熔化极自动氩弧焊设备与半自动焊设备相比，多了一套行走机构，并且通常将送丝机构与焊枪安装在焊接小车或专用的焊接机头上，这样可使送丝机构更为简单可靠。

熔化极半自动氩弧焊机由于多用细焊丝施焊，所以采用等速送丝式系统配用平外特性电源。熔化极自动氩弧焊机自动调节工作原理与埋弧焊基本相同。选用细焊丝时采用等速送丝系统，配用缓降外特性的焊接电源；选用粗焊丝时，采用变速送丝系统，配用陡降外特性的焊接电源，以保证自动调节作用及焊接过程的稳定性。熔化极自动氩弧焊大多采用粗焊丝。

熔化极氩弧焊的供气系统中，由于采用惰性气体，不需要预热器，又因为惰性气体也不像 CO_2 那样含有水分，故不需干燥器。

我国定型生产的熔化极半自动氩弧焊机有 NBA 系列，如 NBA_1-500 型等，熔化极自动氩弧焊机有 NZA 系列，如 NZA-1000 型等。

3. 熔化极氩弧焊的特点

熔化极氩弧焊与 CO_2 气体保护焊、钨极氩弧焊相比有以下特点。

（1）焊缝质量高　由于采用惰性气体作为保护气体，保护气体不与金属起化学反应，合金元素不会氧化烧损，而且也不溶解于金属，因此保护效果好，且飞溅极少，能获得较为纯净及高质量的焊缝。

（2）焊接范围很广　几乎所有的金属材料都可以进行焊接，特别适宜焊接化学性质活泼的金属和合金。由于近年来对于碳钢和低合金钢等钢铁材料，更多采用熔化极活性混合气体保护焊，因此熔化极氩弧焊主要用于铝、镁、钛、铜及其合金和不锈钢及耐热钢等材料的焊接，有时还可用于焊接结构的打底焊，不仅能焊薄板也能焊厚板，特别适用于中等和大厚度焊件的焊接。

（3）焊接效率高　由于用焊丝作为电极，克服了钨极氩弧焊钨极的熔化和烧损的限制，焊接电流可大大提高，焊缝厚度大，焊丝熔敷速度快，因此一次焊接的焊缝厚度显著增加。例如铝及铝合金，当焊接电流为 450～470A 时，焊缝的厚度可达 15～20mm。且采用自动焊或半自动焊，具有较高的焊接生产率，并改善了劳动条件。

（4）熔化极惰性气体保护焊的主要缺点　无脱氧去氢作用，对焊丝和母材上的油、锈敏感，易产生气孔等缺陷，所以应严格清理焊丝和母材表面。由于采用氩气或氦气，故焊接成本相对较高。

4. 熔化极氩弧焊的焊接参数

熔化极氩弧焊的主要焊接参数有焊丝直径、焊接电流、电弧电压、焊接速度、喷嘴直径、氩气流量等。

六、熔化极活性气体保护焊（MAG 焊）

1. 熔化极活性气体保护焊的原理

熔化极活性气体保护焊是采用在惰性气体氩（Ar）中加入少量的氧化性气体（CO_2、O_2 或其混合气体）的混合气体作为保护气体的一种熔化极气体保护焊方法，简称为 MAG 焊。由于混合气体中氩气所占比例大，又常称为富氩混合气体保护焊。现常用氩（Ar）与 CO_2 混合气体来焊接碳钢及低合金钢。

2. 熔化极活性气体保护焊的特点

熔化极活性气体保护焊除了具有一般气体保护焊的特点外，与纯氩弧焊、纯 CO_2 气体保护焊相比还具有以下特点。

（1）与纯氩气保护焊相比

1）熔化极活性气体保护焊的熔池、熔滴温度比纯氩弧焊高，电流密度大，所以熔深大，焊缝厚度大，并且焊丝熔化速度快，熔敷效率高，有利于提高焊接生产率。

2）由于具有一定的氧化性，克服了纯氩保护时表面张力大、液态金属黏稠、易咬边及斑点漂移等问题。同时改善了焊缝成形，由纯氩的指状（蘑菇状）熔深成形改变为深圆弧状成形，接头的力学性能好。

3）由于加入一定量的较便宜的 CO_2 气体，降低了焊接成本，但 CO_2 的加入提高了产生喷射过渡的临界电流，引起熔滴和熔池金属的氧化及合金元素的烧损。

（2）与纯 CO_2 气体保护焊相比

1）由于电弧温度高，易形成喷射过渡，故电弧燃烧稳定，飞溅减小，熔敷系数提高，节省焊接材料，焊接生产率提高。

2）由于大部分气体为惰性的氩气，对熔池的保护性能较好，焊缝气孔产生概率下降，力学性能有所提高。

3）与纯 CO_2 气体保护焊相比，焊缝成形好，焊缝平缓，焊波细密、均匀美观，但经济方面不如 CO_2 气体保护焊，成本较 CO_2 气体保护焊高。

3. 熔化极活性气体保护焊的设备

熔化极活性气体保护焊的设备组成如图 2-23 所示。与 CO_2 气保护焊设备类似，它只是在 CO_2 气体保护焊设备系统中加入了氩气源和气体混合配比器而已。

4. 熔化极活性气体保护焊的焊接参数

正确地选择焊接参数是获得高生产率和高质量焊缝的先决条件。熔化极活性气体保护焊的焊接参数主要有焊丝的规格、焊接电流、电弧电压、焊接速度、焊丝伸出长度、气体流量、电源种类极性等。

七、钨极惰性气体保护焊（TIG 焊）

钨极氩弧焊

钨极惰性气体保护焊（TIG 焊）是使用纯钨或活化钨（钍钨、铈钨等）作电极的惰性气体保护焊。TIG 焊一般采用氩气作保护气

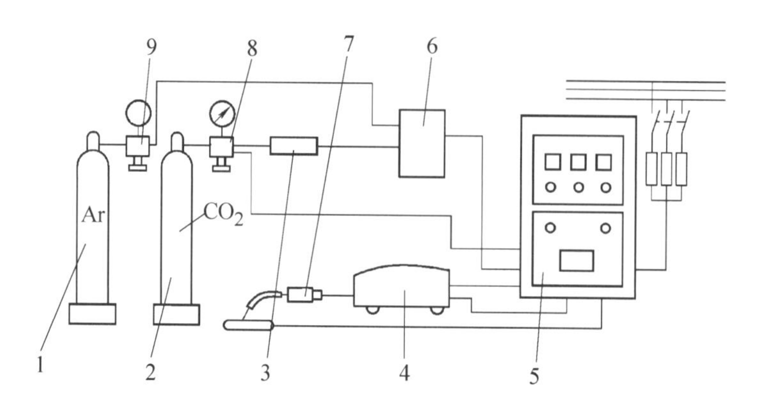

图 2-23 熔化极活性气体保护焊设备组成示意图

1—Ar 气瓶 2—CO_2 气瓶 3—干燥器 4—送丝小车 5—焊接电源 6—混合气体配比器 7—焊枪 8、9—减压流量计

体，故称钨极氩弧焊。由于钨极本身不熔化，只起发射电子产生电弧的作用，故也称不熔化极氩弧焊。TIG 焊如图 2-24 所示。

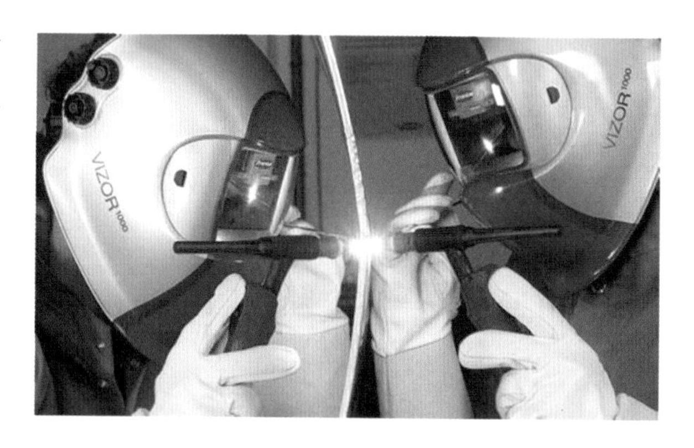

图 2-24 TIG 焊

1. TIG 焊的工作原理及分类

TIG 焊是利用钨极与焊件之间产生的电弧热，来熔化附加的填充焊丝或自动给送的焊丝（也可不加填充焊丝）及基本金属，形成熔池而形成焊缝的。焊接时，氩气流从焊枪喷嘴中连续喷出，在电弧区形成严密的保护气层，将电极和金属熔池与空气隔离，以形成优质的焊接接头。TIG 焊工作原理如图 2-25 所示。

TIG 焊按采用的电流种类，可分为直流 TIG 焊、交流 TIG 焊和脉冲 TIG 焊等。TIG 焊按其操作方式可分为手工 TIG 焊和自动 TIG 焊。在实际生产中，手工 TIG 焊应用最广。

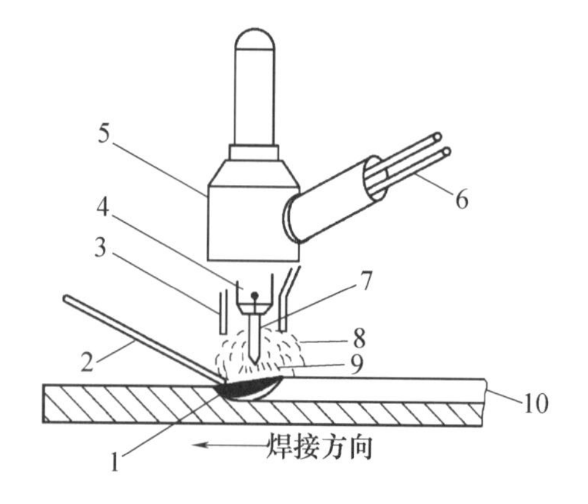

图 2-25 TIG 焊工作原理

1—熔池 2—填充金属 3—喷嘴 4—钨极夹头 5—焊枪 6—保护气体 7—钨极 8—保护气体 9—电弧 10—焊缝

2. TIG 焊的焊接材料

TIG 焊的焊接材料主要是钨极、焊丝和保护气体。

（1）钨极　TIG 焊时，钨极的作用是传导电流、引燃电弧和维持电弧正常燃烧，所以要求钨极具有较大的许用电流，熔点高、损耗小，引弧和稳弧性能好等特性。常用的钨极有纯钨极、钍钨极和铈钨极三种，它们的牌号、特点见表 2-1。

表 2-1　常用钨极的牌号、特点

钨极种类	常用牌号	特　点
纯钨极	W1、W2	熔点高达 3400℃，沸点约为 5900℃，基本上能满足焊接过程的要求，但电流承载能力低，空载电压高，目前已很少使用
钍钨极	WTh-7、WTh-10、WTh-15	在纯钨中加入质量分数为 1%～2% 的氧化钍（ThO_2），显著提高了钨极电子发射能力。与纯钨极相比，引弧容易、电弧稳定；不易烧损，使用寿命长；电弧稳定但成本比较高，且有微量放射性，必须加强劳动防护
铈钨极	WCe-10、WCe-15、WCe-20	在纯钨中加入质量分数为 2% 的氧化铈（CeO）。与钍钨极相比，引弧更为容易、电弧更加稳定；许用电流密度大；电极烧损小，使用寿命长；几乎没有放射性，是一种理想的电极材料

为了使用方便，钨极的一端常涂有颜色，以便识别。例如，钍钨极涂红色，铈钨极涂灰色，纯钨极涂绿色。常用的钨极直径为 0.5mm、1.0mm、1.6mm、2.0mm、2.5mm、3.2mm、4.0mm、5.0mm 等规格。钨极使用前应修磨成一定形状和尺寸。钨极与钨极磨尖机如图 2-26 所示。

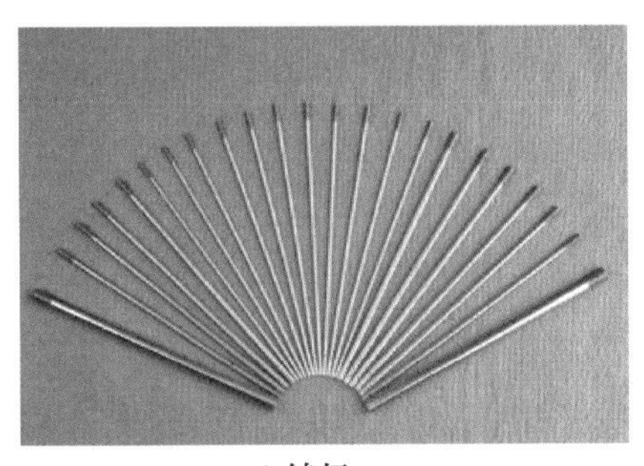

a) 钨极

b) 钨极磨尖机

图 2-26　钨极及钨极磨尖机

铈钨极牌号意义如下：

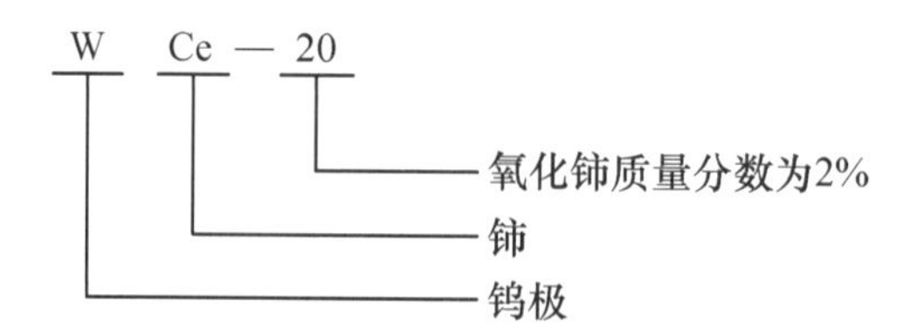

（2）焊丝　焊丝选用的原则是熔敷金属化学成分或力学性能与被焊材料相当。氩弧焊用焊丝主要分钢焊丝和非铁金属焊丝两大类。

（3）保护气体　TIG 焊的保护气体大致有氩气、氦气、氩-氢和氩-氦的混合气体，使用最广的是氩气。氦气由于比较稀缺，提炼困难，价格昂贵，国内极少使用。氩-氢和氩-氦的混合气体中，氩-氢仅限于不锈钢、镍及镍-铜合金焊接。

3. TIG 焊的设备

手工 TIG 焊设备包括电源、焊枪、供气系统、冷却系统、控制系统等部分，如图 2-27 所示。自动 TIG 焊设备，除上述几部分外，还有送丝装置及焊接小车行走机构。

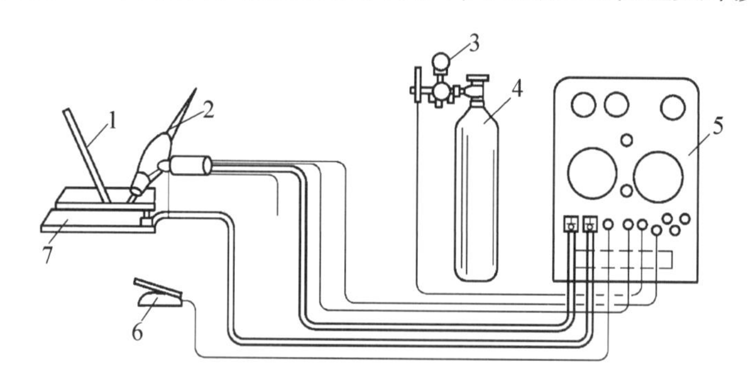

图 2-27　手工 TIG 焊设备示意图

1—填充金属　2—焊枪　3—流量计　4—氩气瓶

5—电源　6—开关　7—焊件

（1）电源　电源也称焊机，有交流电源、直流电源、交直流电源及脉冲电源等。由于氩气的电离能较高，难以电离，引燃电弧困难，但又不宜使用提高空载电压的方法，所以钨极氩弧焊必须使用高频振荡器来引燃电弧。对于交流电源，由于电流每秒有 100 次经过零点，电弧不稳，故还需使用脉冲稳弧器，以保证重复引燃电弧并稳弧。

（2）焊枪　钨极氩弧焊焊枪的作用是夹持电极、导电和输送氩气流。氩弧焊枪分为气冷式焊枪（QQ 系列）和水冷式焊枪（QS 系列）。气冷式焊枪使用方便，但限于小电流（$I=100$A）焊接使用；水冷式焊枪适宜大电流（$I>100$A）和自动焊接使用。氩弧焊焊枪的外形如图 2-28 所示。

焊枪一般由枪体、喷嘴、电极夹持机构、电缆、氩气输入管、水管和开关及按钮组成。

（3）供气系统　TIG 焊的供气系统由氩气瓶、减压器、流量计和电磁阀组成。减压器用以减压和调压。流量计用来调节和测量氩气流量的大小，现常将减压器与流量计制成一体，成为氩气流量调节器，如图 2-29 所示。电磁气阀是控制气体通断的装置。

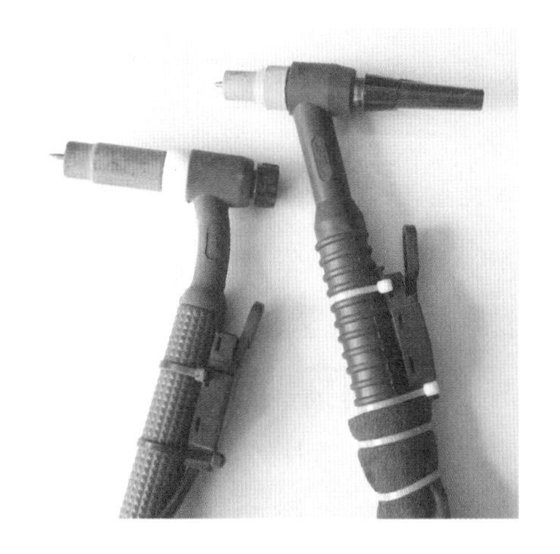

图 2-28　氩弧焊焊枪的外形

图 2-29　氩气流量调节器

（4）冷却系统　一般当选用的最大焊接电流在 150A 以上时，必须通水来冷却焊枪和电极。冷却水接通并有一定压力后，才能起动焊接设备。通常在钨极氩弧焊设备中用水压开关或手动来控制水流量。

（5）控制系统　TIG 焊的控制系统是通过控制线路，对供电、供气、引弧与稳弧等各个阶段的动作程序实现控制。图 2-30 为交流手工 TIG 焊的控制程序框图。

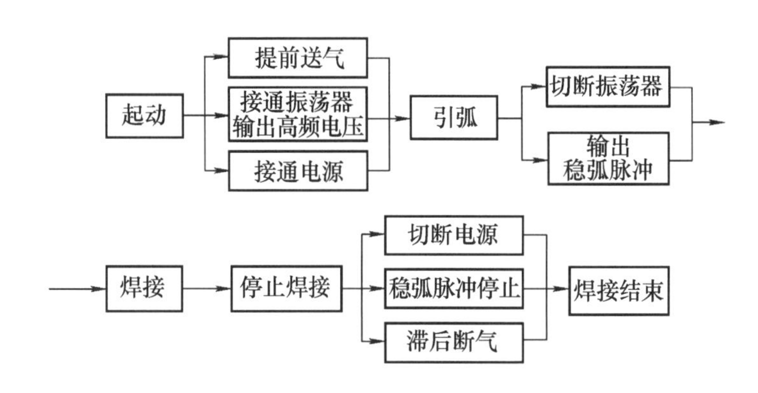

图 2-30　交流手工 TIG 焊控制程序框图

4. TIG 焊的特点

TIG 焊除具有气体保护焊共有的特点外，还有一些特点，其特点和应用如下。

（1）焊接质量好　氩气是惰性气体，不与金属起化学反应，合金元素不会氧化烧损，而且也不溶解于金属。焊接过程基本上是金属熔化和结晶的简单过程，因此保护效果好，能获得高质量的焊缝。

（2）适应能力强　采用氩气保护无熔渣，填充焊丝不通过电流、不产生飞溅，焊缝成形美观；电弧稳定性好，即使在很小的电流（<10A）下仍能稳定燃烧，且热源和填充焊丝可分别控制，热输入容易调节，所以特别适合薄件、超薄件（0.1mm）及全位置焊接（如管道对接）。

（3）焊接范围广　TIG 焊几乎可焊接除熔点非常低的铅、锡以外的所有的金属和合金，特别适宜焊接化学性质活泼的金属和合金。常用于铝、镁、钛、铜及其合金和不锈钢、耐热钢及难熔活泼金属（如锆、钽、钼等）材料的焊接。由于容易实现单面焊双面成形，有时还可用于焊接结构的打底焊。

（4）焊接效率低　由于用钨作电极，承载电流能力较差，焊缝易受钨的污染，因此 TIG 焊使用电流较小，电弧功率较低，焊缝熔深浅，熔敷速度小，仅适用于焊件厚度小于 6mm 的焊件焊接，且大多采用手工焊，焊接效率低。

（5）焊接成本较高　由于使用氩气等惰性气体，焊接成本高，常用于质量要求较高的焊缝及难焊金属的焊接。

5. TIG 焊的焊接参数

TIG 焊的焊接参数主要有电源种类和极性、钨极直径、焊接电流、电弧电压、氩气流量、焊接速度和喷嘴直径等。

八、其他焊接方法

焊接方法的种类很多，除了焊接生产中常用的焊条电弧焊、埋弧焊、气体保护电弧焊、等离子弧焊与切割、电阻焊外，还有一些适合于特殊焊接结构的焊接方法，如电渣焊、钎焊等。

1. 钎焊

（1）钎焊的定义　利用熔点比母材（被钎焊材料）熔点低的填充金属（称为钎料或焊料），在低于母材熔点、高于钎料熔点的温度下，利用液态钎料在母材表面润湿、铺展和在母材间隙中填缝，与母材相互溶解与扩散，而实现零件间的连接的焊接方法。与熔焊相比，钎焊时母材不熔化，仅钎料熔化；与压焊相比，

钎焊时不对焊件施加压力。图 2-31 是激光钎焊示意图。

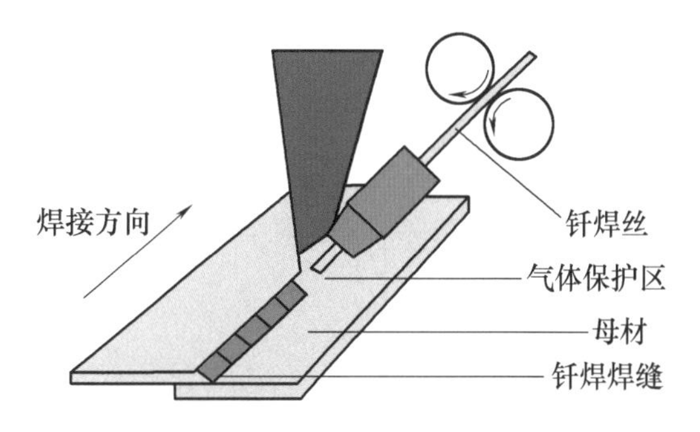

图 2-31 激光钎焊示意图

（2）钎焊的过程 表面清洗好的焊件以搭接形式装配在一起，把钎料放在接头间隙附近或接头间隙之间。当焊件与钎料被加热到稍高于钎料熔点温度后，钎料熔化（焊件未熔化），并借助毛细作用被吸入和充满固态焊件间隙之间，液态钎料与焊件金属相互扩散溶解，冷凝后即形成钎焊接头。

（3）钎焊的特点

1）钎焊加热温度较低，接头光滑平整，组织和力学性能变化小，变形小，焊件尺寸精确。

2）可焊异种金属，也可焊异种材料，且对焊件厚度差无严格限制。有些钎焊方法可同时焊多焊件、多接头，生产率很高。

3）钎焊设备简单，生产投资费用少。

4）接头强度低，耐热性差，且焊前清理要求严格，钎料价格较贵。

（4）钎焊的应用 钎焊不适于一般钢结构和重载、动载机件的焊接，主要用于制造精密仪表、电气零部件、异种金属构件以及复杂薄板结构。例如：制造机械加工用的各种刀具特别是硬质合金刀具，钻探、采掘用的钻具，各种导管和容器，汽车、拖拉机的散热器，各种用途的不同材料、不同结构形式的换热器，电机部件以及汽轮机的叶片和拉筋等构件。在轻工业生产中，从医疗器械、金属植入假体、乐器到家用电器、炊具、自行车，都大量采用钎焊技术。对于电子工业和仪表制造业，在很大范围内钎焊是唯一可行的连接方法，如在元器件生产中大量涉及金属与陶瓷、玻璃等非金属的连接问题，及在布线连接中必须防止加热对元器件的损害，这些都有赖于钎焊技术。在核电站和船舶核动力装置中，燃料元件定位架、换热器、中子探测器等重要部件也常采用钎焊结构。图 2-32 所示为钎焊应用实例。

（5）钎焊的发展 钎焊是人类最早使用的材料连接方法之一，在人类尚未开始使用铁器时，就已经发明用钎焊来连接金属。尽管钎焊技术出现较早，但很长时间没有得到大的发展。进入 20 世纪后，其发展也远落后于熔焊技术。直到 20 世纪 30 年代，在冶金和化工技术发展的基础上，钎焊技术才有了较快的发展，并

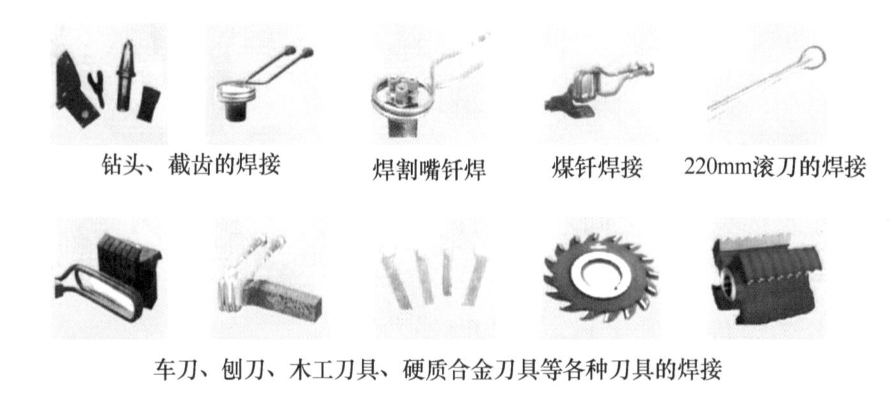

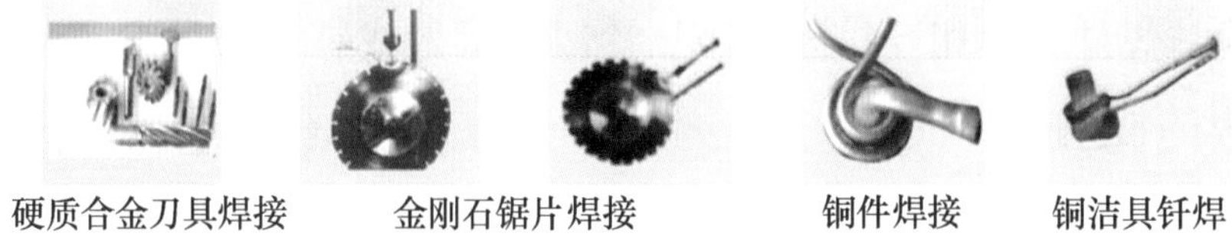

图 2-32　钎焊应用实例

逐渐成为一种独立的工业生产技术。尤其是第二次世界大战后，由于航空、航天、核能、电子等新技术的发展，新材料、新结构形式的采用，对连接技术提出了更高的要求，钎焊技术因此受到了更大的重视，得到了迅速的发展，出现了许多新的钎焊方法，其应用也越来越广泛。

2. 电渣焊

（1）电渣焊的定义　利用电流通过熔渣所产生的电阻热作为热源，将填充金属和母材熔化，凝固后形成金属原子间牢固连接，如图 2-33 所示。电渣焊主要有熔嘴电渣焊、非熔嘴电渣焊、丝极电渣焊、板极电渣焊等。

（2）电渣焊的过程　在开始焊接时，使焊丝与起焊槽短路起弧，不断加入少量固体焊剂，利用电弧的热量使之熔化，形成液态熔渣，待熔渣达到一定深度时，增加焊丝的送进速度，并降低电压，使焊丝插入渣池，电弧熄灭，从而转入电渣焊焊接过程。

（3）电渣焊的特点

1）生产率高。

2）经济效果好。

3）宜在垂直位置焊接。

4）焊缝缺陷少。

5）焊接接头晶粒粗大。

图 2-33 电渣焊

（4）电渣焊的应用 在制造业中，电渣焊主要用于厚板拼接，炼钢厂高炉的垂直焊接，大型铸件、锻件的焊接等。

3. 碳弧气刨

碳弧气刨是使用石墨棒与刨件间产生电弧将金属熔化，并用压缩空气将其吹掉，实现在金属表面上加工沟槽的方法。图 2-34 所示为用碳弧气刨对焊道进行清根。

图 2-34 用碳弧气刨对焊道进行清根

碳弧气刨的特点是：

1）碳弧气刨比风铲可提高生产率10倍，在仰位或竖位进出时更具有优越性。

2）与风铲比较，噪声较小，并减轻了劳动强度，易实现机械化。

3）在对封底焊进行碳弧气刨挑焊根时，易发现细小缺陷，并可克服风铲由于位置狭窄而无法使用的缺点。

4）碳弧气刨也有一些缺点，如产生烟雾、噪声较大、粉尘污染、弧光辐射等。

碳弧气刨广泛应用于清理焊根，清除焊缝缺陷，开焊接坡口（特别是U形坡口），清理铸件的飞边、浇冒口及缺陷，还可用于无法用氧乙炔焰切割的各种金属材料切割等。图2-35所示为碳弧气刨的主要应用实例。

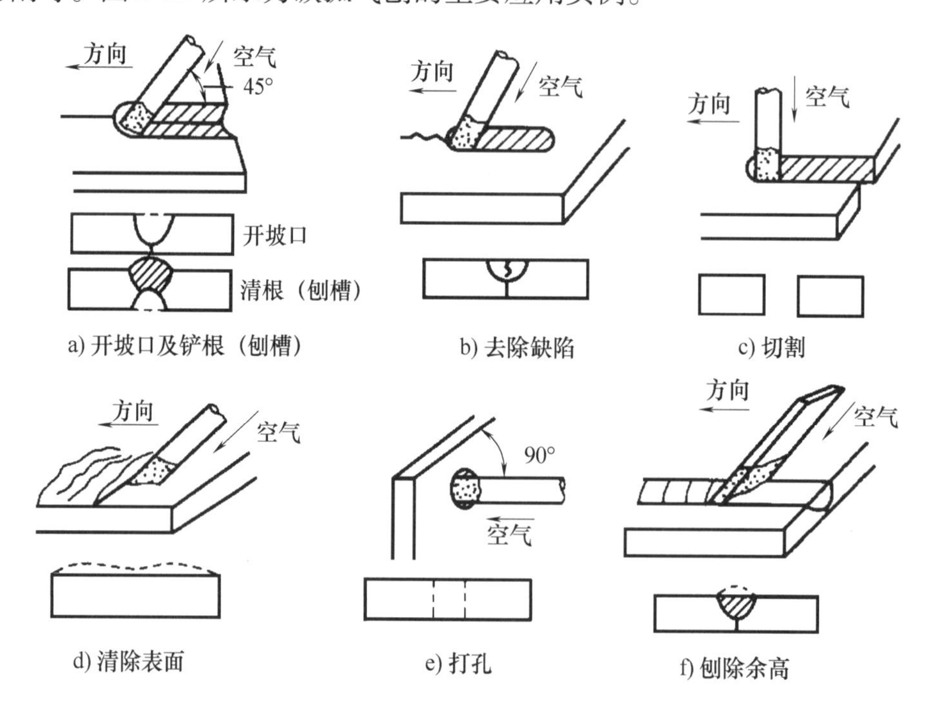

图2-35 碳弧气刨的主要应用实例

4. 螺柱焊

将螺柱一端与板件（或管件）表面接触，通电引弧，待接触面熔化后，给螺柱一定压力完成焊接的方法称为螺柱焊，如图2-36所示。螺柱焊同时具有熔焊和压焊的特征。

螺柱焊与普通电弧焊相比，或与同样能把螺柱与平板作T形连接的其他工艺方法相比，具有以下特点。

1）焊接时间短（通常小于1s），不需要填充金属，生产率高；热输入小，焊缝金属和热影响区窄，焊接变形极小。

图 2-36 螺柱焊

2）只需单面焊，熔深浅，焊接过程不会对焊件背面造成损害。安装紧固件时，不必钻孔、攻螺纹和铆接，使紧固件之间的间距达到最小，增强了防漏的效果。

3）对焊件表面清理要求不很高，焊后也无需清理。

4）与螺纹拧入的螺柱相比所需母材厚度小，因而节省材料，还可减少连接部件所需的机械加工工序，成本低。

5）螺柱焊可焊接小螺柱、薄母材和异种金属，也可把螺柱焊到有金属涂层的母材上且有利于保证焊接质量。

6）易于全位置焊接。

7）螺柱的形状和尺寸受焊枪夹持和电源容量限制；螺柱的底端尺寸受母材厚度的限制。

8）焊接易淬硬金属时，由于焊接冷却速度快，易在焊缝和热影响区形成淬硬组织，接头延性较差。

螺柱焊在安装螺柱或类似紧固件方面可取代铆接、钻孔、焊条电弧焊、电阻焊或钎焊，可焊接低碳钢、低合金钢、铜、铝及其合金材质制作的螺柱、焊钉（栓钉）、销钉以及各种异形钉，广泛应用于钢结构高层建筑、仪表、机车、航空、石油、高速公路、造船、汽车、锅炉、电控柜等行业。

阅读材料

先进焊接技术

随着科学技术的不断发展，在焊接技术领域里也出现了不少先进的焊接方法与技术，如真空电子束焊、激光焊、扩散焊、焊接机器人等，使得焊接技术的应用日趋广泛，如图2-37～图2-48所示。

图 2-37 真空电子束焊

图 2-38 汽车车门的机器人激光切割

图 2-39 铝合金车身的半导体激光机器人焊接

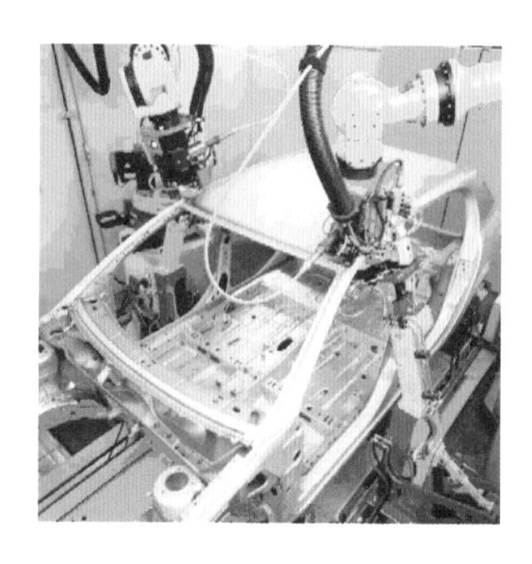

图 2-40 轿车车身的激光焊机器人

图 2-41 车顶的激光钎焊

图 2-42 机器人焊装车间

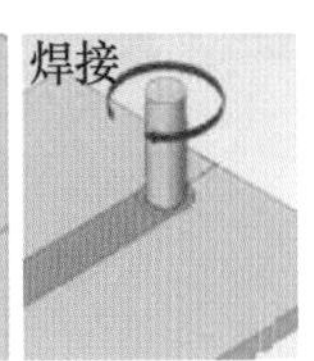

图 2-43 搅拌摩擦焊

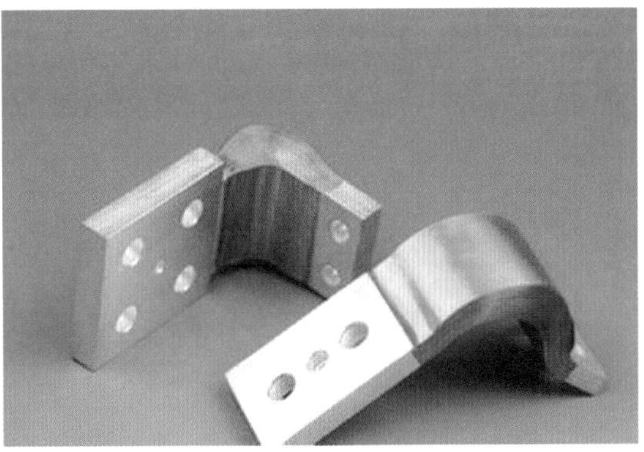

图 2-44 扩散焊

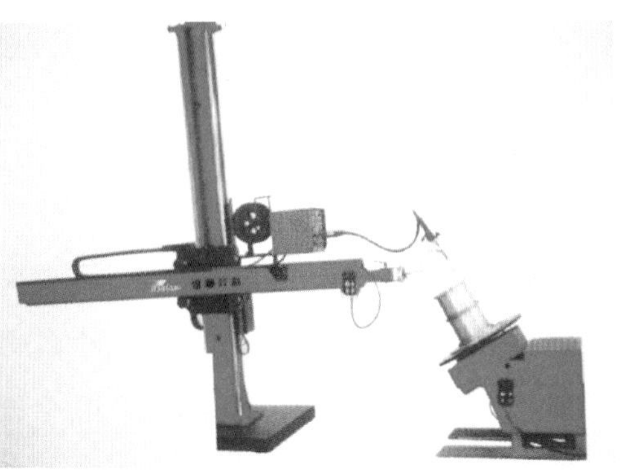

图 2-45 压力容器自动焊接（应用于压力容器、锅炉化工、电力、船舶管道和金属结构等行业）

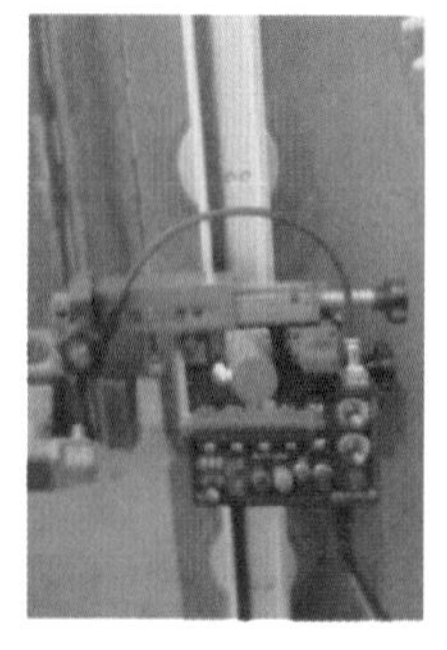
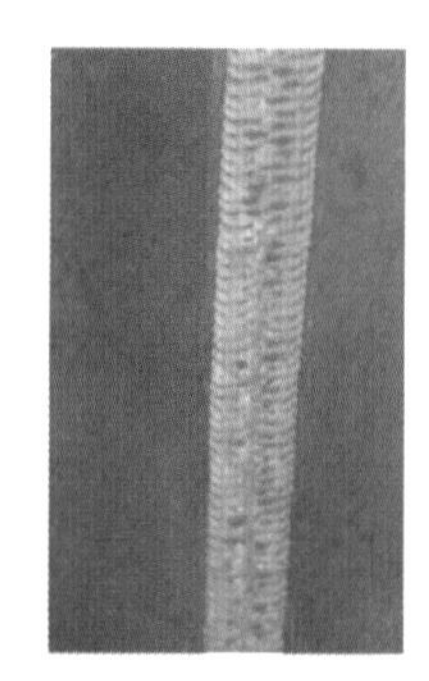

图 2-46　气保焊自动立焊
（适用于平焊、立焊、平角焊、立角焊等多种焊接方式）

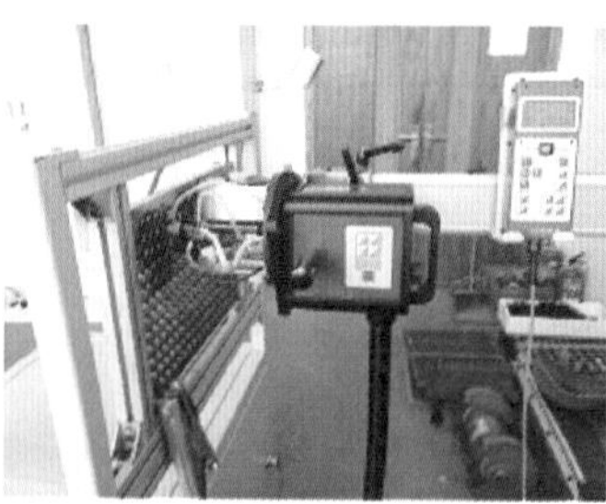

图 2-47　管板自动焊（适用于管板全位置自动 TIG 焊接）

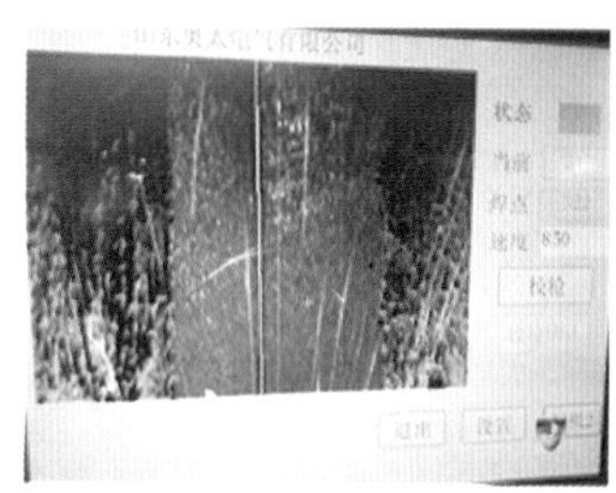

图 2-48　视觉跟踪拼板自动焊
（主要用于薄板拼接无坡口直焊缝的自动化焊接）

思考与练习

1. 焊接与其他连接方法相比有什么优点和缺点。

2. 焊条电弧焊有什么特点，适用于哪些场合？

3. 埋弧焊有什么特点，适用于哪些场合？

4. 二氧化碳气体保护焊、熔化极惰性气体保护焊、钨极惰性气体保护焊各自有什么特点，应如何选择？

第二章 知己知彼胸有丘壑——焊接的对象

[学习目标]

1. 了解焊接的对象。
2. 了解焊接对象的应用领域。
3. 熟悉焊接对象的焊接特点。
4. 掌握常见焊接对象的焊接方法。

思政元素

1）通过了解焊接技术的发展，体会古代劳动人民的伟大智慧，增强民族自信，通过近现代焊接技术的飞速发展，体会工业革命带来的新技术、新工艺促进社会发展的重要性。

高凤林讲学习历程

2）在讲解钢铁材料分类时，通过不同的分类，启发学生看待一个事物，要从多个角度去思考，由此引申出每个同学都有自己的闪光点，天生我材必有用，希望同学们养成好习惯，成为对社会有用的人。

3）通过焊接技术在不同领域的应用，增强专业的归属感、自豪感，进而树立正确的职业观、人生观和价值观。

一、焊接对象的分类

焊接可追溯到几千年前的青铜器时代，古代的焊接方法主要是铸焊、钎焊和锻焊。近代真正意义上的焊接起源于1880年左右电弧焊方法的问世。通过第二次和第三次工业革命，新的热源的不断涌现，焊接技术得到前所未有的快速发展，其应用也在各行各业得到快速推广。焊接与其他连接方法（如：铆接和螺栓联接）相比，焊接结构具有强度高、自重轻、成本低廉的优势。连接金属、聚合材料、陶瓷、复合材料和工程材料的焊接方法已经多达100多种。

随着焊接技术的不断发展，越来越多的材料使用焊接技术去连接。焊接对象不同，采用的焊接方法、焊接的难易程度以及对焊工的身体危害都不同，焊接的对象也形形色色，从目前的角度看，焊接主要应用在金属制造行业，其次还有塑料行业、皮革行业、陶瓷行业。对于职业院校焊接专业的学生而言，学习和从事的主要是金属材料的焊接。金属材料种类繁多，大致可分为钢铁材料和非铁金属，下面详细介绍焊接的主要对象。

1. 钢铁材料

（1）钢铁材料的种类　钢铁材料生产和使用的历史悠久，分类方法也很多，各国的分类方法也不尽相同。通常根据不同要求，可采用不同的分类方法，有时为了方便还将不同分类方法混合使用。

铸铁由于其硬度高、脆性大、焊接性差等特点基本上不适用于用焊接技术进行连接，只在补焊中应用。应用焊接技术的主要是钢。GB/T 13304.1—2008和GB/T 13304.2—2008将钢材按两种方式进行分类：一种是按化学成分分类，另一种是按主要质量等级和主要性能或使用特性分类。

1）按化学成分分类。钢按化学成分分为非合金钢、低合金钢和合金钢三类。

非合金钢按质量等级又分为普通质量、优质和特殊质量用钢三类，其中每一类又按主要特性分为若干小类。非合金钢是指传统的碳素钢或称碳钢，它具有较好的力学性能和各种工艺性能，并且冶炼工艺比较简单，价格低廉，因而在焊接结构制造中应用广泛，但一般用于工作温度在350℃以下的结构。

2）按主要质量等级和主要性能或使用性能分类。按主要质量等级和主要性能或使用性能分类为普通质量非合金钢、优质非合金钢和特殊质量非合金钢。

此外，按用途非合金钢分为碳素结构钢和碳素工具钢。钢材还可以从其他角度进行分类，如按专业（锅炉用钢、桥梁用钢、容器用钢等）、冶炼方法进行分类。

（2）焊接技术在钢铁材料中的应用　焊接技术的应用领域十分广泛，涵盖了国民经济生活的各个领域，包括汽车、铁路车辆、船舶、航空、航天、锅炉、压力容器、石油化工、建筑、公交、家电、电子、核能、军工等诸多领域，如图2-49所示。

a) 航天　b) 航空　c) 潜艇　d) 管道运输　e) 汽车　f) 锅炉汽包　g) 航天——神七返回舱　h) 国家体育场——鸟巢

图 2-49　焊接技术在各领域中的应用

i) 全焊钢结构桥——杭州湾大桥

j) 船舶

k) 军工产品——坦克

l) 航空母舰

图 2-49　焊接技术在各领域中的应用（续）

2. 非铁金属

非铁金属是指铁、铬、锰三种金属以外的所有金属。中国在 1958 年将铁、铬、锰列入钢铁材料；并将铁、铬、锰以外的 64 种金属列入非铁金属。这 64 种非铁金属包括铝、镁、钾、钠、钙、锶、钡、铜、铅、锌、锡、钴、镍、锑、汞、镉、铋、金、银、铂、钌、铑、钯、锇、铱、铍、锂、铷、铯、钛、锆、铪、钒、铌、钽、钨、钼、镓、铟、铊、锗、铼、镧、铈、镨、钕、钐、铕、钆、铽、镝、钬、铒、铥、镱、镥、钪、钇、钍等。

非铁合金的强度和硬度一般比纯金属高，电阻比纯金属大、电阻温度系数小，具有良好的综合力学性能。常用的非铁合金有铝合金、铜合金、镁合金、镍合金、锡合金、钽合金、钛合金、锌合金、钼合金和锆合金等。

非铁金属是国民经济发展的基础材料，航空、航天、汽车、机械制造、电力、通信、建筑、家电等绝大部分行业都以非铁金属材料为生产基础。随着现代化工、农业和科学技术的突飞猛进，非铁金属在人类发展中的地位越来越重要。它不仅是世界上重要的战略物资和生产资料，而且也是人类生活中不可缺少的重要材料。

实际应用中，通常将非铁金属分为5类：

轻金属：密度为0.53～4.5g/cm³，如铝、镁、钾、钠、钙、锶、钡等。

重金属：密度大于4.5g/cm³，如铜、镍、钴、铅、锌、锡、锑、铋、镉、汞等。

贵金属：价格比一般常用金属昂贵，地壳丰度低，提纯困难，化学性质稳定，如金、银及铂族金属。

半金属：性质介于金属和非金属之间，如硅、硒、碲、砷、硼等。

稀有金属：包括稀有轻金属，如锂、铷、铯等；稀有难熔金属，如钛、锆、钼、钨等；稀有分散金属，如镓、铟、锗等；稀土金属，如钪、钇、镧系金属；放射性金属，如镭、钫、钋及阿系元素中的铀、钍等。

在所有的非铁金属当中，铜是人类最早使用的金属材料之一。现代非铁金属及其合金已成为机械制造业、建筑业、电子工业、航空航天、核能利用等领域不可缺少的结构材料和功能材料。非铁金属的焊接如图2-50所示。

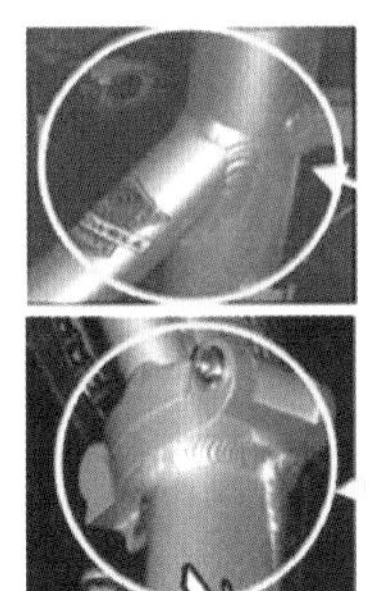

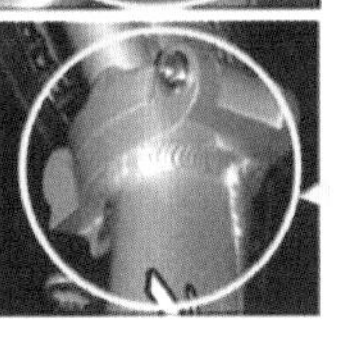

a) 铜的焊接　　b) 镁合金摩托车焊接

图2-50　非铁金属的焊接

3. 塑料

（1）塑料的分类　塑料种类很多，投入生产的塑料大约有300多种，塑料根据其受热后的性质不同分为热塑性塑料和热固性塑料。

1）热塑性塑料的分子结构是线型结构，在受热时发生软化或熔化，可塑制成一定的形状，冷却后又变硬，再受热到一定程度又重新软化，冷却后又变硬。这种过程能够反复进行多次，如聚氯乙烯、聚乙烯、聚苯乙烯等。热塑性塑料成型过程简单，能够连续化生产，并且具有相当高的机械强度。

2）热固性塑料的分子结构是体型结构，在受热时也发生软化，可以塑制成一定的形状，但受热到一定的程度或加入少量固化剂后，就硬化定型，再加热也不会变软和改变形状了。热固性塑料加工成型后，受热不再软化，因此不能回收再用，如酚醛塑料、氨基塑料、环氧树脂等都属于此类塑料。热固性塑料成型工艺过程比较复杂，所以连续化生产有一定的困难，但其耐热性好、不容易变形，而且价格比较低廉。

塑料根据用途的不同分为通用塑料、工程塑料和特种塑料。

1）通用塑料是指产量大、价格低、应用范围广的塑料。主要包括聚烯烃、聚氯乙烯、聚苯乙烯、酚醛塑料和氨基塑料五大品种。人们日常生活中使用的许多制品都是由这些通用塑料制成的。

2）工程塑料是可作为工程结构材料和代替金属制造机器零部件等的塑料，例如聚酰胺、聚碳酸酯、聚甲醛、ABS 树脂、聚四氟乙烯、聚酯、聚砜等。工程塑料具有密度小、化学稳定性高、力学性能良好、电绝缘性优越、加工成型容易等特点，广泛应用于汽车、电器、化工、机械、仪器、仪表等工业，也应用于宇宙航行、火箭、导弹等方面。

3）特种塑料一般指具有特种功能（如耐热、自润滑等）、应用于特殊要求的塑料，例如聚苯硫醚（PPS）、聚四氟乙烯（PTFE）等氟塑料、聚醚醚酮（PEEK）。聚四氟乙烯（PTFE，即塑料王），具有耐蚀、耐老化、低摩擦系数及不粘性、耐温范围广、弹性好的特性，适用于制造耐腐蚀要求高、使用温度高于100℃的密封件。一般应用在输送腐蚀性气体的输送管、排气管、蒸汽管，轧钢机高压油管，飞机液压系统和冷压系统的高中低压管道，精馏塔、热交换器，釜、塔、槽的衬里，阀门设备等。

（2）塑料的特性

1）塑料具有可塑性。塑料的可塑性就是可以通过加热的方法使固体的塑料变软，然后再把变软了的塑料放在模具中，冷却后又重新凝固成一定的形状。塑料的这种性质也有一定的缺陷，即遇热时容易软化变形，有的塑料甚至用温度较高的水烫一下就会变形，所以塑料制品一般不宜接触开水。

2）塑料具有弹性。受到外力拉伸时，卷曲的分子就由柔韧性而被拉直，但一旦拉力取消后，它又会恢复原来的卷曲状态，这样就使得塑料具有弹性，例如聚乙烯和聚氯乙烯的薄膜制品。但是有些塑料是没有弹性的。

3）塑料具有较高的强度。塑料与玻璃、陶瓷、木材等相比，还具有比较高的强度及耐磨性。塑料可以制成机器上坚固的齿轮和轴承。

4）塑料具有耐蚀性。塑料既不像金属那样在潮湿的空气中会生锈，也不像木材那样在潮湿的环境中会腐烂或被微生物侵蚀，另外塑料可耐酸碱的腐蚀。因此，塑料常常被用作化工厂的输水和输液管道、建筑物的门窗等。

5）塑料具有绝缘性。塑料的分子链是原子以共价键结合起来的，分子既不能电离，也不能在结构中传递电子，所以塑料具有绝缘性。塑料可用来制造电线的包皮、电插座、电器的外壳等。

（3）常用塑料及塑料焊接产品

1）聚氯乙烯（PVC）。硬质聚氯乙烯的密度为 1.38～1.43g/cm^3，机械强度高，化学稳定性好，使用温度一般为 -15～+55℃，适宜制造塑料门窗、下水管、线槽等。

2）聚乙烯（PE）。聚乙烯塑料在建筑上主要用于制作给排水管、卫生洁具。

3）聚丙烯（PP）。聚丙烯的密度在所有塑料中是最小的。聚丙烯常用来生产管材、卫生洁具等建筑制品。

4）聚苯乙烯（PS）。聚苯乙烯为无色透明类似玻璃的塑料。聚苯乙烯在建筑中主要用来生产泡沫隔热材料、透光材料等制品。

5）改性聚苯乙烯塑料。ABS 塑料是改性聚苯乙烯塑料，由丙烯腈（A）、丁二烯（B）及苯乙烯（S）三组分所组成。ABS 塑料可制作压有花纹图案的塑料装饰板等。

6）聚碳酸酯（PC）。PC 为热塑性塑料，透明度达 90%。它刚硬而具有韧性，还有较高的冲击强度、高度的尺寸稳定性、良好的电绝缘性能，耐热、无毒性。PC 用于制作尺寸精度很高的光盘、电话、电子计算机等通信器材。PC 薄膜用作电容器、录音机、彩色录像磁带等。PC 可以制造各种齿轮、蜗轮、轴承、凸轮、螺栓、曲轴、棘轮，也可制作一些机械设备壳体、罩盖和框架等零件。

7）乙烯-醋酸乙烯共聚物（EVA）。EVA 常用于生产旅游鞋、拖鞋鞋底材料等。

塑料焊接的产品在日常生活中处处可见，应用领域十分广泛，而且工艺简单，设备便宜。塑料的焊接产品如图 2-51 所示。

4. 陶瓷

陶瓷是指以各种金属的氧化物、氮化物、碳化物、硅化物为原料，经适当配料、成形和高温烧结等工序人工合成的无机非金属材料。与金属材料相比，陶瓷具有许多独特的性能。这类材料一般是由共价键、离子键或混合键结合而成，键合力强，具有很高的弹性模量和硬度。陶瓷材料的理论强度高于金属材料，但因

a) 塑料污水设备的焊接件

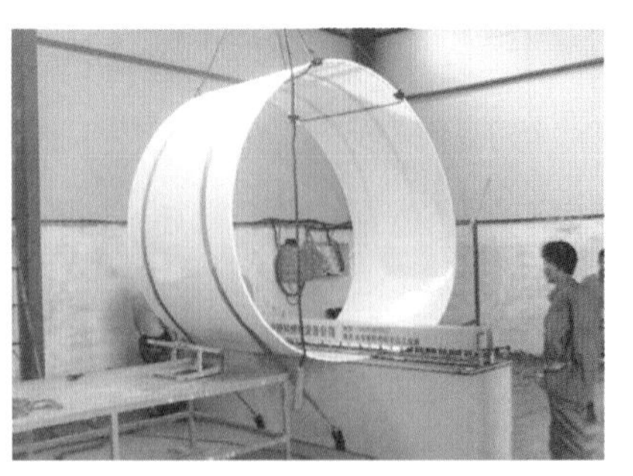

b) 对焊制成的塑料板卷圆

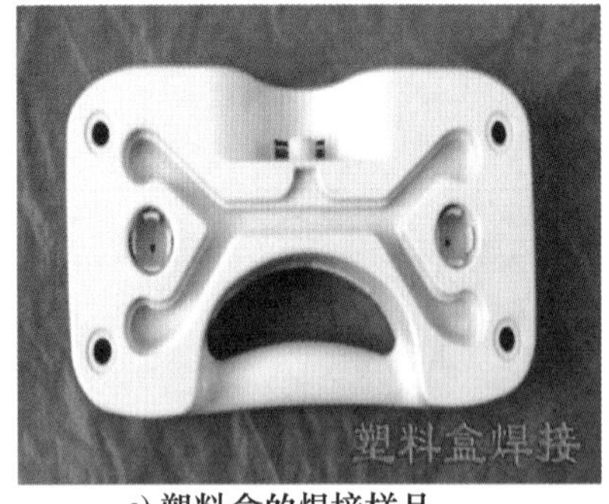

c) 塑料盒的焊接样品

d) 各种塑料盖的焊接产品

图 2-51 塑料的焊接产品

成分、组织不如金属那样单纯，并且陶瓷内部的缺陷多，所以陶瓷的实际强度比金属低。在室温下陶瓷几乎不具有塑性。

陶瓷是众多材料中的特殊家族，包含了从传统陶瓷到当今在电子设备、航空配件和切割工具中所使用的工程陶瓷（如氧化铝、氮化硅）。高技术陶瓷正在不断成熟和发展之中，陶瓷已经成为非常重要的工程材料。从整体上看，陶瓷是硬而脆的高熔点材料，具有低的导电性和导热性，良好的化学稳定性、真空致密性、耐蚀性和热稳定性，以及较高的压缩强度和一些独特的性能，如绝缘、绝磁性能和电、磁、声、光热及生物相容性等，可广泛用于机械、电子、宇航、医学、能源等各个领域，成为现代高技术材料的重要组成部分。陶瓷的结构件如图 2-52 所示。

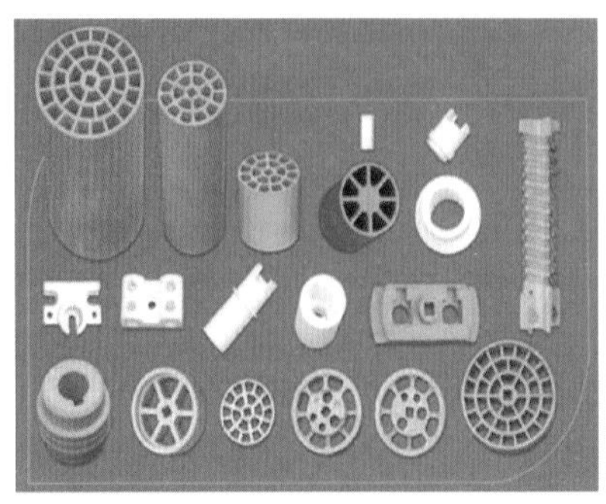

图 2-52 陶瓷结构件

（1）陶瓷的分类　按化学成分分为：氧化物陶瓷，如 Al_2O_3；碳化物陶瓷，如 SiC；氮化物陶瓷，如 Si_3N_4；其他化合物陶瓷。

按性能和用途分为：结构陶瓷，主要用于制造结构零部件，要求有更好的力学性能；功能陶瓷，具有优异的物理和化学性能，用以制作功能器件。

（2）陶瓷的力学性能　陶瓷的原子结合主要是离子键和共价键，其具有强度高、硬度大、熔点高、化学稳定性好、线胀系数小，塑性、韧性和可加工性较差等特点。陶瓷多为绝缘体。

1）强度：抗压强度比抗拉强度高得多，比值为 10∶1 左右，高温强度比金属高得多；温度高时，强度有一定程度的下降，但其塑性、韧性却大大提高，加之陶瓷材料优异的抗氧化性，其可能成为未来高速高温燃气发动机的主要结构材料。

2）硬度：高硬度、高耐磨性。

（3）陶瓷的增韧　提高陶瓷韧性的方法：增加致密度；相变增韧（体积效应和形状效应）；纤维增韧。

（4）陶瓷的其他性能

1）热性能：熔点高，具有很好的高温强度和抗氧化性，但抗热震性能差。

2）电性能：陶瓷是良好的绝缘材料，但由于杂质、某些组元等一系列成分因素的作用及一些环境因素的影响，有些陶瓷可以作半导体、压电材料、热电材料或环境敏感材料等。

3）特殊性能：陶瓷薄膜具有独特的光、电、磁等物理化学性能，可用作功能材料。

（5）常用工业陶瓷及其应用　常见的几种陶瓷机械结构件如图 2-53 所示。

a) 氮化硅陶瓷轴承

b) 氧化锆陶瓷轴承

图 2-53　常见陶瓷机械结构件

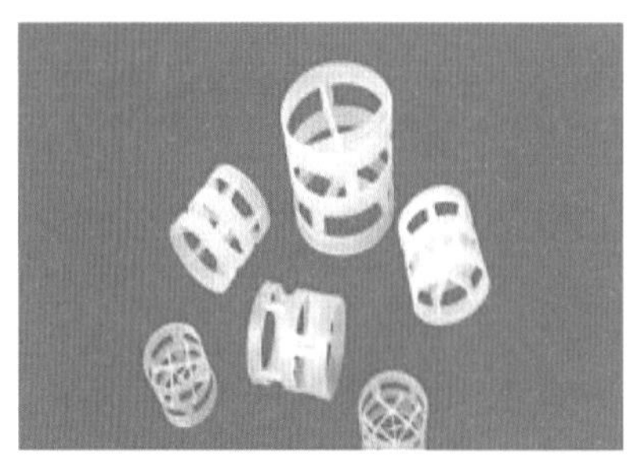
c) 反应塔陶瓷鲍尔环

d) 氧化铝陶瓷耐磨衬片

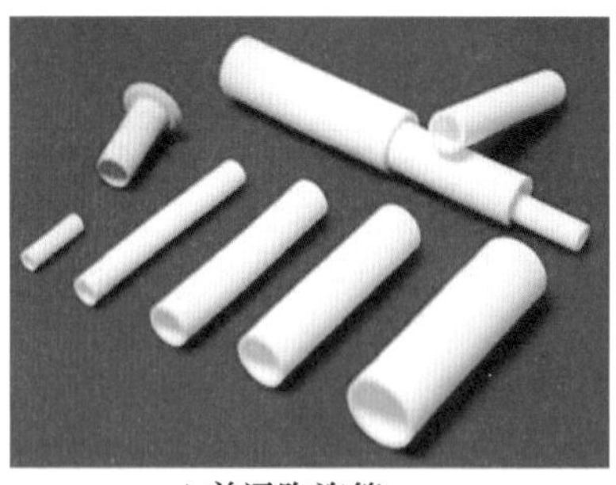
e) 普通陶瓷管

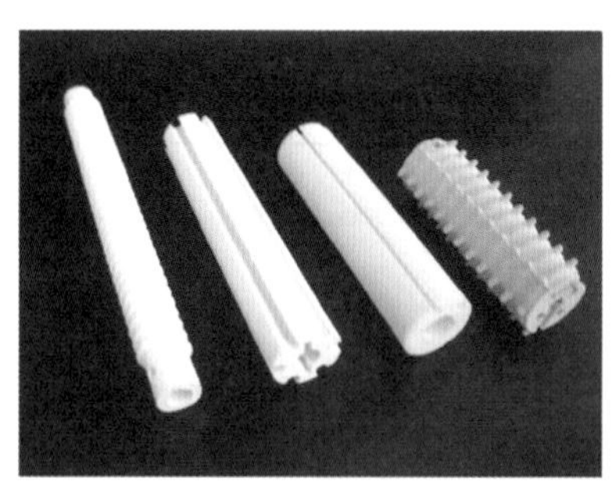
f) 氧化镁陶瓷管

g) 碳化硅陶瓷轴承

h) 氮化硼高速砂轮

图2-53　常见陶瓷机械结构件（续）

1）普通陶瓷。普通陶瓷质地硬，不导电，但其内部含有较多玻璃相，高温下易软化，耐高温及绝缘性不及特种陶瓷。因其成本低，产量大，广泛用于工作温度低于200℃的酸碱介质、容器、反应塔、管道、供电系统的绝缘子和纺织机械中导纱的零件等中。

2）特种陶瓷。特种陶瓷包括氧化铝陶瓷和其他氧化物陶瓷及非氧化物工程陶瓷。

5. 复合材料

复合材料是由两种或两种以上化学性质不同的组分通过人工合成的材料。一类作为基体，起粘结作用，另一类为增强相，是一种多相材料。

（1）复合材料的分类

按结构分类：金属基复合材料、高分子基复合材料、陶瓷基复合材料。

按性能分类：功能复合材料、结构复合材料。

按增强相分类：颗粒增强复合材料、纤维增强复合材料（玻璃纤维、碳纤维、硼纤维、SiC 纤维等）、层状增强复合材料。

（2）复合材料的特点

1）比强度和比模量大。碳纤维和环氧树脂组成的复合材料，其比强度是钢的 7 倍，比弹性模量比钢大 3 倍。

2）耐疲劳性能比较高。例如：碳纤维-树脂复合材料的疲劳极限是抗拉强度的 70%～80%，而金属材料的疲劳极限只有抗拉强度的 40%～50%。

3）减振性能好。

4）耐高温性能好，高温强度和弹性模量均较高。例如：7A04 铝合金，在 400℃时，弹性模量接近于零，抗拉强度值也从室温时的 500MPa 降至 30～50MPa。而碳纤维或硼纤维增强组成的复合材料，在 400℃时，强度和弹性模量可保持接近室温下的水平。

5）断裂安全性好，断裂时应力迅速重新分布，载荷由未断裂的纤维承担起来。

6）复合材料还具有良好的化学稳定性、隔热性、烧蚀性以及特殊的电、光、磁等性能。

（3）复合材料的应用

1）颗粒增强复合材料：主要应用于高硬度高耐磨的工具和耐磨零件。

2）碳化硅颗粒增强铝基复合材料：制造大功率发动机的活塞、连杆；制造火箭、导弹构件；理想的精密仪表中高尺寸稳定性的材料。

3）热塑性玻璃钢与热固性玻璃钢：工程结构。

4）碳纤维-树脂复合材料：主要应用于航空、航天、汽车工业及化学工业中。

5）硼纤维-树脂复合材料：主要用于航空、航天和军事工业。

6）碳化硅纤维-树脂复合材料：主要用于航空、航天工业。

7）长纤维增强金属基复合材料：应用于航天航空、先进武器和汽车领域。

8）铝基、镁基复合材料：主要用作高性能的结构材料。

9）钛基耐热合金及金属间化合物基复合材料：主要用于制造发动机零件。

10）铜基和铅基复合材料：特殊导体和电极材料。

11）氧化铝短纤维增强铝基复合材料：在汽车制造等行业获得广泛应用。

12）碳化硅晶须增强铝基复合材料：航天、航空等高技术领域的先进复合材料。

13）短纤维增强金属基复合材料：应用于航空、航天、航海和军事等部门。

14）晶须增强金属基复合材料：制造飞机的支架、加强肋、挡板和推杆，导弹上的光学仪器平台、惯导器件等。

15）长纤维增强陶瓷基复合材料：目前用于增强陶瓷材料的长纤维主要是碳纤维或石墨纤维，它能大幅度地提高冲击韧性和热振性，降低陶瓷的脆性，而陶瓷基体则保证纤维在高温下不氧化烧蚀，使材料的综合力学性能大大提高。如碳纤维-Si_3N_4 复合材料可在 1400℃长期工作，用于制造飞机发动机叶片；碳纤维-石英陶瓷的冲击韧度比烧结石英大 40 倍，抗弯强度大 5 ~ 12 倍，能承受 1200 ~ 1500℃的高温气流冲蚀，可用于宇航飞行器的耐热部件上。

金属基和陶瓷基复合材料结构件如图 2-54 所示。

a) 金属基复合材料（轴承轴套）

b) 陶瓷基复合材料（航空发动机）

图 2-54　金属基和陶瓷基复合材料结构件

二、碳钢的焊接

碳钢即非合金钢，是指以铁为基础，以碳为合金元素，碳的质量分数一般不超过 1.4% 的钢，其他常存元素因含量较低，皆不作为合金元素。碳钢按碳的质量分数可分为低碳钢（$w_C < 0.25\%$）、中碳钢（$w_C = 0.25\% \sim 0.60\%$）和高碳钢（$w_C > 0.60\%$）；按用途可分为碳素结构钢和碳素工具钢。在焊接结构用碳钢中，常采用按碳的质量分数分类的方法，因为碳的质量分数在某一范围内其焊接性比较接近，因而焊接工艺的编制原则也基本相同。

1. 低碳钢

低碳钢中碳的质量分数较低，硅、锰含量又较少，因此在通常情况下不会因焊接而引起严重的硬化组织和产生淬火组织，其强度不高（一般在 500MPa 以下），塑性和冲击韧性优良。

低碳钢一般轧成角钢、槽钢、工字钢、钢管、钢带及钢板，用于制作各种建筑构件、容器、箱体、炉体和农用机具等。优质低碳钢轧成薄板，制作汽车驾驶室、发动机罩等深冲制品；制成棒材，用于制作强度要求不高的机械零件。低碳钢由于强度较低，使用受到限制，适当增加碳钢中锰的含量，并加入微量钒、钛、铌等合金元素，可极大提高钢的强度。

低碳钢焊接性良好，几乎可以选择所有的焊接方法，并能保证焊接接头的质量良好，例如氧乙炔焊、焊条电弧焊、埋弧焊、二氧化碳气体保护焊、电渣焊、等离子弧焊、电阻焊、摩擦焊和钎焊等。近年来开发的一些新的高效、高质量的焊接方法和焊接工艺也在低碳钢中得到广泛应用，例如高效率铁粉焊条和重力焊条电弧焊、氩弧焊封底-快速焊剂埋弧焊、窄间隙埋弧焊、药芯焊丝气体保护焊等。图 2-55 介绍了几种常见的低碳钢焊接产品。

a) 挖斗

b) 发动机罩

c) 塔吊

d) 钢结构楼梯

图 2-55　几种常见的低碳钢焊接产品

（1）挖斗　普通型挖斗材料使用 Q355B 优质碳素钢材和国产优质的斗齿、齿座，主要用于挖土方和沙、土砾石和装载等轻作业环境。

（2）塔吊　一般塔吊常用的钢材有角钢、钢板，角钢的主要材质是 Q235，也经常会用到 Q355。

2. 中碳钢

中碳钢中碳的质量分数为 0.25% ~ 0.60%，其强度和硬度较高，塑性和韧性较差，淬硬性较大。当碳质量分数接近下限时，焊接性良好，随碳质量分数的增加，焊接性严重恶化。

焊接时的主要问题是热裂纹、冷裂纹、气孔和脆断，有时还会存在热影响区强度降低的现象，钢中杂质越多，结构刚性越大，问题就越严重。因此，中碳钢一般不用作焊接结构材料，而是用作机器部件和工具较多，多利用其坚硬耐磨的性能，而非利用其高强度。这种坚硬耐磨的性能通常是经过热处理来达到的，因此焊接时就要注意母材的热处理状态。如果是焊接已经过热处理的部件，则必须采取措施防止裂纹产生；如果是焊后进行热处理，要求热处理后接头与母材性能相匹配，则必须注意选择焊接材料。由于中碳钢焊接性较差，一般用作机器部件，其焊接一般是修补性的，所以中碳钢最合适的焊接方法是焊条电弧焊。

3. 高碳钢

高碳钢中碳的质量分数 >0.6%，焊接性很差，在实际中不用作焊接结构，一般是用作工具钢和铸钢，用于要求高硬度和高耐磨性的部件、零件和工具，所以高碳钢的焊接大多为修复性焊接。

高碳钢焊接主要是高硬度、高耐磨性部件、零件和工具的焊接与修复，所以主要的焊接方法是焊条电弧焊和钎焊。图 2-56 所示为高碳钢刀具的钎焊示意图。

a) 焊接刀具

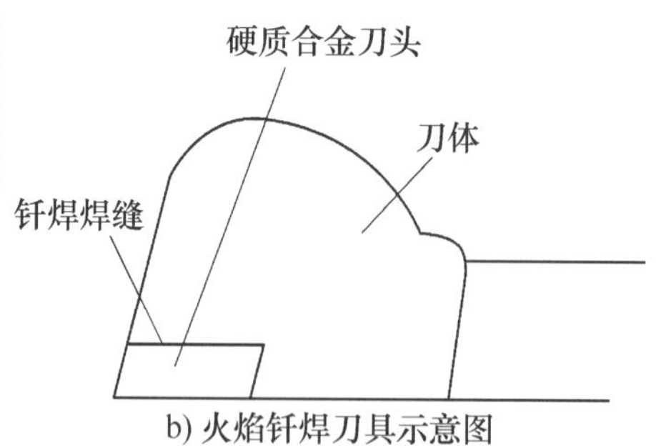

b) 火焰钎焊刀具示意图

图 2-56　高碳钢刀具的钎焊

（1）刀具　在机加工中使用的车刀、刨刀等很多刀具是由刀头和刀体焊接而成的。刀头一般是碳素工具钢，其中 w_C = 0.8% ~ 1.4%，属于高碳钢；刀体一般由 w_C = 0.4% ~ 0.6% 的中碳钢或低合金钢（40Cr）制造。刀具在工作过程中承受

巨大的应力，尤其是受压缩、弯曲和冲击，要求接头强度高、质量可靠，合金工具钢的高硬度和高强度是靠其中的高碳来保证。因此，焊接时要保证其成分、组织和性能不受损害，特别是要防止材料高温氧化而脱碳。由于上述原因，合金工具钢一般是采用钎焊，并常采用铜基或银基钎料。

火焰钎焊刀具如图 2-56b 所示。应用最广泛的铜钎料是黄铜。为了提高钎料的强度和润湿性，常加入锰、镍和锆等元素，也可用脱水硼砂与硼酸混合作钎剂。除此之外，还可应用电阻、感应、炉中和浸渍钎焊。

(2) 钢索对接　某钢索斜拉桥（图 2-57）的钢索直径为 146mm，是由许多根直径为 7mm 的 80 优质高碳钢丝拧绞而成的，每根钢索都很长，安装时要求拉紧钢索，因此要求事先在钢索端头对接上一个高碳钢拉紧接头。

图 2-57　钢索斜拉桥

焊接采用焊条电弧焊，选用强度级别比钢索低的焊条，预热温度和层间温度不低于 350℃，焊后采取缓冷措施。

三、合金钢的焊接

钛合金焊接

合金钢是指在非合金钢的基础上添加一定量的合金元素冶炼而成的钢，按添加的合金元素总的质量分数分为低合金钢（$w_{合金元素} < 5\%$）、中合金钢（$w_{合金元素} = 5\% \sim 10\%$）和高合金钢（$w_{合金元素} > 10\%$）。可用焊接技术进行加工的主要是合金结构钢。合金结构钢具有良好的综合性能，经济效益显著，广泛应用于国民经济及国防建设的各个领域，是焊接结构中用量最大的一类工程材料。合金结构钢的主要特点是强度高，塑性、韧性和焊接性也较好，主要用于制造压力容器、桥梁、船舶、大型金属结构和矿山冶金设备等，在经济建设和社会发展中发挥着重要作用。

合金结构钢是用于制造承受较高压力的各种机械零件用的合金钢，一般属于亚共析钢。合金结构钢应用领域广泛，种类繁多，分类方法也较多，可根据用途分类，也可根据化学成分、合金系统和组织状态来分类。用于焊接结构的大多是低合金钢，综合根据钢强化热处理的工艺特点或其成分、工艺和性能特点，广义上把合金结构钢分为高强度钢和专用钢两大类。高强度钢主要应用的是其力学性能，合金元素的加入是为了在获得高强度的同时保证有足够的塑性和韧性；专用钢主要应用的是其特殊性能，例如耐高温、耐低温和耐腐蚀等，合金元素的加入主要是为满足结构的特殊性能需要。

1. 高强度钢

高强度钢简称高强钢，凡是屈服强度≥295MPa、抗拉强度≥390MPa 的钢，均称为高强钢，主要应用于常规条件下承受静载荷和动载荷的机械零件和工程结构，例如压力容器、动力设备、运输机械、桥梁和管道等。

近年来这类钢又开发出具有很大发展前途的新钢种，如微合金化控轧钢、焊接无裂纹钢（CF 钢）、抗层状撕裂钢（Z 向钢）和焊接大热输入钢等，主要用在严寒地区输油管线、海上采油平台、大型压力容器、大型水轮机蜗壳和大跨度全焊接桥梁等工程中。常见高强钢的应用如图 2-58 所示。

a) 球罐用高强钢

b) 工程机械用高强钢

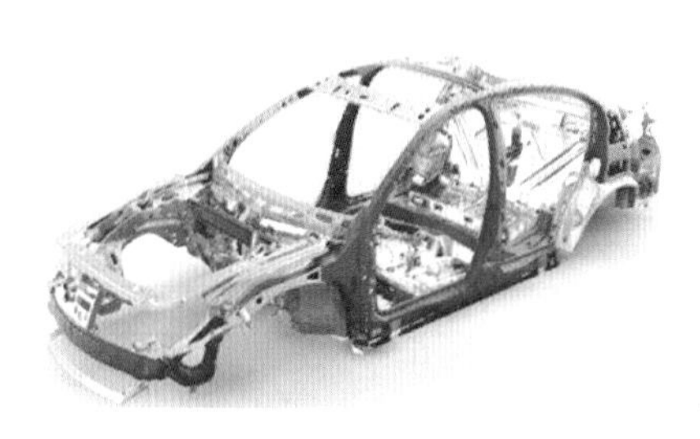

c) 汽车两侧用的高强板材

d) 矿山机械用高强钢

图 2-58　高强钢的应用领域

2. 超高强度钢

一般屈服强度在 1370MPa（140kgf/mm^2）以上，抗拉强度在 1620MPa（165kgf/mm^2）以上的合金钢称为超高强度钢。按其合金化程度和显微组织分为低合金中碳马氏体强化型超高强度钢、中合金中碳二次沉淀硬化型超高强度钢、高合金中碳 Ni-Co 型超高强度钢、超低碳马氏体时效硬化型超高强度钢、半奥氏体沉淀硬化型不锈钢等。

低合金中碳马氏体强化型超高强度钢是在低合金调质钢的基础上发展起来的，合金元素总质量分数一般不超过6%。由于钢中合金元素含量较低，成本低，生产工艺简单，广泛用于飞机大梁、起落架、发动机轴、高强度螺栓、固体火箭发动机壳体和化工高压容器等。

中合金钢中碳二次沉淀硬化型超高强度钢是从5% Cr型模具钢发展而来的。由于它在高温回火状态下有很高的强度和良好的塑性、韧性，耐热性好，组织稳定，可用于飞机起落架、火箭壳体等。典型钢种为H11和H13等。

高合金钢中碳Ni-Co型超高强度钢，是在具有高韧性、低脆性转变温度的9% Ni型低温钢的基础上发展起来的。这类钢综合力学性能高，耐应力、耐腐蚀性好，具有良好的工艺性能和焊接性能，广泛用于航空、航天和潜艇壳体等产品上。

超低碳马氏体时效硬化型超高强度钢，通常称马氏体时效钢。钢的基体为超低碳的铁镍或铁镍钴马氏体。这种钢是通过金属间化合物的析出使钢强化。由于含有无碳的马氏体基体，所以具有高塑性，最后达到很高的强度塑性配合。这类钢具有良好的成形性、焊接性和尺寸稳定性，热处理工艺也较简单，用于航空、航天器构件和冷挤、冷冲压模具等。超高强度钢的应用如图2-59所示。

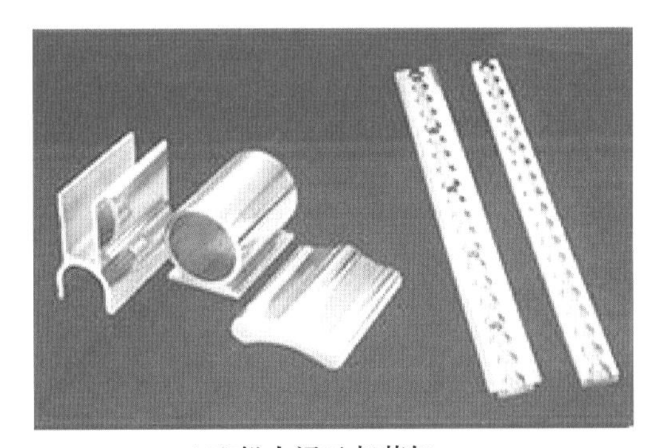

a) 飞机大梁及起落架

b) 飞机起落架用超高强度钢

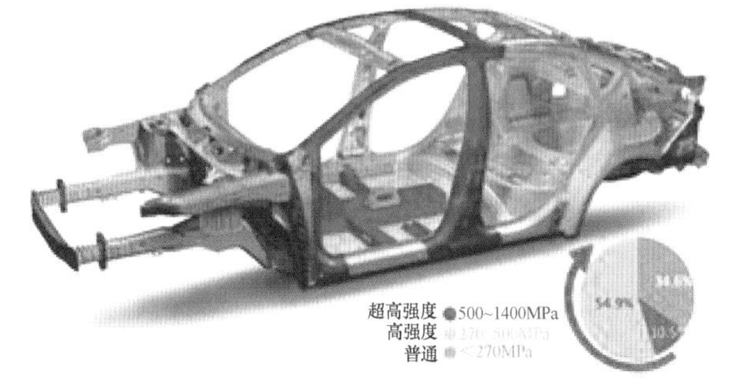

c) 汽车横梁用超高强度钢

图2-59 超高强度钢的应用

四、不锈钢的焊接

对耐空气、蒸汽和水等弱腐蚀性介质腐蚀的钢称为不锈钢。不锈钢种类繁多，按组织状态分为：马氏体型、铁素体型、奥氏体型、奥氏体-铁素体型及沉淀硬化型等。另外，可按成分分为铬不锈钢、铬镍不锈钢和铬锰氮不锈钢等。不锈钢以其独有的性能在生活、生产中得到广泛应用。图2-60所示为几种常见的不锈钢焊接结构。

a) 不锈钢艺术字

b) 不锈钢水箱

c) 不锈钢水壶

d) 不锈钢酒壶

图2-60 几种常见的不锈钢焊接结构

1. 铁素体型不锈钢

铁素体型不锈钢中铬质量分数为12%~30%，其耐蚀性、韧性和焊接性随含铬量的增加而提高，耐氯化物应力腐蚀性能优于其他种类不锈钢。属于这一类的有10Cr17、10Cr17Mo、16Cr25N等。铁素体型不锈钢因为含铬量高，耐蚀性与抗氧化性均比较好，但力学性能与工艺性能较差，多用于受力不大的耐酸结构及作抗氧化钢使用。这类钢能抵抗大气、硝酸及盐水溶液的腐蚀，并具有高温抗氧化性能好、热膨胀系数小等特点，用于硝酸及食品工厂设备，也可制作在高温下工作的零件，如燃气轮机零件等。图2-61所示为常见铁素体型不锈钢焊接结构。

2. 奥氏体型不锈钢

奥氏体型不锈钢中，铬质量分数大于18%，还含有质量分数为8%左右的镍

a) 铁素体型不锈钢水箱

b) 铁素体型不锈钢门窗

图 2-61 铁素体型不锈钢焊接结构

及少量钼、钛、氮等元素。其综合性能好，可耐多种介质腐蚀。奥氏体型不锈钢常见的牌号有 12Cr18Ni9、06Cr19Ni10N 等。这类钢中含有大量的 Ni 和 Cr，使钢在室温下呈奥氏体状态。这类钢具有良好的塑性、韧性、焊接性、耐蚀性和无磁性，在氧化性和还原性介质中耐蚀性均较好，用来制作耐酸设备，如耐蚀容器及设备衬里、输送管道、耐硝酸的设备零件等，另外还可用作不锈钢钟表饰品的主体材料。图 2-62 所示为几种常见奥氏体型不锈钢的焊接结构。

a) 奥氏体型不锈钢压力容器

b) 奥氏体型不锈钢容器

图 2-62 奥氏体型不锈钢的焊接结构

3. 奥氏体-铁素体型不锈钢

奥氏体-铁素体型不锈钢兼有奥氏体和铁素体不锈钢的优点，并具有超塑性，奥氏体和铁素体组织各约占一半。在含碳量较低的情况下，Cr 的质量分数为 18%～28%，Ni 的质量分数为 3%～10%。有些钢还含有 Mo、Cu、Si、Nb、Ti 等合金元素。该类钢兼有奥氏体型和铁素体型不锈钢的特点。与铁素体型不锈钢相比，塑性、韧性更高，无室温脆性，耐晶间腐蚀性能和焊接性能均显著提高，同时还保持有铁素体型不锈钢的 475℃ 脆性以及热导率高，具有超塑性等特点。与奥氏体型不锈钢相比，强度高且耐晶间腐蚀性和耐氯化物应力腐蚀性有明显提高。奥氏体－铁素体型不锈钢具有优良的耐腐蚀性能，也是一种节镍不锈钢，图 2-63 为奥氏体-铁素体型不锈钢产品。

图 2-63 奥氏体-铁素体型不锈钢产品

4. 马氏体型不锈钢

马氏体型不锈钢强度高，但塑性和焊接性较差。马氏体型不锈钢的常用牌号有 12Cr13、30Cr13 等，因含碳量较高，故具有较高的强度、硬度和耐磨性，但耐蚀性稍差，用于力学性能要求较高、耐蚀性能要求一般的一些零件上，如弹簧、汽轮机叶片、水压机阀等。这类钢是在淬火、回火处理后使用的。图2-64所示为马氏体型不锈钢材质的汽轮机叶片。

图 2-64 马氏体型不锈钢材质的汽轮机叶片

五、铝及铝合金的焊接

铝合金车架焊接

铝及铝合金是工业中应用最广泛的一类非铁金属结构材料，在航空、航天、汽车、机械制造、船舶及化学工业中已大量应用。随着近年来科学技术以及工业经济的飞速发展，对铝合金焊接结构件的需求日益增多，使铝合金的焊接性研究也随之深入。铝合金的广泛应用促进了铝合金焊接技术的发展，同时焊接技术的发展又拓展了铝合金的应用领域，因此铝合金的焊接技术正成为研究的热点之一。

1. 铝及铝合金的特点

铝具有密度小、耐蚀性好、导电性及导热性高等良好性能。铝的资源丰富，特别是在铝中加入各种合金元素制成的铝合金，强度显著提高，使用非常广泛。

工业纯铝：铝的质量分数为 99.0%～99.7%，还含有少量的 Fe、Si 及其他杂质。

铝合金：工业纯铝的强度较低，不能用来制造承受载荷很大的结构，所以使用受到限制。在纯铝中加入少量合金元素，能大大改善铝的各项性能，例如 Cu、Si 和 Mn 能提高强度，Ti 能细化晶粒，Mg 能防止海水腐蚀，Ni 能提高耐热性等，因此在工业上大量使用的是铝合金。

2. 铝及铝合金的焊接性

铝及铝合金具有与其他金属不同的物理特性，因此铝及铝合金的焊接工艺特点与其他金属有很大的差别。铝与其他金属的物理性能见表 2-2。

表 2-2 铝与其他金属的物理性能

金属名称	密度/ $g \cdot cm^{-3}$	热导率/ [W/(m·K)]	线胀系数/ $10^{-6}℃^{-1}$	比热容/ [J/(g·℃)]	熔点/ ℃
铝	2.7	222	23.6	0.94	660
铜	8.92	394	16.5	0.38	1083
65/35 黄铜	8.43	117	20.3	0.37	930
低碳钢	7.80	46	12.6	0.50	1350
304 不锈钢	7.88	21	16.2	0.49	1426
镁	1.74	159	25.8	0.10	651

纯铝的熔点低（660℃），熔化时颜色不变，难以观察到熔池，焊接时容易塌陷和烧穿；热导率是低碳钢的 5 倍，散热快，焊接时不易熔化；线胀系数是低碳钢的 2 倍，焊接时易变形；在空气中易氧化生成致密的高熔点氧化膜 Al_2O_3（熔点 2050℃），难熔且不导电，焊接时易造成未熔合、夹杂并使焊接过程不稳定。因此铝及铝合金的焊接性比低碳钢差，合金种类不同，焊接性也有一定差别，概括起来有以下几个问题。

（1）易氧化　铝与氧的亲和力很强，纯铝及铝合金在任何温度下都会被氧化，在空气中与氧结合生成一层厚度为 0.1～0.2μm 的致密氧化膜，其熔点远远超过铝的熔点，密度是铝的 1.4 倍，对水分的吸附能力很强，在焊接过程中存在于熔池表面时会影响电弧的稳定性，阻碍焊接过程的正常进行，因此焊接时容易形成未熔合、气孔和夹渣等缺陷，降低焊接接头的力学性能。

焊前必须将焊件及焊丝表面的氧化膜用机械或化学方法清理干净，并采取有效措施，防止在焊接过程中熔池及高温区金属的氧化。

（2）能耗大　由于铝合金的热导率很大，焊接过程中散热很快，大量的热能被传到基体金属内部，熔化铝及铝合金要消耗更多的能量。为获得高质量的焊接接头，应采用能量集中、功率大的焊接热源，必要时采取预热等措施。

（3）容易产生气孔　铝及铝合金焊接时最常见的缺陷是焊缝气孔，特别是在焊接纯铝及防锈铝时更是如此。铝及铝合金本身不含碳，液态铝又不溶解氮，焊接时不会产生一氧化碳气孔和氮气孔，因此，铝及铝合金焊接时的气孔主要是氢气孔。氢的来源有两方面：一是弧柱气氛中的水分；二是焊丝及母材表面氧化膜吸附的水分，而后者对焊缝气孔的影响更为重要。

（4）容易形成焊接热裂纹　焊接热裂纹是热处理强化铝合金焊接时常出现的问题，非热处理强化的铝镁合金热裂倾向较小，在接头拘束较大、焊缝成形控制不当时也会产生。常见的裂纹主要是焊缝结晶裂纹和近缝区液化裂纹。

（5）焊接接头的软化　铝及铝合金焊接后，存在着不同程度的接头软化问题，特别是热处理强化铝合金的接头软化问题更为严重。对非热处理强化铝合金，在退火状态下焊接时，接头与母材是等强的；在冷作硬化状态下焊接时，接头强度低于母材，这说明在冷作硬化状态下焊接时有软化现象。对热处理强化铝合金，无论是在退火状态还是在时效状态下焊接，焊后不经热处理，接头强度均低于母材。特别是在时效状态下焊接的硬铝，即使焊后经过人工时效处理，接头强度仍未超过母材强度的60%。

（6）焊接接头的耐蚀性下降　由于铝极易被氧化，铝及铝合金表面形成一层致密的氧化膜而具有耐蚀性。氧化膜一旦被破坏，耐蚀性就会急剧降低。铝及铝合金焊接接头的耐蚀性一般低于母材，热处理强化铝合金焊接接头的耐蚀性降低尤其明显。

3. 铝及铝合金的焊接方法

铝及铝合金的焊接性较好，可以采用常规的焊接方法焊接。常用的焊接方法有氩弧焊、等离子弧焊、电子束焊、电阻焊及钎焊等。热功率大、能量集中、保护效果好的焊接方法较为合适。气焊和焊条电弧焊在铝及铝合金焊接中已被氩弧焊取代，目前仅用于修复性焊接及不重要的焊接结构。常用焊接方法的特点及应用范围见表2-3。

表2-3　常用焊接方法的特点及应用范围

焊接方法	特点	应用范围
TIG焊	氩气保护，电弧热量集中，电弧燃烧稳定，焊缝成形美观，焊接接头质量好	主要用于板厚在6mm以下的重要结构的焊接

（续）

焊接方法	特　点	应用范围
MIG焊	氩气保护，电弧功率大，热量集中，焊接速度快，热影响区小，焊接接头质量好，生产率高	主要用于板厚在6mm以上的中厚板结构的焊接
电子束焊	能源功率密度大，焊缝深宽比大，热影响区及焊件变形小，生产率高，焊接接头质量好	主要用于板厚在3～75mm的非常重要结构的焊接
电阻焊	利用焊件内部电阻热，接头在压力下凝固结晶，不需添加焊接材料，生产率高	主要用于厚度在4mm以下薄板的搭接焊
钎焊	依靠液态钎料与固态焊件之间的扩散而形成焊接接头，焊接应力及焊接变形小，但接头强度低	主要用于厚度≥0.15mm的薄板的搭接、套接等
气焊	设备简单，操作方便，火焰功率较低，热量分散，焊件变形大，焊接接头质量较差	适用于焊接质量要求不高的薄板（0.1～10mm）结构或铸件的补焊
焊条电弧焊	电弧热量集中，焊接速度快，但焊缝致密性差且表面粗糙，焊接接头质量较差	仅用于板厚大于4mm且要求不高的焊件的补焊及修复性焊接

4. 铝及铝合金的焊接结构

铝及铝合金材料密度低，强度高，热电导率高，耐腐蚀能力强，具有良好的物理特性和力学性能，因此广泛应用于工业产品的焊接结构上。图2-65列出了几种常见的铝及铝合金焊接结构。

a) 铝焊工艺品

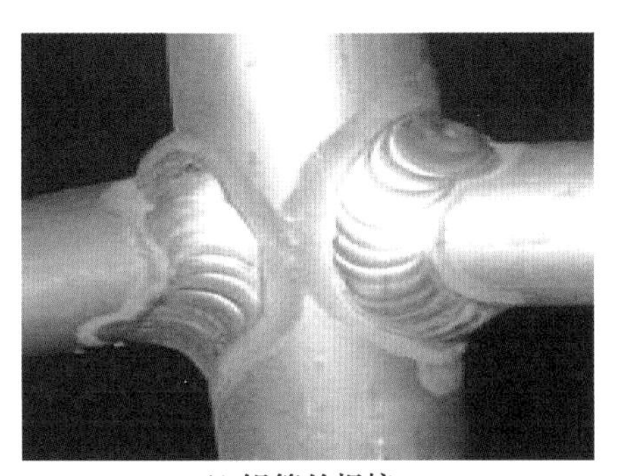

b) 铝管的焊接

c) 铝型材的焊接

d) 铝合金结构件

图2-65　铝及铝合金的焊接结构

e) 铝弯头的焊接

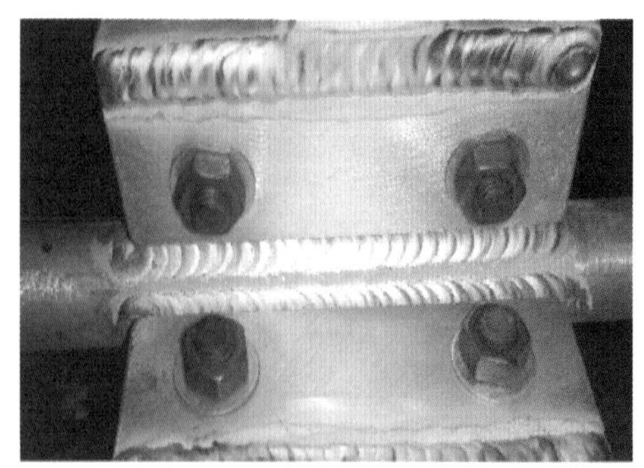
f) 铝合金氩弧焊

g) 焊接铝桁架结构

h) 铝合金车顶的焊接

图 2-65 铝及铝合金的焊接结构（续）

六、铜及铜合金的焊接

铜及铜合金具有优良的导电性、导热性，高的抗氧化性以及在淡水、盐水、氨碱溶液和有机化学物质中耐腐蚀的性能（但在氧化性酸中易腐蚀），且具有良好的冷热加工性能和较高的低温强度和伸长率。因此，它广泛地应用在工业上制造导体、火焰导管、散热器和冷凝器等。在铜中加入锌、铝、锡等合金元素，可形成各种铜合金。铜及铜合金以其特有的性能在电气、电子、化工、食品、动力、交通、航空、航天及兵器等工业领域得到广泛应用。

1. 铜及铜合金简介

（1）纯铜　纯铜中铜的质量分数不小于99.95%，具有很高的导电性、导热性，良好的耐蚀性和塑性。在退火状态（软态）下塑性较高，但强度不高；通过冷加工变形后（硬态），强度和硬度均有提高，但塑性明显下降。冷加工后经550～600℃退火，塑性可完全恢复。焊接结构一般采用软态纯铜。工业纯铜以字母“T”表示，依其所含杂质多少，分为三个等级。纯铜的牌号、主要成分及用途见表2-4。

表 2-4 纯铜的牌号、主要成分及用途

组别	代号	化学成分（质量分数,%）									用 途
		Cu 最小值	P	Ag	Bi	Pb	Fe	Ni	S	O	
工业纯铜	T1	99.95	0.001	—	0.001	0.003	0.005	0.002	0.005	0.02	电线、电缆雷管
	T2	99.90	—	—	0.001	0.005	0.005	—	0.005	—	导电用铜材，冷凝管
	T3	99.70	—	—	0.002	0.01	—	—	—	—	一般用铜材，如电热器开关，散热片
无氧铜	TU00	99.99	0.0003	0.0025	0.0001	0.0005	0.0010	0.0010	0.0015	0.0005	真空电子器件，音响器材，电缆
	TU0	99.97	0.002	—	0.001	0.003	0.004	0.002	0.004	0.001	
	TU1	99.97	0.002	—	0.001	0.003	0.004	0.002	0.004	0.002	
	TU2	99.95	0.002	—	0.001	0.004	0.004	0.002	0.004	0.003	
	TU3	99.95	—	—	—	—	—		0.005	0.0010	

（2）黄铜　黄铜是指以锌为主要合金元素的铜合金，表面呈淡黄色，因此称黄铜。黄铜的耐蚀性高，冷热加工性能好，导电性比纯铜差，力学性能优于纯铜，应用较广泛。在黄铜中加入锡、铅、锰、硅、铁等元素就成为特殊黄铜。

（3）青铜　不以锌和镍为主要合金元素的铜合金统称为青铜。青铜具有良好的耐磨性、耐蚀性、铸造性能和力学性能。常用的青铜有锡青铜（QSn4-3）、铝青铜（QAl9-2）和硅青铜（QSi3-1）等。

（4）白铜　白铜为镍的质量分数低于50%的铜镍合金。如在白铜中加入锰、铁、锌等元素可形成锰白铜、铁白铜和锌白铜。白铜可分为结构用白铜和电工用白铜。在焊接结构中使用的白铜不多。

2. 铜及铜合金的焊接方法

铜及铜合金的化学成分和物理性能有其独特的方面，铜及铜合金的焊接性较差。在焊接结构中应用较多的是纯铜及黄铜。由于铜的导热性很强，焊接时应该选用功率大、能量密度高的热源。热效率越高，能量越集中对焊接越有利。铜及铜合金焊接方法的特点及应用见表2-5。

表 2-5 铜及铜合金焊接方法的特点及应用

焊接方法	特点	应用
钨极氩弧焊	焊接质量好，易于操作，焊接成本较高	用于薄板（板厚小于12mm），纯铜、黄铜、锡青铜、白铜采用直流正接，铝青铜用交流，硅青铜用交流或直流
熔化极氩弧焊	焊接质量好，焊接速度快，效率高，但设备昂贵，焊接成本高	板厚大于3mm可用，板厚大于15mm优点更显著，采用直流反接
等离子弧焊	焊接质量好，效率高，节省材料，但设备费用高	板厚在6～8mm可不开坡口，一次焊成，最适合3～15mm中厚板焊接
焊条电弧焊	设备简单，操作灵活，焊接速度较快，焊接变形较小，但焊接质量较差，易产生焊接缺陷	采用直流反接，适用板厚2～10mm
埋弧焊	电弧功率大，熔深大，变形小，效率高，焊接质量较好，但容易产生气孔	采用直流反接，适用于6～30mm的中厚板
气焊	设备简单，操作方便，但火焰功率低，热量分散，焊接变形大，成形差，效率低	用于厚度小于3mm的不重要结构中

3. 铜及铜合金的焊接结构

铜及铜合金的焊接结构在生产、生活中应用非常广泛，常见的铜及铜合金焊接结构有空调管、热水器管、太阳能管等。图2-66所示为几种铜及铜合金的焊接产品。

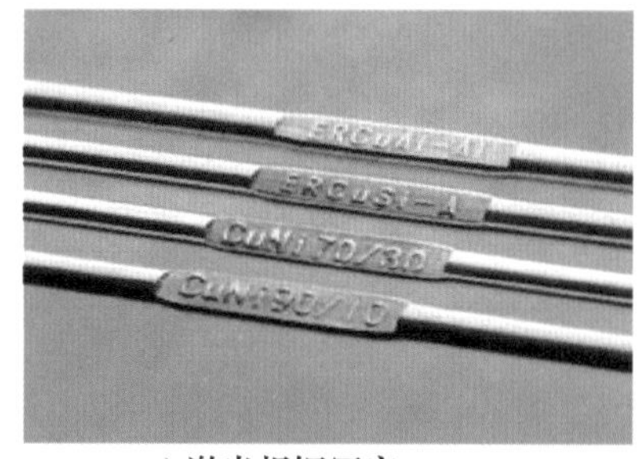

a) 激光焊铜写字

b) 焊接的铜环

c) 高频焊铜

d) 铜电缆的焊接

图2-66 铜及铜合金的焊接产品

七、异种金属的焊接

1. 异种金属焊接的特点

异种金属的焊接是指各种母材的物理常数和金属组织等性质各不相同的金属之间的焊接。异种金属的焊接主要包括三种情况：异种钢焊接（如奥氏体钢与奥氏体-铁素体型耐热钢的焊接）；异种非铁金属焊接（如铜与铝、铝与钛的焊接）；钢与非铁金属焊接（如钢与铜、钢与铝的焊接）。从接头形式角度来看，也有三种情况：两种不同金属母材的接头（如铜与钼的接头）；母材金属相同而采用不同的焊缝金属的接头（如采用奥氏体钢焊接中碳调质钢的接头）；复合金属板的接头（如奥氏体型不锈钢复合钢板的接头）。

实际上，可以组成异种金属构件的材料是多种多样的，几乎包括了大部分可焊的金属和合金。异种金属焊接复合零部件的分类方法也同样是多种多样的。

2. 异种金属的焊接方法

大部分的焊接方法都可以用于异种钢的焊接，只是在焊接参数及措施方面需适当考虑异种钢的特点。在选择焊接方法时，既要保证满足异种钢焊接的质量要求，又要尽可能考虑效率和经济性。在一般生产条件下使用焊条电弧焊最为方便，这是因为焊条的种类很多，便于选择，适应性强，可以根据不同的异种钢组合确定适用的焊条，而且焊条电弧焊熔合比小。

3. 异种金属焊接举例

（1）异种钢焊接举例　异种钢的焊接种类繁多，简要介绍如下。

1）低碳钢与低合金钢的焊接。低合金钢是在碳钢的基础上加入少量或微量的合金元素（质量分数不超过3%），使碳钢的组织发生变化，从而获得较高的屈服强度和较好的冲击韧性。随着钢中合金元素的增加，低合金钢的强度等级逐步提高，碳当量随之增加，因此钢的淬硬性增加，焊接性变差。低碳钢具有最优良的焊接性。因此，低碳钢和低合金钢焊接时的焊接性仅取决于低合金钢本身的焊接性。对于这两种异种钢焊接时的焊前准备、焊接工艺和焊后热处理等工艺措施，应根据低合金钢来拟定。

2）耐热钢与低合金钢的焊接。低合金钢和耐热钢焊接时的主要问题是焊接接头的热影响区或熔合区容易产生冷裂纹。为了消除或减少冷裂纹的形成，在设计焊接结构时，要选择合理的结构形式，尽量避免焊接接头应力过于集中，减少T形和十字接头的焊接结构；同时在焊前应严格控制氢的来源，要严格清理、清洗焊丝，烘干焊剂和焊条，尽量选用低氢型焊条，彻底清理坡口两侧15mm内的污垢、铁锈和油漆等；正确选用焊接参数。焊前要将待焊处进行预热，采用较大的焊接热输入进行焊接，焊后进行缓冷或热处理，选择合理的焊接顺序，以减少焊接残余应力。这类异种钢可以选用焊条电弧焊和气体保护电弧焊等焊接方法。对于重要的高压管道，可先采用手工钨极氩弧焊打底，然后用焊条电弧焊盖面，以保证焊缝质量。

3）珠光体钢与马氏体钢的焊接。这类异种焊接接头的焊接性较差。

4）珠光体钢与奥氏体钢的焊接。珠光体钢和奥氏体钢是两种组织和成分都不相同的钢种。因此，这两类钢焊接在一起，焊缝金属是由两种不同类型的母材以及填充金属材料熔合而成的，这就产生了与焊接同一种金属所不同的一系列新的问题。由于采用焊条电弧焊时熔合比比较小，而且操作灵活，不受焊件形状的限制，所以，焊接这类钢时焊条电弧焊应用最为普遍。

5）奥氏体钢与铁素体钢的焊接。这类异种钢焊接工艺基本上和珠光体钢与奥氏体钢的焊接是相同的。它主要特征也是焊接接头中碳的迁移和合金元素的扩散，导致焊缝熔合区低温冲击韧度下降和产生裂纹。由于碳的迁移和合金元素的扩散，使焊接接头产生了四个区域：脱碳带、增碳带、合金浓度缓降带和细粒珠光体带。奥氏体钢与铁素体钢焊接时，其焊接接头混合区结构的主要特征是，增碳带处于铬、镍合金元素浓度陡降的互熔区内；脱碳带不仅是低温冲击韧度的低值区，当焊接接头承受应力和变形时又是裂纹的起始和延展的区域，而它的宽度为增碳带的数倍至十几倍，危害性最大。

这类异种钢可以选用焊条电弧焊和气体保护电弧焊等焊接方法。对于重要的高压管道，可先采用手工钨极氩弧焊打底，然后用焊条电弧焊盖面，以保证焊缝质量。

（2）钢与非铁金属焊接举例　某公司产品中有大量T2铜管和06Cr18Ni9不锈钢管的焊接，二者的物理性能见表2-6，由于这两种材料的性能差异很大，焊接过程存在一定的困难。

表2-6　T2铜管和06Cr18Ni9不锈钢管的物理性能

材　　料	熔点/℃	热导率/[W/(m·K)]	线胀系数/$10^{-6}K^{-1}$	收缩率（%）
T2	1083	391	17.2	4.7
06Cr18Ni9	1456	16.3	16	2.0

二者的焊接问题是：①T2 铜管的热导率是 06Cr18Ni9 不锈钢管的 24 倍，焊接时热量会迅速向外传导，导致填充金属与母材不能很好地熔合；②T2 铜管的线胀系数比 06Cr18Ni9 不锈钢管略大，而收缩率是不锈钢管的 2.25 倍，T2 铜管的导热能力强，冷却时变形量大，焊接时产生很大的焊接应力，这是焊接裂纹产生的重要原因。同时，因 Cu 易氧化形成 CuO 以及不锈钢中的 Ni、Nb、S、P 等元素在冶金反应过程中都会形成一些低熔点共晶体，在焊接热应力作用下易产生裂纹。

T2 铜管和 06Cr18Ni9 不锈钢管的焊接可采用气焊、氩弧焊、超频感应焊等焊接方法。气焊时氧乙炔焰温度低，热量分散，较难获得良好的焊接接头。氩弧焊时氩气保护可靠，熔池金属不易发生能量集中，电弧和熔池可见性好、操作方便，易控制焊缝成形，故一般选用氩弧焊。图 2-67 所示为钢与非铁金属的焊接产品。

a) 钢管与铜管的焊接

b) 铜与不锈钢的焊接

c) 钢与铝的焊接

图 2-67 钢与非铁金属焊接产品

（3）异种非铁金属焊接举例 太阳能、空调产品中的纯铜管与黄铜的焊接，铜与铝的焊接，铝与钛的焊接，钛与铜的焊接，钛与铌的焊接都属于异种非铁金属的焊接。

由于铜和铝的塑性很好，故常用压焊方法获得良好的接头质量，另外，利用压焊制成铝铜过渡接头，就可以避开异种金属熔焊的困难，而成为铜与铜或铝与铝的同种金属的焊接。图 2-68 所示为两种异种非铁金属的焊接零件。

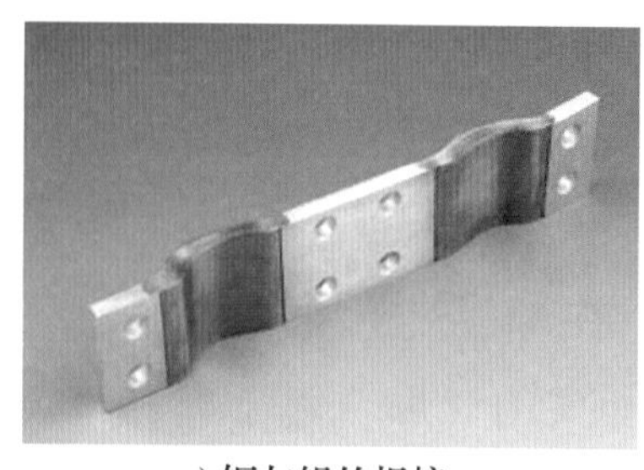
a) 铜与铝的焊接

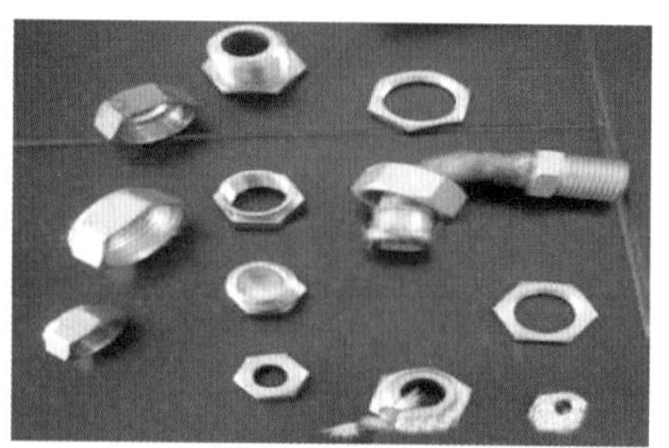
b) 黄铜与纯铜的焊接

图 2-68　异种非铁金属的焊接零件

八、非金属材料的焊接

1. 塑料的焊接

塑料是一种用途广泛的合成高分子材料，塑料集金属的坚硬性、木材的轻便性、玻璃的透明性、陶瓷的耐蚀性、橡胶的弹性和韧性于一身，因此除了日常用品外，塑料更广泛地应用于航空航天、医疗器械、石油化工、机械制造、国防、建筑等各行各业。

（1）塑料的应用　随着材料工业的迅速发展，其中以重量轻、摩擦力小、耐腐蚀、易加工的塑料及其金属的复合材料的应用受到人们的重视。塑料的各种制品，已渗透到人们日常生活的各个领域，同时也被广泛应用到航空、船舶、汽车、电器、包装、玩具、电子、纺织等行业。然而，由于注射工艺等因素的限制，相当一部分形状复杂的塑料制品不能一次注射成型，这就需要粘接，而沿用多年的塑料粘接和热合工艺又相当落后，不仅效率低，且黏结剂还有一定的毒性，会引起环境污染和劳动保护等问题。传统的工艺已不能适应现代塑料工业的发展需要，于是一种新颖的塑料加工技术——超声波塑料焊接以其高效、优质、美观、节能等优越性脱颖而出。

（2）塑料的焊接方法　塑料分为热塑性和热固性两大类型。热塑性塑料都能焊接和热熔成形，但只可以同类型塑料热熔融或是焊接，如 PVC、PP、PE；热固性塑料为一次成形的塑料，不具有热熔性和焊接性，比如 PTFE、固化树脂等。塑料焊接是热塑性塑料二次加工的主要方法之一，它是利用热塑性塑料受热熔融的特点，凭借热的作用，使两个塑料部件的表面同时熔融，在外力的作用下，使两个部件结为一体。根据加热的方式不同，塑料焊接可分为加热工具焊接、感应焊接、摩擦焊接、超声波焊接、高频焊接和热风焊接等。

1）加热工具焊接：利用加热工具，如热板、热带或烙铁对被焊接的两个塑料表面直接加热，直到其表面具有足够的熔融层，而后移开加热工具，并立即将两个表面压紧，直至熔融部分冷却硬化，使两个塑件彼此连接，这种加工方法称为加热工具焊接。它适用于焊接有机玻璃、硬聚氯乙烯、软聚氯乙烯、高密度聚乙烯、聚四氟乙烯以及聚碳酸酯、聚丙烯、低密度聚乙烯等塑料制品。

2）感应焊接：将金属嵌件放在塑料焊件的表面，并以适当的压力使其暂时结合在一起，随后将其置于交变磁场内，使金属嵌件因产生感应电动势生热致使塑料熔化而结合，冷却即得到焊接制品，此种焊接方法称为感应焊接。这种焊接方法，几乎适用于所有热塑性塑料的焊接。

3）超声波焊接（图2-69）：超声波焊接也是热焊接，其热量是利用超声波激发塑料做高频机械振动取得的，当超声波被引向待焊的塑料表面处，塑料质点就会被超声波激发而做快速振动从而生产机械功，进而再转化为热，使被焊塑料表面温度上升并熔化，非焊接表面处的温度不会上升。超声波是通过焊头引入被焊塑料的，当焊头停止工作时，塑料便立刻冷却凝固。使用超声波焊接机，可以焊接各种热塑性塑料。

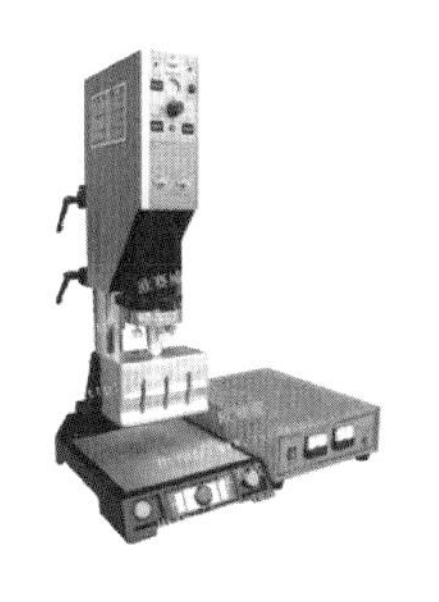

a) 超声波塑料焊接机

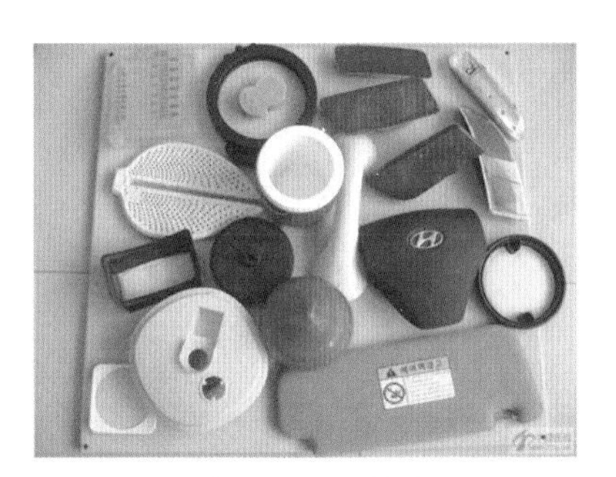

b) 超声波塑料焊接产品

图2-69 超声波焊接

4）高频焊接：将叠合的两片塑料置于两个电极之间，并让电极通过高频电流，在交变电磁场的作用下，塑料中的自由电荷，自然会以相同的频率（但稍滞后）产生反复位移（极化），使极化了的分子频繁振动，产生摩擦，电能就转化为热能，直至熔融，再加以外力，相互结合达到焊接的目的，此称为高频焊接。它适用于极性分子组成的塑料，例如聚氯乙烯、聚酰胺等制成的薄膜或薄板。

5）摩擦焊接（图2-70）：利用热塑性塑料间摩擦所产生的摩擦热，使其在摩擦面上发生熔融，然后加压冷却，就可使其结合，这种方法称为摩擦焊接。此法适用于圆柱形制品。

a) 塑料摩擦焊接机

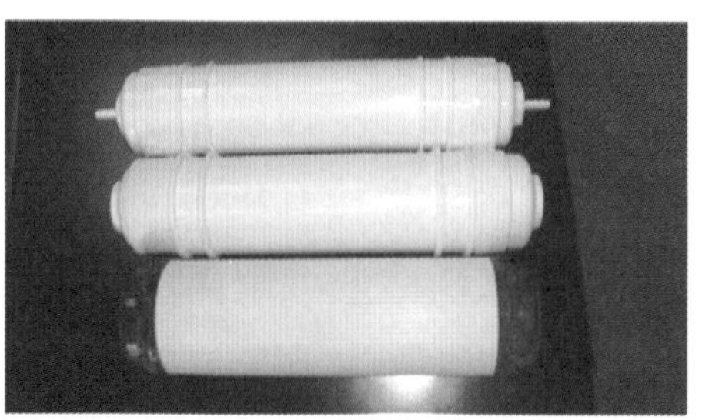

b) 塑料摩擦焊接件

图2-70 塑料摩擦焊接

6）热风焊接（图2-71）：热风焊接具有使用方便、操作简单等特点，特别适用于塑料板材的焊接，这种加工方法是将压缩空气（或惰性气体）经过焊枪的加热器，加热到焊接塑料所需的温度，然后用这种经过预热的气体加热焊件和焊条，使之达到熔融状态，从而在不大的压力下使焊接得以结合。

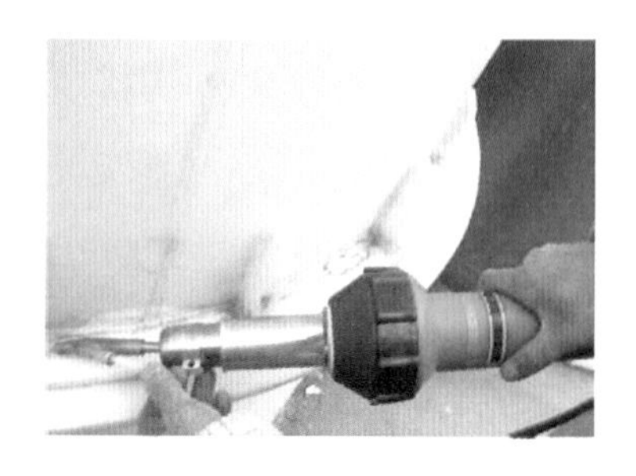

图2-71 塑料热风焊接示意图

（3）塑料的焊接产品 塑料的焊接产品随着焊接技术的发展越来越多，图2-72列举了几种常见的塑料焊接产品。

a) 焊接塑料球阀

b) 焊接塑料球工艺品

c) 焊接塑料水槽

d) 超声波焊接塑料钥匙扣

图2-72 塑料焊接产品

e) 塑料焊接结构

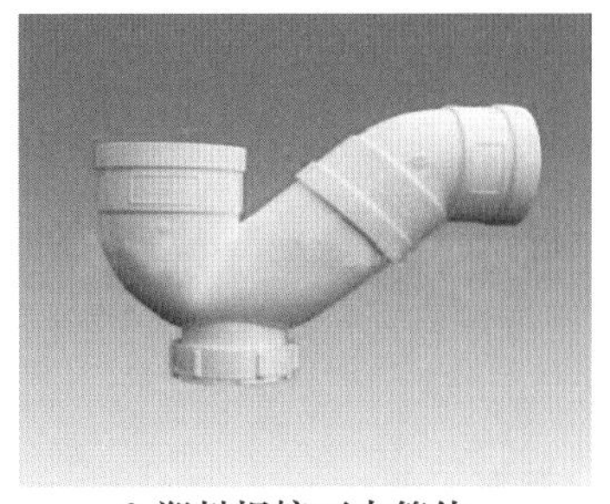

f) 塑料焊接下水管件

图 2-72 塑料焊接产品（续）

2. 陶瓷的焊接

随着科学技术的发展，陶瓷的组成、性能、制造工艺和应用领域已发生了根本性的变化，从传统的生活用陶瓷发展成为具有特殊性能的功能陶瓷和高性能的工程陶瓷，在电子信息技术中发挥了重要的作用；同时由于其独特的高温性能、耐磨和耐腐蚀等性能而使其成为发展陶瓷发动机、磁流体发电及核反应装置等高科技产品的重要材料，但由于其严重的脆性而使其无法做成复杂的和承受冲击载荷的零件。因此，必须采取连接技术来制造复杂的陶瓷件以及陶瓷和金属的复合件，这就涉及陶瓷与陶瓷以及陶瓷与金属的焊接问题。

早在20世纪30年代，在电子管的制造中已成功地采用了陶瓷-金属的封接技术，它以达到密封为主要目的，因此该技术并不一定能满足工程中受力要求不同的陶瓷与金属复合件的焊接。近年来，随着工程陶瓷的开发和应用，如汽车工业中陶瓷发动机的研究和开发，大大地推动了陶瓷焊接技术的发展。关于陶瓷焊接的研究也越来越多，陶瓷/金属连接研究发展到今天，已经有很多连接方法，现有的陶瓷与金属连接方法较多，除了钎焊法、活性金属法、一氧化铜法、激光法、电子束法，陶瓷与金属连接还可以采用超声波压接、摩擦压接、过渡液相连接等方法。在这些连接方法中，钎焊法、扩散连接方法比较成熟，应用较广泛；电子束焊也有应用。正在研究和开发的陶瓷与金属连接方法还有熔焊、过渡液相连接以及反应成形与反应烧结方法等。

与陶瓷连接的金属或用做中间层的金属主要有铜、镍、铜镍合金、钨、钼、钽、铌、锆、钛、钢、膨胀合金等。对于这些中间金属，除一般要求外，主要是要求线胀系数与陶瓷相近，并且在构件制造和工作过程中不发生同素异构转变，以免引起线胀系数的突变，破坏陶瓷与金属的匹配关系而导致连接失败。陶瓷与金属的焊接产品如图 2-73 所示。

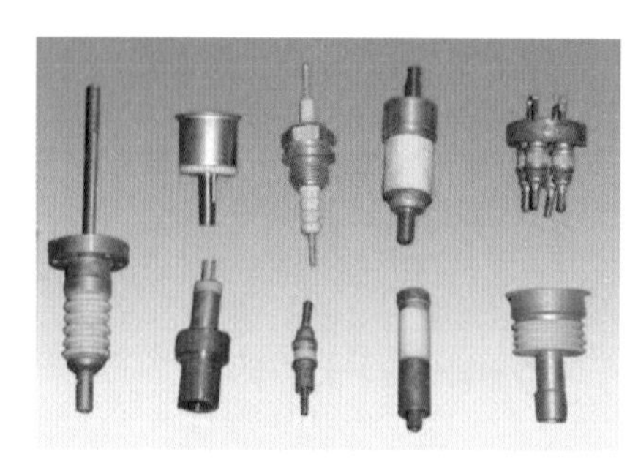

a) 陶瓷与金属焊接件

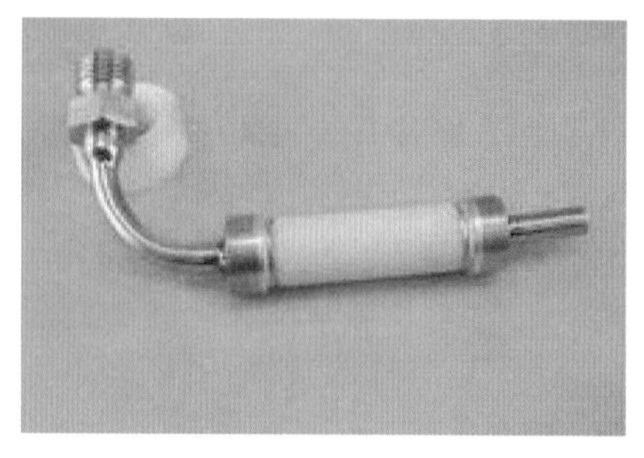
b) 陶瓷与金属焊接的磁流体

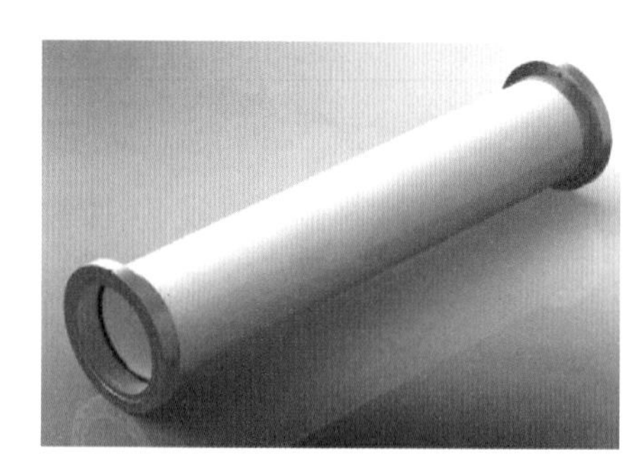
c) 陶瓷与金属焊接的管件

图 2-73　陶瓷与金属的焊接产品

3. 复合材料的焊接

复合材料的种类较多，在此仅以陶瓷基复合材料为例来介绍复合材料的焊接特点、焊接方法的选择。陶瓷基复合材料与钛合金扩散焊焊接接头如图 2-74 所示。

图 2-74　陶瓷基复合材料与钛合金扩散焊焊接接头

（1）陶瓷基复合材料（CMC）的焊接特点　陶瓷基复合材料焊接具有陶瓷焊接的一些特点。例如：陶瓷熔点高且高温分解，不能用熔焊方法进行焊接；大多数陶瓷不导电，不能利用电弧或电阻焊进行焊接；陶瓷脆性大、流塑性极差，难以利用压焊进行焊接；化学惰性大、不宜湿润，因此其钎焊也较为困难。另外，陶瓷基复合材料焊接还有自身结构带来的一些问题。例如，焊接过程中基体材料与增强材料可能会发生不利的反应，造成增强物（纤维、晶须及颗粒）性能下降，因此焊接时间与温度一般不能太长或太高。

陶瓷基体的状态影响焊接方法的选择及焊接难易程度。例如，陶瓷粉末成型的工艺可得到两种明显不同的陶瓷状态，即未烧结状态和烧结状态。一般情况下，未烧结状态下粉末之间通过次级键结合，这种键结合是很弱的。未烧结态键合力弱的特点有利于陶瓷基复合材料的二次加工，因此，未烧结态陶瓷基复合材料的焊接比烧结（致密化）态的要容易。

（2）陶瓷基复合材料的焊接方法　陶瓷基复合材料的钎焊：无论是陶瓷基复合材料的自身钎焊，还是陶瓷基复合材料与金属之间的钎焊，其工艺均比金属材料的钎焊复杂得多。目前，常用钎料有两大类：金属钎料和玻璃钎料。利用金属钎料钎焊时通常称为金属钎焊法，利用玻璃钎料钎焊时通常称为玻璃钎焊法。

1）金属钎焊：金属钎焊方法广泛用于陶瓷基复合材料与金属材料的焊接，也可用于陶瓷基复合材料自身的焊接。钎焊的主要障碍是大多数金属都不湿润陶瓷表面。目前，陶瓷基复合材料表面金属化法和活性金属法能有效地解决这个难题。表面金属化法使陶瓷基体的表面金属化，例如，在陶瓷表面沉积一薄层金属的“钼-锰工艺”和“活性基底工艺”。因为熔化态的钎料实际上是与陶瓷表面的金属接触，连接是在金属表面层或活性基底之间进行的，所以这些工艺方法实现起来相对比较容易。陶瓷基复合材料表面的金属化不仅可以用于改善非活性钎料对陶瓷基复合材料的润湿性，还可以在高温钎焊时保护陶瓷基复合材料不发生分解产生孔洞。

2）玻璃钎焊：陶瓷基复合材料的金属化钎焊法虽然可以得到较高强度的接头，但难以满足耐碱金属腐蚀和耐热性的要求。而氧化物玻璃钎料可很好地解决这些问题。该钎料对于陶瓷基复合材料具有很好的润湿性，焊接成本低、工艺简单，而且可以一次将金属与陶瓷基复合材料焊接起来。由氧化铝和氮化硅为基本的氧化物和非氧化物增强的陶瓷基复合材料都可以利用这种钎料进行连接。常用的玻璃钎料有 Al_2O_3-CaO-BaO-SrO、Al_2O_3-CaO-BaO-SrO-MgO-Y_2O_3 及 Al_2O_3-MnO-SiO_2 等。

思考与练习

1. 常见的焊接对象有哪些？

2. 碳钢的焊接结构应用在哪些领域？

3. 非铁金属的焊接有哪些特点?

4. 塑料的焊接有哪些特点?

5. 陶瓷的焊接有哪些特点?

6. 复合材料的焊接有哪些特点?

得心应手运斤成风——焊接的操作

［学习目标］

1. 掌握焊条电弧焊、钨极氩弧焊、二氧化碳气体保护焊的操作技巧。
2. 了解埋弧焊、焊接机器人的工作过程。

思政元素

工匠精神是指工匠以极致的态度对产品精雕细琢、精益求精、追求更完美的精神理念，其中有专注、专业、坚持等优秀品质。

焊接技术的理论与实践性都很强，焊接技术的理论机理复杂，技能操作同样有复杂的工艺与技巧。焊接专业的学生不仅要努力学习理论知识，还要练就非凡的技能本领，更要成为爱党爱国、拥有梦想、遵纪守法、具有良好道德品质和文明行为习惯的社会主义合格公民，成为敬业爱岗、诚信友善，具有社会责任感、创新精神和实践能力的高素质劳动者和技术技能人才，成为中国特色社会主义事业合格建设者和可靠接班人。

航空母舰上的最强焊工

一、手工焊技术

（一）焊条电弧焊

手工焊接技术中应用最为广泛的当属焊条电弧焊，焊条电弧焊的焊缝质量很大程度上取决于焊工的技能水平，这就需要焊接技术人员掌握较高的焊接操作技能。

引弧

1. 引弧

焊条电弧焊的引弧方法有两种，一种是划擦法，这种方法容易掌握，但容易损坏焊件的表面；另一种是直击法，这种方法必须熟练地掌握好焊条离开焊件的速度和距离。

（1）划擦法 先将焊条对准焊件，再将焊条像划火柴似的在焊件表面轻微划擦，引燃电弧，然后迅速将焊条提起 2～3mm，并使之稳定燃烧，如图 2-75a 所示。

（2）直击法 将焊条末端对准焊件，然后手腕下弯，使焊条轻微碰一下焊件，再迅速将焊条提起 2～3mm，引燃电弧后手腕放平，使电弧保持稳定燃烧。这种引弧方法不会使焊件表面划伤，又不受焊件表面大小、形状的限制，所以在生产中主要采用这种引弧方法，但操作不易掌握，需提高熟练程度，如图 2-75b 所示。

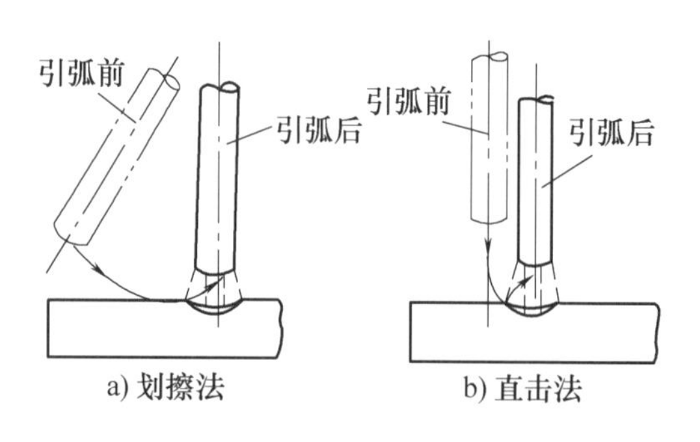

图 2-75 引弧方法

（3）引弧的注意事项

1）引弧处应清洁无油污、铁锈（以免影响导电和使熔池产生氧化物），防止焊缝产生气孔和夹渣等焊接缺陷。

2）为便于引弧，焊条前端焊芯应与药皮平齐，若焊芯内缩，可用锉刀轻锉，不得用力敲击，以防焊条药皮脱落造成保护不良。

3）引弧时焊条提起的时间、高度要适当。

4）引弧时手腕动作必须灵活准确，而且要选择好引弧起始点的位置。

5）引弧时，若焊条和焊件粘在一起，一般将焊条左右摇动几下，就可使其脱离焊件，如果焊条还不能脱离焊件，就应立即关闭焊机，然后将焊钳放松，待焊条稍冷后再取下。不可在未断电的情况下，松开焊钳，取下焊条，以防产生电火花伤及操作者。如果焊条粘住焊件的时间过长，则过大的短路电流会烧坏焊机。

2. 焊缝的起头

起头是指刚开始焊接的阶段，在一般情况下这部分焊缝略高些，质量也难以保证。因为焊件在未焊接之前温度较低，而引弧后又不能迅速使其温度升高，所以起点部分的熔深较浅。对焊条来说，在引弧后的 2s 内，焊条药皮未形成大量保护气体，最先熔化的熔滴几乎是在无保护气氛的情况下过渡到熔池中去的，这种保护不好的熔滴中有很多气体，如果这些熔滴在焊接过程中得不到二次熔化，气体就会残留在焊缝中形成气孔。

为解决熔深太浅的问题，可在引弧后拉长电弧，使电弧对端头有预热作用，然后适当缩短电弧进行正式焊接。

为减少气孔，可将前几滴熔滴甩掉。操作中的直接方法是采用跳弧焊，即电弧有规律地瞬间离开熔池，甩掉熔滴，但焊接电弧并未中断。另一种间接方法是采用引弧板，如图2-76所示，即在焊前装配一块金属板，从这块板上开始引弧，焊后将其割掉。采用引弧板不但保证了起头处的焊接质量，还能使焊接接头始端获得正常尺寸的焊缝。这种方法常在焊接重要结构时采用。

3. 运条

运条是整个焊接过程中最重要的环节，它直接影响焊缝的外表成形和内在质量。电弧引燃后，一般情况下焊条有三个基本运动：朝熔池方向逐渐送进；沿焊接方向逐渐移动；横向摆动。

具体的运条方法很多，要根据接头形式、装配间隙、焊缝的空间位置、焊条直径与性能、焊接电流及焊工技术水平等方面而定。常用的运条方法如图2-77所示。

图2-76　引弧板

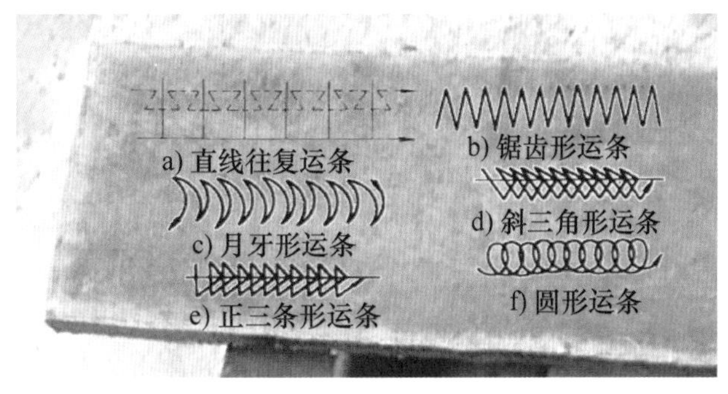

图2-77　焊条电弧焊常用的运条方法

4. 焊缝的连接

接头

在操作时，由于受焊条长度的限制，一根焊条往往不能完成一条焊缝。因此，出现了焊缝前后两段的连接问题。焊缝连接前要先将接头处磨成内凹形，如图2-78所示。焊缝的连接一般有以下几种方式，如图2-79所示。

（1）中间接头　后焊的焊缝从先焊的焊缝尾部开始焊接，如图2-79a所示。这种接头的方法是使用最多的一种，要求在先焊焊缝弧坑稍前约10mm处引弧，电弧长度比正常焊接略微长些（碱性焊条电弧不可加长，否则易产生气孔），然后将电弧移到原弧坑的2/3处，填满弧坑后，即向前进入正常焊接。如果电弧后移太多，则可能造成接头过高；后移太少，将造成接头脱节，产生弧坑未填满的缺陷。焊接接头时更换焊条的动作越快越好。因为在熔池尚未冷却时进行连接，不仅能保证质量，而且焊缝外表面成形美观。

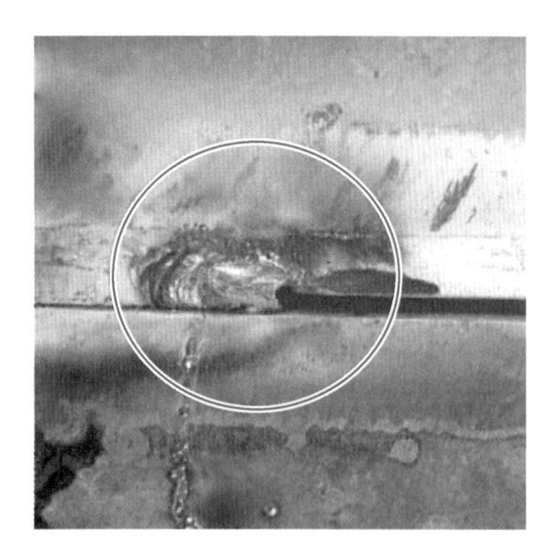

图2-78　焊缝连接预处理

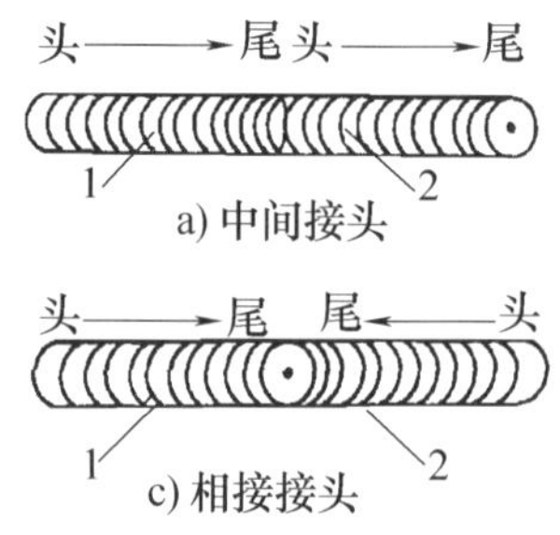

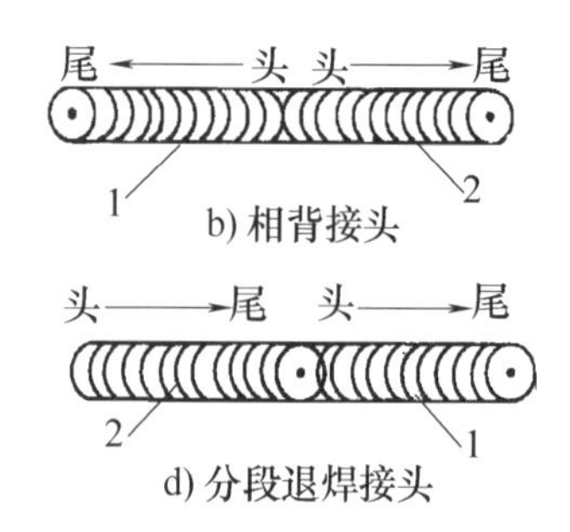

图2-79　焊缝连接的方式

（2）相背接头　两焊缝的起头处相接，如图2-79b所示。要求先焊焊缝的起头处要略低些。连接时，在先焊焊缝的起头略前端引弧，并稍微拉长电弧，将电弧引向先焊焊缝的起头处，并覆盖它的端头，待起头处焊缝焊平后，再沿着与先焊焊缝相反的方向移动。

（3）相接接头　两条焊缝的收尾相接，如图2-79c所示。当后焊的焊缝焊到先焊的焊缝收弧处时，焊接速度应稍慢些，填满先焊焊缝的弧坑处后，以较快的速度再向前焊一段，然后熄弧。

（4）分段退焊接头　如图2-79d所示，先焊焊缝的起头和后焊焊缝的收尾相接。要利用结尾时的高温重复熔化先焊焊缝的起头处，将焊缝焊平后快速收弧。

收尾

5. 焊缝的收尾

焊缝的收尾是指一条焊缝焊完后如何填满弧坑。焊接过程中由于电弧吹力作用，熔池呈凹坑状，并且低于已凝固的焊缝，若收弧时立即拉断电弧，会产生一个低凹的弧坑，过深的弧坑甚至会产生裂纹，如图2-80a所示。因此收弧时不仅要熄弧，而且必须填满弧坑，如图2-80b所示。

常用的焊缝收尾方式有三种：

（1）划圈收尾法　焊条移至焊缝终点时，作圆圈运动，直到填满弧坑再拉断

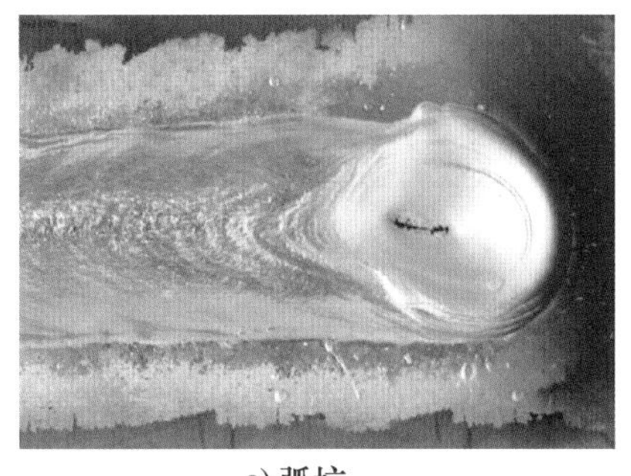

a) 弧坑

b) 无弧坑

图 2-80 焊缝弧坑

电弧。此法适用于厚板收尾，如图 2-81a 所示。

（2）反复断弧收尾法 焊条移至焊缝终点时，在弧坑处反复熄弧、引弧数次，直到填满弧坑为止。此法一般适用于薄板和大电流焊接，不适于碱性焊条，如图 2-81b 所示。

（3）回焊收尾法 焊条移至焊缝收尾处即停住，并随之改变焊条角度回焊一小段。此法适用于碱性焊条，如图 2-81c 所示。

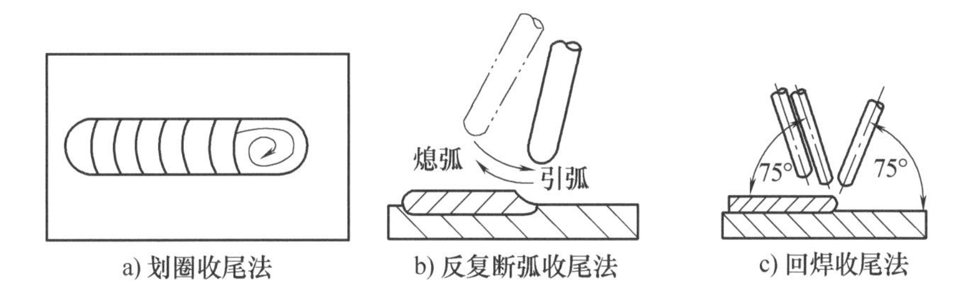

图 2-81 焊缝的收尾方法

收尾方法的选用还应根据实际情况来确定，可单项使用，也可多项结合使用。无论选用何种方法都必须将弧坑填满，达到无缺陷为止。

6. 各种焊接位置的操作要点

各种焊接位置的操作有些共同的特点，但由于熔滴、熔池等在不同位置受重力的影响不同，在操作手法上有所不同。

（1）平焊的操作要点 焊接时熔滴金属主要靠自重自然过渡，操作技术比较容易掌握，允许用较大直径的焊条和较大的焊接电流。熔渣和液态金属容易混在一起，当熔渣超前时会产生夹渣。焊接单面焊双面成形的打底层时，容易产生焊瘤、未焊透或背面成形不良。

平焊焊接时为获得优质焊缝，必须熟练掌握焊条角度和运条技术，将熔池控制为始终如一的形状与大小，一般熔池形状为平圆形或椭圆形，且表面下凹，焊条移动速度不宜过慢。

（2）立焊的操作要点 液态金属和熔渣因自重下坠，故易分离。但熔池温度过高时，液态金属易下流形成焊瘤。立焊易掌握焊透情况，但表面易咬边，不易焊得平整，焊缝成形差。

根据立焊的特点，焊接时焊条角度应向下倾斜60°～80°，电弧指向熔池中心，焊接电流应较小，以控制熔池温度。

（3）横焊的操作要点 液态金属因自重易下坠，会造成未熔合和夹渣，宜采用较小直径的焊条，短弧焊接。横焊时液态金属与熔渣易分离。采用多层多道焊比较容易防止液态金属下坠。

根据横焊的特点，在焊接时由于上坡口温度高于下坡口，所以在上坡口处不做稳弧动作，而是迅速带至下坡口根部做轻微的横拉稳弧动作。若坡口间隙较小，增大焊条倾角，反之则减小焊条倾角。

（4）仰焊的操作要点 液态金属因自重下坠滴落，不易控制熔池形状和大小，会造成未焊透和凹陷，宜采用较小直径的焊条和小焊接电流并采用最短的电弧焊接。仰焊时清渣困难，易产生层间夹渣；运条困难，焊缝外观不易平整。

根据仰焊的特点，应严格控制焊接电弧的弧长，使坡口两侧根部能很好地熔合，并且焊波厚度不应太厚，以防止液态金属过多而下坠。坡口角度比平焊略大，焊接第一层时焊条与坡口两侧成90°，与焊接方向成70°～80°，用最短的电弧做前后推拉的动作，熔池温度过高时可以使温度降低。焊接其余各层时，焊条横摆并在两侧做稳弧动作。

氩弧焊焊接

（二）钨极氩弧焊

手工钨极氩弧焊是手工焊接技术中的另一种重要焊接方法，广泛应用于薄板及非铁金属的焊接。

1. 焊枪的运行形式

手工钨极氩弧焊的焊枪一般只做直线移动，同时焊枪移动速度不能太快，否则影响氩气的保护效果。

（1）直线移动 直线移动有三种方式：直线匀速移动、直线断续移动和直线往复移动。

1）直线匀速移动是指焊枪沿焊缝做直线、平稳和匀速移动，适合不锈钢、

耐热钢等薄板的焊接，其特点是焊接过程稳定，保护效果好。这样可以保证焊接质量的稳定。

2）直线断续移动是指焊枪在焊接过程中需停留一定的时间，以保证焊透，即沿焊缝做直线移动过程是一个断续的前进过程，其主要应用于中厚板的焊接。

3）直线往复移动是指焊枪沿焊缝做往复直线移动，其特点是可控制热量和焊缝成形良好，这样可以防止烧穿，主要用于焊接铝及铝合金的薄板。

（2）横向摆动　它是为满足焊缝的特殊要求和不同的接头形式而采取的小幅摆动，常用的有三种形式：圆弧之字形摆动、圆弧之字形侧移摆动和 r 形摆动。

2. 焊丝送丝方法

氩弧焊送丝

填充焊丝的加入对焊缝质量的影响很大。若送丝过快，则焊缝易堆高，氧化膜难以排除；若送丝过慢，则焊缝易出现咬边或下凹，所以送丝动作要熟练。常用的送丝方法有两种，即指续法和手动法。

（1）指续法　将焊丝夹在大拇指与食指、中指中间，靠中指和无名指起撑托作用，当大拇指将焊丝向前移动时，食指往后移动，然后大拇指迅速擦焊丝的表面往后移动到食指的地方，大拇指再将焊丝向前移动，如此反复将焊丝不断地送入熔池中，如图 2-82 所示。这种方法适用于较长的焊接接头，焊丝、焊枪与焊件之间角度如图 2-83 所示。

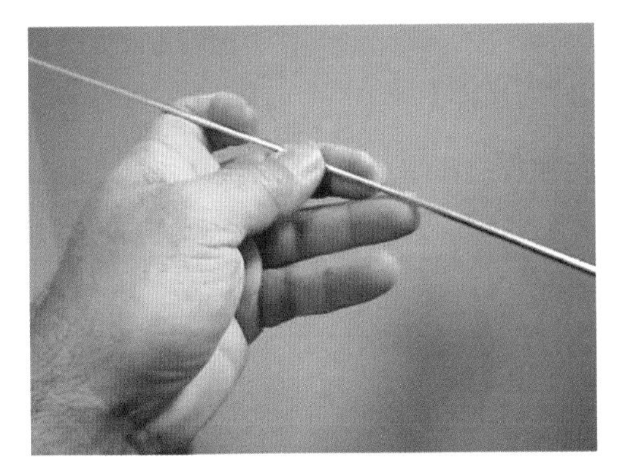

图 2-82　指续法送丝

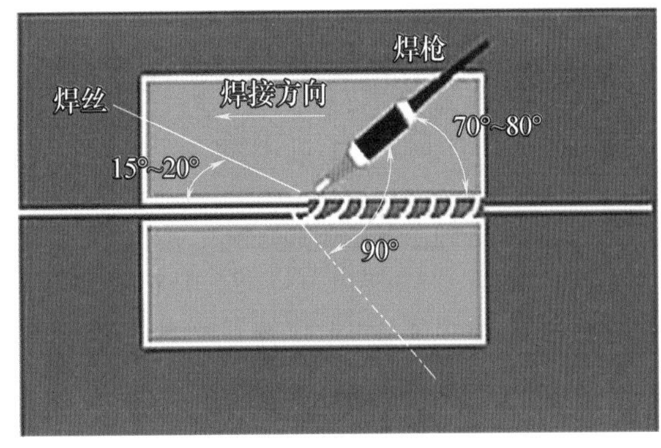

图 2-83　焊丝、焊枪与焊件之间的角度

（2）手动法　将焊丝夹在大拇指与食指、中指之间，手指不动，而是靠手或手臂沿焊缝前后移动和手腕的上下反复运动将焊丝送入熔池中。该方法应用比较广泛。按焊丝送入熔池的方式可分为四种：压入法、续入法、点移法和点滴法。

3. 焊接方向

手工钨极氩弧焊根据焊枪的移动方向及送丝位置分为左焊法和右焊法。

（1）左焊法 焊接过程中焊接热源（焊枪）从接头右端向左端移动，并指向待焊部分的操作法称为左焊法。左焊法焊丝位于电弧前面。该方法便于观察熔池。焊丝常以点移法和点滴法加入，焊缝成形好，容易掌握，因此应用比较普遍。

（2）右焊法 在焊接过程中焊接热源（焊枪）从接头左端向右端移动，并指向已焊部分的操作法称为右焊法。右焊法焊丝位于电弧后面。操作时不易观察熔池，较难控制熔池的温度，但熔深比左焊法深，焊缝较宽，适用于厚板焊接，但比较难掌握。

4. 基本操作技术

（1）焊丝、焊枪与焊件之间的角度 用手工钨极氩弧焊焊接时，焊枪、焊丝与焊件之间必须保持正确的相对位置，这由焊件形状等情况来决定。平焊位置手工钨极氩弧焊焊枪、焊丝与焊件的角度如图2-83所示。焊枪与焊件的夹角过小，会降低氩气的保护效果；夹角过大，操作及填加焊丝比较困难。

（2）引弧 手工钨极氩弧焊的引弧方法有接触短路引弧、高频高压引弧和高压脉冲引弧三种。

接触短路引弧是采用钨极末端与焊件表面近似垂直（呈70°~85°）接触后，立即提起引弧。这种方法在短路时会产生较大的短路电流，从而使钨极端头烧损、形状变坏，在焊接过程中使电弧分散，甚至飘移，影响焊接过程的稳定，甚至引起夹钨。

高频高压引弧和高压脉冲引弧是在焊接设备中装有高频或高压脉冲装置，引弧后高频或高压脉冲自动切断。这种方法操作简单，并且能保证钨极末端的几何形状，容易保证焊接质量。

（3）熄弧 熄弧时如操作不当，会产生弧坑，从而造成裂纹、烧穿、气孔等缺陷，操作时可采用如下方法熄弧：

1）调节好焊机上的衰减电流值，在熄弧时松开焊枪上的开关，使焊接电流衰减，逐步加快焊接速度和填丝速度，然后熄弧。

2）减小焊枪与焊件的夹角，拉长电弧使电弧热量主要集中在焊丝上，加快焊接速度并加大填丝量，弧坑填满后熄弧。

3）环形焊缝熄弧时，先稍拉长电弧，待重叠焊接20~30mm，不加或加少量的焊丝，然后熄弧。

4）停弧后，氩气开关应延时3~5s再关闭（一般设备上都有提前送气、滞后关气的装置），防止金属在高温下继续氧化。

二、半自动焊技术

半自动焊即用手工移动焊接热源，并以机械化装置填入焊丝的焊接方法。作为半自动焊的二氧化碳气体保护焊以其高效、高质、低成本等特点正在逐步占领焊接市场，本节主要介绍二氧化碳气体保护焊的操作技巧。

1. 引弧

半自动 CO_2 气体保护焊引弧，常采用短路引弧法。引弧前，首先将焊丝端头剪去，因为焊丝端头常常有很大的球形直径，容易产生飞溅，造成缺陷。经剪断的焊丝端头应为锐角，如图 2-84 所示。引弧时，注意保持焊接姿势与正式焊接时一样。同时，焊丝端头距工件表面的距离为 2 ~ 3mm。然后，按下焊枪开关，随后自动送气、送电、送丝，直至焊丝与工件表面相碰而短路起弧。此时，由于焊丝与工件接触而产生一个反弹力，焊工应紧握焊枪，勿使焊枪因冲击而回升，一定要保持喷嘴与工件表面的距离恒定。这是防止引弧时产生缺陷的关键。

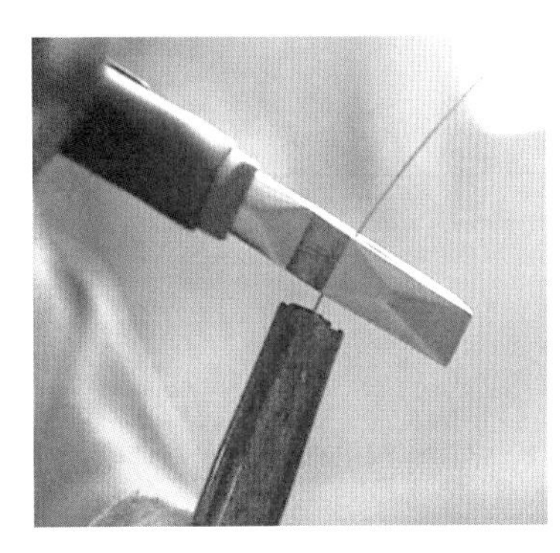

图 2-84 修剪焊丝

重要产品进行焊接时，为消除在引弧时产生飞溅、烧穿、气孔及未焊透等缺陷，可采用引弧板。不采用引弧板而直接在焊件端部引弧时，可在焊缝始端前 20mm 左右处引弧后，立即快速返回起始点，然后开始焊接。

2. 焊接

采用左焊法时，焊枪的角度如图 2-85 所示。焊枪沿装配间隙前后摆动或小幅度横向摆动，摆动幅度不能太大，以免产生气孔。熔池停留时间不宜过长，否则容易烧穿。

在焊接过程中，正常熔池呈椭圆形，如出现椭圆形熔池被拉长，即为烧穿前兆。这时应根据具体情况，改变焊枪操作方式以防止烧穿。另外，在焊接过程中焊丝不可超越熔池，应保持焊丝与熔池前端相切，如图 2-86 所示，这样可有效防止烧穿。

由于选择的焊接电流较小，电弧电压较低，采用短路过渡的方式进行焊接时，要特别注意保证焊接电流与电弧电压配合好。如果电弧电压太高，则熔滴短路过渡频率降低，电弧功率增大，容易引起烧穿，甚至熄弧；如果电弧电压太低，则可能在熔滴很小时就引起短路，产生严重的飞溅，影响焊接过程；当焊接电流与电弧电压配合好时，则焊接过程电弧稳定，可以观察到周期性的短路，听到均匀的、周期性的“啪、啪”声，熔池平稳，飞溅小，焊缝成形好。

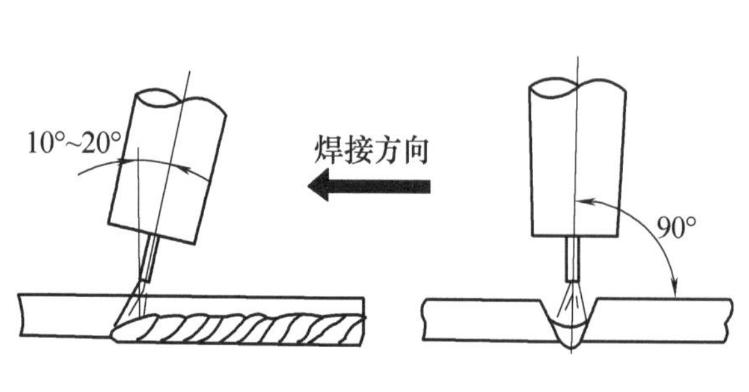

图 2-85　焊枪的角度

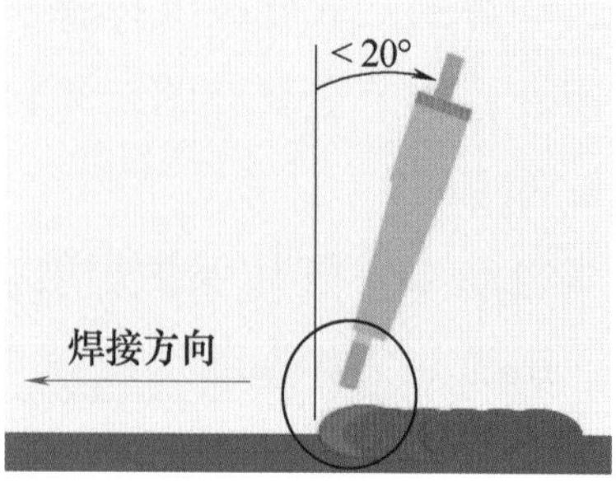

图 2-86　焊丝与熔池相对位置

3. 焊枪的摆动方式及应用范围

为了保证焊缝的宽度和两侧坡口的熔合，采用 CO_2 气体保护焊时要根据不同的接头类型及焊接位置作横向摆动。常见的摆动方式及应用范围见表 2-7。

表 2-7　焊枪的摆动方式及应用范围

摆动方式	应用范围
	薄板及中厚板的第一层焊缝
	小间隙中厚板打底层焊接
	第二层为横向摆动送枪焊接厚板等
	堆焊、多层焊接时的第一层
	大间隙
 ⑧ ⑥⑦④⑤②③ ①	薄板根部有间隙、坡口有钢垫板或施工物时

为了减少热输入，减小热影响区，减少变形，通常不采用大的横向摆动来获得宽焊缝，推荐采用多层多道焊接方法来焊接厚板。当坡口小时，可采用锯齿形较小的横向摆动，两侧停留 0.5s 左右，而当坡口大时，可采用弯月形的横向摆

动，两侧停留 0.5s 左右，如图 2-87 所示。

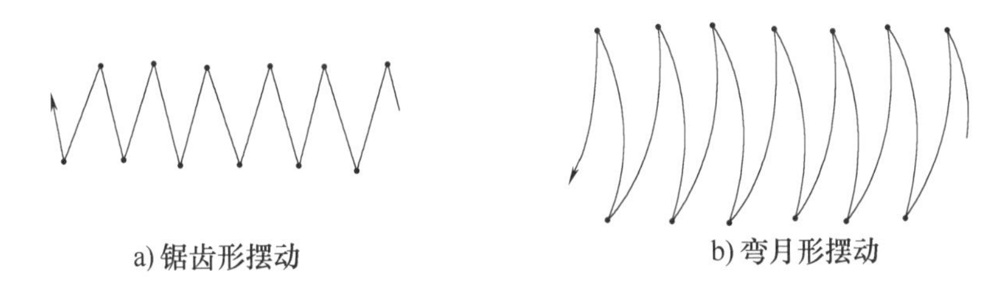

图 2-87 焊枪摆动形状

4. 接头操作

在焊接过程中，焊缝接头是不可避免的，而焊接接头处的质量又是由操作手法所决定的。下面介绍两种接头处理方法。

1）当无摆动焊接时，可在弧坑前方约 20mm 处引弧，然后快速将电弧引向弧坑，待熔化金属填满弧坑后，立即将电弧引向前方，进行正常操作，如图 2-88a 所示。

2）当采用摆动焊时，在弧坑前方约 20mm 处引弧，然后快速将电弧引向弧坑，到达弧坑中心后开始摆动并向前移动，同时，加大摆动转入正常焊接，如图 2-88b所示。

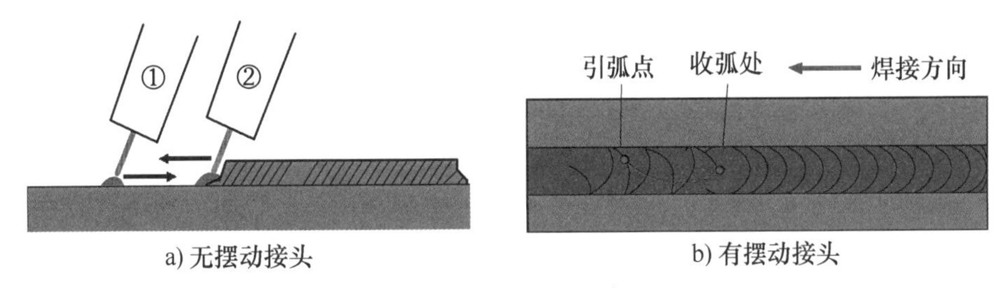

图 2-88 接头处理方法

5. 收弧

焊接结束前必须收弧，若收弧不当则容易产生弧坑，并出现弧坑裂纹、气孔等缺陷。对于重要产品，可采用引出板，将电弧引至试件之外，可以省去弧坑处理的操作。如果焊接电源有“收弧”控制电路，则在焊接前将面板上开关扳至“收弧”挡，如图 2-89 所示。焊接结束收弧时，焊接电流和电弧电压会自动减少到适宜的数值，将弧坑填满。

如果焊接电源没有收弧控制装置，通常采用多次断续引弧填充弧坑的办法，直到填平为止，如图 2-90 所示。操作时动作要快，若熔池已凝固再引弧，则容易产生气孔、未焊透等缺陷。

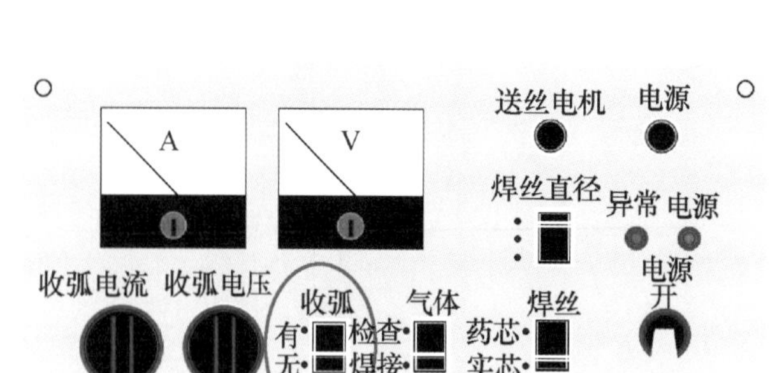

图 2-89　焊接电源“收弧”挡

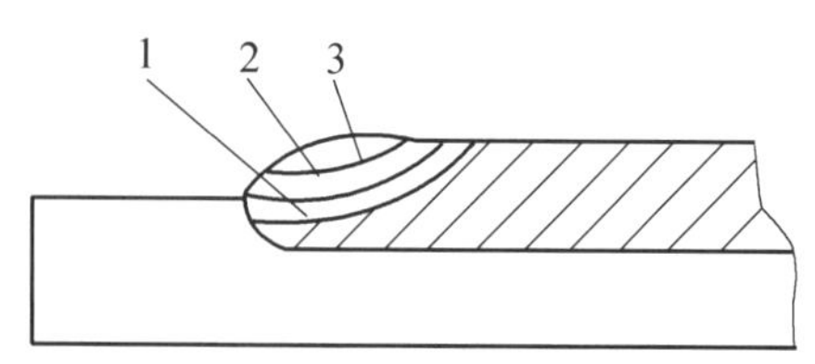

图 2-90　断续填充弧坑法

1—第一次填充弧坑　2—第二次填充弧坑

3—填满弧坑

收弧时，特别要注意克服焊条电弧焊的习惯性动作，就是将焊把向上抬起。CO_2 气体保护焊收弧时如将焊枪抬起，则将破坏弧坑处的保护效果。同时，即使在弧坑已填满、电弧已熄灭的情况下，也要让焊枪在弧坑处停留几秒钟后方能移开，以保证熔池凝固时得到可靠的保护。

6. 定位焊

CO_2 气体保护焊时热输入较焊条电弧焊时更大，这就要求定位焊缝有足够的强度。同时，由于定位焊缝将保留在焊缝中，所以要求定位焊缝要与焊接正式焊缝一样，不能有缺陷。

7. 操作注意事项

（1）选择正确的持枪姿势　CO_2 气体保护焊的焊枪比焊条电弧焊焊钳要重，另外焊枪的送丝导管也会影响到焊工的操作，为了减少焊工体力消耗，使其能够长时间工作，必须根据焊接位置选择正确的持枪姿势。正确的持枪姿势应满足以下条件：

1）操作时一般手臂都处于自然状态，用身体的某个部位承担焊枪的重量，这样手腕才能灵活地带动焊枪平移或转动。

2）软管电缆最小的曲率半径应大于300mm，防止增大焊丝送进阻力。

3）焊接过程中应保证焊枪倾角不变，并能清楚、方便地观察熔池。

4）将送丝机放在合适的地方，保证焊枪能在需要焊接的范围内自由移动。

（2）其他注意事项

1）正确控制焊枪与工件间的倾角和喷嘴高度。

2）保持焊枪匀速向前移动。

3）保持摆幅一致地横向摆动。

焊接过程中不提倡采用大的横向摆动来获得较宽的焊缝，而应采用多层多道焊。摆动方法基本同焊条电弧焊一致。

三、自动焊技术

焊接过程的机械化和自动化，是近代焊接技术的一项重要发展。它不仅标志着更高的焊接生产效率和更好的焊接质量，而且还大大改善了生产劳动条件。手工电弧焊过程，主要的焊接动作是引燃电弧、送进焊条以维持一定的电弧长度、向前移动电弧和熄弧，如果这几个动作都由机器来自动完成，则称为自动焊。

自动焊分为埋弧焊和明弧焊两种。

1. 埋弧焊

（1）准备　为保证焊缝质量，往往在焊缝两端预置引弧板和引出板，引弧在引弧板上进行，收弧在引出板上进行。把自动焊车放在焊件的工作位置上，将准备好的焊剂和焊丝分别装入焊丝盘和焊剂漏斗内。闭合弧焊电源的开关和控制电路的电源开关。按焊丝向下的按钮，使焊丝对准焊缝，并与引弧板接触，但不要接触太紧，如图 2-91 所示。

（2）引弧　将开关扳至“焊接”位置，如图 2-92 所示。按照焊接方向，将自动焊车的换向开关指针转到向左或向右的位置上。按照预先选择好的焊接规范进行调整，将自动焊车的离合器手柄向上扳，使主动轮与自动焊车减速器相连。开启焊剂漏斗的闸门，使焊剂堆覆在预焊部位。

图 2-91　埋弧焊引弧准备

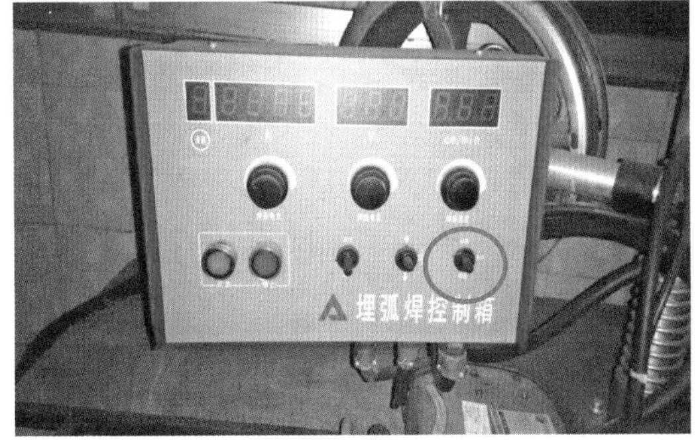

图 2-92　埋弧焊控制箱

按下“启动”按钮，焊丝提起，随即产生电弧，为保证可靠引弧，应当将引弧板和焊丝末端加工至露出金属光泽。

（3）焊接　引燃电弧后，自动焊车开始前行，在焊接过程中，操作者应留心观察自动焊车的走向，如图 2-93a 所示，并要注意焊剂漏斗内的焊剂量，必要时需进行添加，以免影响焊接工作的正常进行。

焊接时如遇到局部间隙偏大，可采用右手把停止按钮按下一半的操作方法。其目的是减慢焊丝的给进速度，并保证焊接电弧维持稳定燃烧，使焊接能够进行。操作时间可根据间隙大小以及具体焊接情况分别对待。也可采用间断按法，即间断送给焊丝，操作时，一边按按钮，一边观察情况。如果焊机电弧发蓝光，按钮仍按一半；如果焊接电弧发红光，表明可能引起烧穿，此时焊工要特别注意控制焊丝的送给，以避免烧穿。焊过这一段间隙偏大的焊缝后，再松开按钮，恢复正常操作。

（4）收弧　当焊接结束时，应首先关闭焊剂漏斗的闸门，然后按“停止”按钮，但必须分两步进行，即先按下一半，使焊丝停止送进，此时电弧仍继续燃烧，接着将自动焊车的手柄向下扳，使自动焊车停止前进。在这个过程中电弧慢慢拉长，弧坑逐渐填满，等电弧自然熄灭后，再继续将停止按钮按到底，切断电源，使焊机停止工作。

最后扳下自动焊车手柄，并用手把它推到其他位置，同时回收未熔化的焊剂，供下次使用，并清除焊渣，检查焊缝外观质量，如图 2-93b 所示。

a) 操作者观察焊车走向

b) 回收焊剂

图 2-93　埋弧焊过程

自动化生产性——机器人装配、焊接

2. 焊接机器人

焊接机器人自动化程度高，对焊工技术要求不同于传统焊接方法，主要要求操作者能够通过示教器进行编程、操控设备。

（1）焊接机器人的组成　世界各国生产的焊接用机器人基本上都属于关节机器人，如图 2-94 所示，绝大部分有 6 个轴。焊接机器人主要包括机器人和焊接设备两部分，如图 2-95 所示。

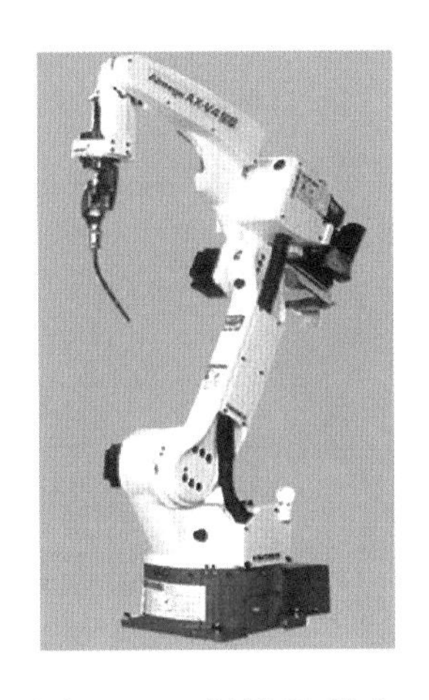

图 2-94　焊接机器人

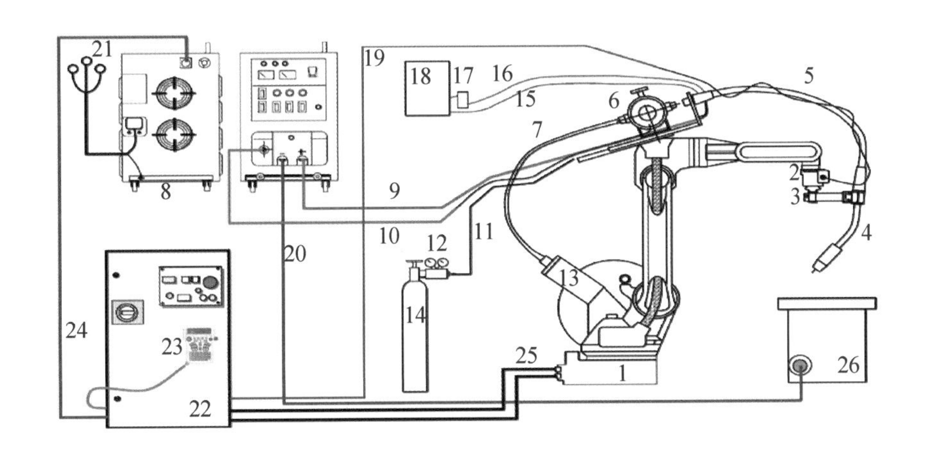

图 2-95　焊接机器人的组成

1—机器人本体　2—防碰撞传感器　3—焊枪把持器　4—焊枪　5—焊枪电缆
6—送丝机构　7—送丝管　8—焊接电源　9—功率电缆　10—送丝机构控制电缆
11—保护器软管　12—保护气流量调节器　13—送丝盘架　14—保护气瓶
15—冷却水冷水管　16—冷却水回水管　17—水流开关　18—冷却水箱
19—碰撞传感器电缆　20—功率电缆　21—焊机供电一次电缆　22—机器人控制柜
23—机器人示教盒　24—机器人供电电缆　25—机器人控制电缆　26—夹具及工作台

（2）认识示教盒　焊接机器人系统中，人与机器人的界面，主要通过示教盒实现。示教盒（图 2-96）又称作示教编程器，可由操作者手持移动，使操作者能够方便地接近工作环境进行视教编程。示教盒的主要工作部分是操作键与显示屏。示教盒控制电路的主要功能是对操作键进行扫描并将按键信息送至控制器，同时将控制器产生的各种信息在显示屏上进行显示、编程。

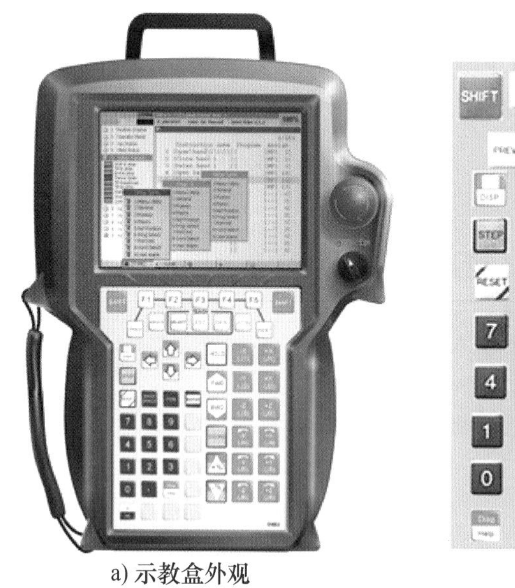

a) 示教盒外观　　b) 操作键

图 2-96　示教盒

示教盒主要通过操控操作键来编程、下达指令，进而完成焊接动作。操控键功能见表 2-8。

表 2-8　操控键功能

控制键	名称	功能	控制键	名称	功能
RESET	复位键	清除报警信息	ENTER	确认键	确定指令
SHIFT	SHIFT 键	与其他键配合使用，执行特殊功能	STEP	STEP 键	切换模式
−X (J1) +X (J1) −Y (J2) +Y (J2) −Z (J3) +Z (J3) −X (J4) +X (J4) −Y (J5) +Y (J5) −Z (J6) +Z (J6)	Jog 键	点动机器人	7 8 9 4 5 6 1 2 3 0 · −	数字键	输入数字
COORD	COORD 键	切换运动坐标系	WELD ENBL	WELD ENBL 键	控制是否开启焊接过程

（续）

控　制　键	名　　称	功　　能	控　制　键	名　　称	功　　能
+% -%	速度键	调整机器人的运动速度	FWD BWD	前进/后退键	执行下一条或前一条程序
SELECT EDIT DATA	程序键	选择编程时的菜单选项	F1 至 F5	功能键	执行特定的行为和功能
ITEM	ITEM 键	用该键在一个列表中选择一个项目	BACK SPACE	BACK SPACE 键	删除光标前的字母和数字
NEXT	NEXT 键	显示更多的对应功能	PREV	PREV 键	显示上一级屏幕界面
⇧ ⇦ ⇨ ⇩	光标键	按一定方向移动光标	WIRE + WIRE -	焊丝运动键	控制焊丝送进、收回
POSN	POSN 键	显示要查找的位置信息	MENUS	MENUS 键	显示菜单屏幕
STATUS	STATUS 键	显示机器人当前状态值	FCTN	FCTN 键	显示补充菜单
MAN FCTN	MAN FCTN 键	显示手动操作屏幕	HOLD	HOLD 键	停止机器人运动
Diag Help	Diag/Help 键	显示如何使用当前屏幕信息	MOVE MENU	MOVE MENU 键	出现可调用的宏程序

（3）编程

1）将制作好的工装夹具放在焊接平台上或者变位器上，用定位销定位并将工装夹具锁紧。

2）编程的步骤按以下流程进行：

① 选择示教模式。

② 建立一个新的作业程序。

③ 在机器人坐标（或轴坐标和工具坐标）下，手动操作移动机器人至适当位置，存储记录该位置即为一“点”。依据焊件的形状焊缝数量和焊缝的位置，存

储和记录若干个“点”。

④ 视需要，在程序中各“点”间插入适当的应用命令。

⑤ 记录程序结束命令来结束程序。

⑥ 进行示教内容的修正和确认。用“前进检查”和“后退检查”对程序“点”进行校正、增加或删除。

3）作业程序的起始点最好设在机器人的参考点位置上，结束点位置与起始点位置尽可能设为同一位置，以减少发生碰撞的可能性。

4）焊缝数量较多时，为减少焊接变形，编程前应预先考虑好各焊缝的焊接顺序。

5）示教编程时应合理布局点的位置和数量，避免不必要的点，同时应确保机器人在点与点间能够顺利到达而不与焊件、工装夹具等发生碰撞。

（4）运行

1）在示教模式下，以手动的方式完整地运行一次作业程序，确保没有危险的动作存在。

2）开启焊机电源，并调整好保护气体的流量，开始自动焊接。

3）首道焊缝焊完后，应停止运行中的程序，观察焊缝质量，看焊接参数是否合理，如需要，则应对焊接参数进行微调，之后继续焊接。一般经过2～3次的调整后，焊缝质量就能达到预期的效果。

4）首件焊件焊完后应进行首检，首检合格后方可进行批量焊接。

5）当出现焊缝焊偏的现象时，首先应检查焊件是否装到位，其次检查工装夹具是否有松动、位移的现象，最后检查导电嘴是否松动或焊枪是否发生碰撞等现象，找出原因后再进行针对性的解决。

6）焊接过程中，应随时观察保护气体、焊丝的余量，如不足应立即停止运行中的机器人，进行更换。

7）误启动不同的作业程序时，或者机器人移动至意想不到的方向时，再或者有第三者无意识地靠近机器人的动作范围内时等，应立即按下紧急停止按钮，一按下紧急停止按钮机器人即紧急停止。紧急停止按钮有两处，一处在示教器上，另一处在控制盒的操作面板上。

（5）安全要求及维护保养

1）示教编程过程中要不断地观察机器人，防止误操作情况下可能发生的碰撞现象。

2）编程后，必须用示教器对整个程序手动检查一遍。未经检查，禁止自动运行程序。

3）机器人自动运行前应确保机器人当前位置处于参考点位置或者机器人能够无碰撞地到达程序的起始点位置；同时应确保没有人员在机器人的活动范围内。

4）机器人自动运行期间，不要在机器人下走动，避免在机器人和其他设备的窄小空间内活动。

5）操作完成后，应使机器人回到参考点位置或者能够无碰撞地到达参考点位置。

6）严格按照说明书的要求定期对机器人及其附属设备进行维护保养。

7）日常维护保养的重点：气路、电路是否有漏气、漏电的情况；电缆绝缘层是否破损；随时观察焊接喷嘴，需要时对喷嘴内的焊渣进行清理；每隔半年应对送丝软管进行一次清理。

8）一般情况下，机器人焊接的焊件不需要修磨，只对焊接飞溅物进行清理。

9）当焊缝出现质量缺陷的时候，应停止焊接，分析原因后，通过对程序、焊接参数、工装夹具等的调整，使焊缝质量达到要求后再继续焊接。对个别有质量缺陷的焊件可进行返修处理。

思考与练习

1. 运条方法有哪几种？

2. 焊条电弧焊收弧时如何避免弧坑？

3. 钨极氩弧焊收弧时延气有何作用？

4. 二氧化碳气体保护焊接头操作时的注意事项有哪些？

5. 试述埋弧焊收弧的操作要领。

第四章 千里之堤毁于蚁穴——焊接的缺陷

[学习目标]

1. 了解焊接缺陷的定义及分类。
2. 了解各类缺陷的形成原因。
3. 为防止缺陷或减少焊接缺陷的产生奠定理论知识基础。

焊接缺陷

现代焊接技术已完全可以得到高质量的焊接接头，但是每一个焊接产品常常要经过多道工序来完成，由于焊件焊前准备不符合要求、焊接参数选择不当、焊工技能达不到质量要求、焊接设备工作稳定性不够等各种主客观因素的影响，焊接接头中不可避免地会产生焊接缺陷。

思政元素

中国工程建设焊接协会发布了《关于“2020年度强化全面焊接质量管理，创建优秀焊接工程活动”成果发布及表彰的决定》，其中，由中国中铁工业申报的港珠澳大桥荣获2020年度优秀焊接工程特等奖。港珠澳大桥是我国继三峡工程、青藏铁路之后又一项重大的基础设施建设项目，被英国《卫报》誉为“现代世界七大奇迹”之一。这是迄今为止世界上最长的跨海大桥，被誉为世界桥梁建设史上的“王冠”。在港珠澳大桥钢箱梁制造中，中铁工业率先开展了板单元自动化制造与焊接技术研究，形成了一套以自动化、信息化、智能化为主要手段的板单元制造专业技术，解决了U形肋角焊缝焊接质量和稳定性差的难题，提高了钢箱梁板单元的制造质量，延长了桥梁的使用寿命。同时，依托港珠澳大桥制造，中铁工业进行了一系列焊接技术研究，建成了现代化正交异性板单元智能化焊接生产车间，获得发明专利7项，实用新型专利3项，引领了我国钢桥制造技术的发展，推动了中国由钢桥制造大国向制造强国迈进的步伐。

一、焊接缺陷的危害

焊接缺陷对产品的影响，主要是在缺陷周围产生应力集中，严重时使原缺陷不断扩展，直至破裂。同时，焊接缺陷对疲劳强度、脆性断裂以及耐应力腐蚀开裂都有重大的影响。由于各类缺陷的形态不同，所产生的应力集中程度也不同，因而对结构的危害程度也各不一样。

1. 焊接缺陷引起的应力集中

焊缝中的气孔一般呈单个球状或群状，因此气孔周围应力集中并不严重，其应力集中系数一般不大于2.5。而焊接接头中的裂纹常常呈扁平状，如果加载方向垂直于裂纹的平面，则裂纹两端会引起严重的应力集中，其应力集中系数有时可大于12。夹渣的危害比气孔严重，因其几何形状不规则，存在棱角或尖角，易引起较大应力集中，往往成为裂纹的起源。

此外，对于焊缝的形状不良、角焊缝的凸度过大及错边、角变形等焊接接头的外部缺陷，也都会引起应力集中或者产生附加应力。

例如，某国一根外径为120mm，壁厚为14mm的高压油管，因为在单面对接焊缝中有3~5mm未焊透，结果在该处产生疲劳裂纹并贯穿到外壁，致使高压油呈雾状喷出，造成爆炸并发生火灾。又如国内一台多层式高压容器，封头和筒体连接环缝的根部有未焊透缺陷，因此在水压试验中发生脆断，造成封头掉头事故。所以，在压力容器中，全焊透结构不允许存在未焊透缺陷。

2. 焊接缺陷对脆性断裂的影响

脆断是一种低应力下的破坏，而且具有突发性，事先难以发现和加以预防，危害极大。

一般认为，结构中缺陷造成的应力集中越严重，脆性断裂的危险性越大。如上所述，裂纹对脆性断裂的影响最大，其影响程度不仅与裂纹的尺寸、形状有关，而且与所在的位置有关。如果裂纹位于高值拉应力区，就容易引起低应力破坏；若位于结构的应力集中区，则更危险。

1968年4月，日本千叶发生的球形容器脆性破坏事故，其主要原因就是由于焊缝外部形状和尺寸造成的缺陷。该球形容器容积为1000m^3，内径12.5m，顶板厚27mm，底板厚28mm。在现场装配焊接时，把顶板上一块厚27mm的月牙板，错用在底极板上，因顶极板比底极板小20mm，焊缝对不上，不得不另嵌进钢板再进行焊接，焊缝两侧错边约3mm，角变形为6°~7°。结果在水压试验时，整个球体突然破裂，裂缝全长约1000mm，并有一块230mm×70mm的碎片飞出。事后查明，裂缝是从错边及角变形处开始的，因而认为这是脆断的主要原因。

3. 焊接缺陷对疲劳强度的影响

焊接缺陷对疲劳强度的影响十分显著。例如，气孔引起的承载截面减小10%时，疲劳强度下降可达50%。焊缝内的平面型缺陷（如裂纹、未熔合、未焊透）由于应力集中系数较大，因此对疲劳强度的影响更大。含裂纹的结构与占同样面积的气孔的结构相比，前者的疲劳强度比后者低15%。对未焊透来讲，随着其面积的增加，疲劳强度明显下降。

通常疲劳裂纹是从表面引起的，因此当缺陷露出表面或接近表面时，其疲劳强度的下降要比缺陷埋藏在内部的明显得多。

4. 焊接缺陷对应力腐蚀开裂的影响

通常应力腐蚀开裂总是从表面开始的。如果焊缝表面有缺陷，则裂纹很快在那里形核。因此，焊缝的表面粗糙度、结构上的死角、拐角、缺口、缝隙等都对应力腐蚀有很大影响。这些外部缺陷使浸入的介质局部浓缩，加快了电化学过程的进行和阳极的溶解，为应力腐蚀裂纹的成长起到促进作用。

据资料显示，在1981—1990年这10年间，苏联由于各种原因造成干线输气管道事故的总次数为752次，平均事故率为0.0004次/(km·a)。从事故原因、次数及事故频率统计结果可以看出，按照导致事故发生总次数的百分比排序，10年间造成输气管道失效事故的首要原因为腐蚀，其事故比率占到39.9%，其次为外部干扰（16.9%）、材料缺陷（13.3%）、建设施工缺陷（11.5%）、焊接缺陷（10.8%）及设备缺陷（2.3%）和其他（5.3%）。

二、焊接常见缺陷的特征及产生原因

焊接缺陷的存在给焊接结构的质量带来了严重的影响，尤其是锅炉、大型压力容器、化工设备以及压力管道等重要结构，会因焊接缺陷的存在导致爆炸，造成重大的事故，导致严重的人身伤亡和巨大的财产损失。焊接缺陷的种类很多，分类方法也各不相同，按其在焊缝中的位置可分为外部缺陷、内部缺陷和组织缺陷三大类，本节主要以此分类方式来研究焊接缺陷的特征及产生原因。熔焊焊接

接头中常见缺陷及名称见表2-9。

表2-9 熔焊焊接接头中常见缺陷及名称

分 类	名 称	分 类	名 称
裂纹	横向裂纹 纵向裂纹 弧坑裂纹 枝状裂纹 放射状裂纹 间断裂纹 微观裂纹	未熔合和未焊透	未熔合 未焊透
孔穴	球形气孔 均布气孔 局部密集气孔 链状气孔 条形气孔 虫形气孔 表面气孔	形状缺陷	咬边 焊瘤 下塌 烧穿 未焊满 角焊缝凸度过大 焊缝超高 焊缝宽度不齐 焊缝表面粗糙、不平滑
固体夹杂	夹渣 焊剂或熔剂夹渣 氧化物夹渣 皱褶 金属夹渣	其他缺陷	电弧擦伤 飞溅 钨飞溅 定位焊缺陷 表面撕裂 层间错位 打磨过量 凿痕 磨痕

1. 焊接的外部缺陷

焊接的外部缺陷包括焊缝尺寸及形状不符合要求、焊瘤、咬边、烧穿和塌陷、弧坑及表面气孔、表面裂纹等，这类缺陷用肉眼或低倍放大镜可以观察并检测出来。

（1）焊缝尺寸及形状不符合要求　焊缝外表形状高低不平、焊波粗劣，焊缝宽度不齐、太宽或太窄，焊缝余高过高或高低差过大以及角焊缝焊脚尺寸不均等，都属于焊缝尺寸及形状不符合要求，如图2-97所示。

焊缝宽度不一致，除了造成焊缝成形不美观外，还将影响焊缝与母材金属的结合强度。焊缝余高太高，使焊缝与母材金属的交界突变，形成应力集中；而焊缝低于母材金属，则不能得到足够的接头强度。

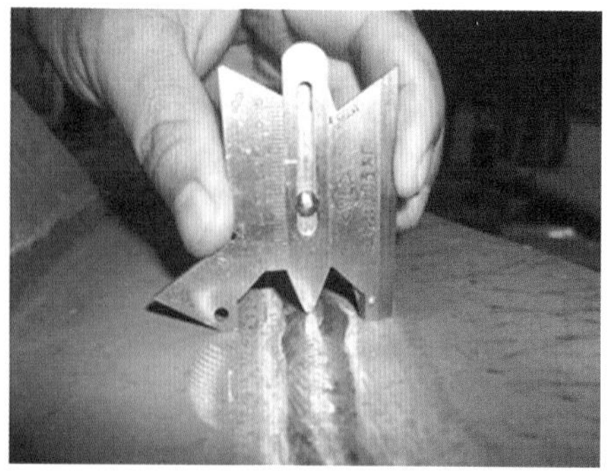

图 2-97　焊缝尺寸及形状不符合要求

（2）咬边　咬边如图 2-98 所示。这类缺陷属于焊缝的外部缺陷。当母体金属熔化过度时造成的穿透（穿孔）即为烧穿。在母体与焊缝熔合线附近因为熔化过强也会造成熔敷金属与母体金属的过渡区形成凹陷，即是咬边。

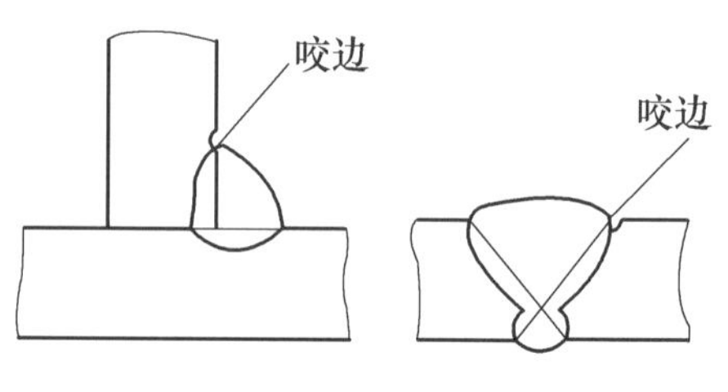

图 2-98　咬边

咬边按照其处于焊缝的位置，分为外咬边（在坡口开口大的一面）和内咬边（在坡口底部一面）。

（3）焊瘤　焊瘤是指在焊接过程中，熔化金属流淌到焊缝以外未熔化母材上所形成的金属瘤，如图 2-99 所示。焊瘤存在于焊缝表面，常出现在立、横、仰焊焊缝表面，或无衬垫单面焊双面成形焊缝背面。焊缝表面存在焊瘤会影响美观，易造成表面夹渣。由于焊缝的几何形状突然发生变化，会造成应力集中。

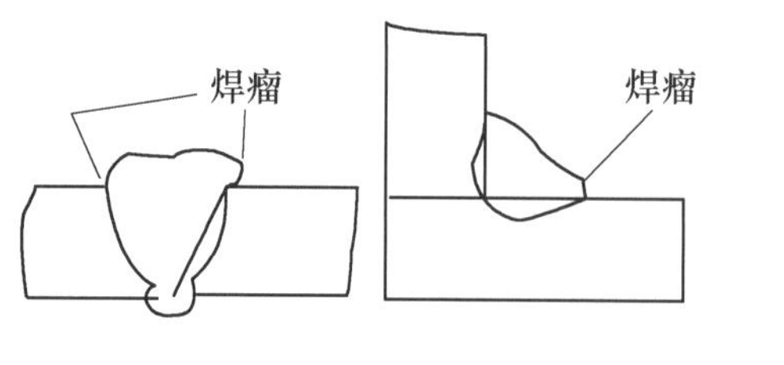

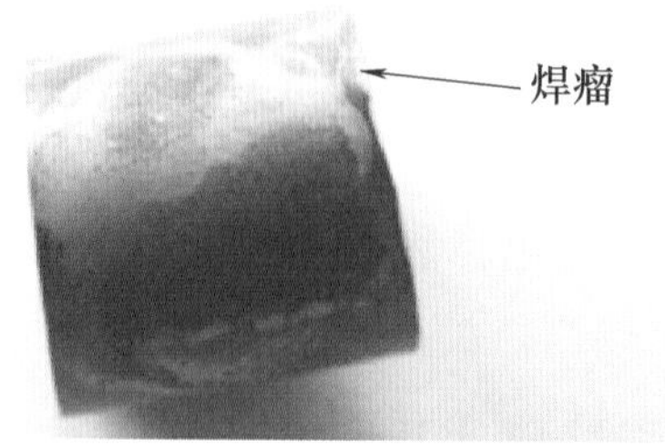

图 2-99　焊瘤

（4）弧坑　弧焊时由于断弧或收弧不当，在焊缝末端形成的低洼部分称为弧坑，如图 2-100 所示。弧坑也是凹坑的一种，它减少了焊缝的有效工作截面，在弧坑处熔融金属填充不足，熔池进行的冶金反应不充分，容易产生偏析和杂质聚积。由于弧坑低于焊道表面，且弧坑中常伴有裂纹和气孔等缺陷，因而该处焊缝强度严重削弱。

（5）下塌与烧穿　下塌是指单面焊时，由于焊接工艺及操作不当，造成焊缝金属过热而透过背面，是焊缝正面塌陷、背面突起的现象，如图 2-101a 所示。烧穿是指焊接过程中熔融金属自坡口背面而流出，形成穿孔的缺陷，常发生于底层焊缝或薄板焊接中，如图 2-101b 所示。

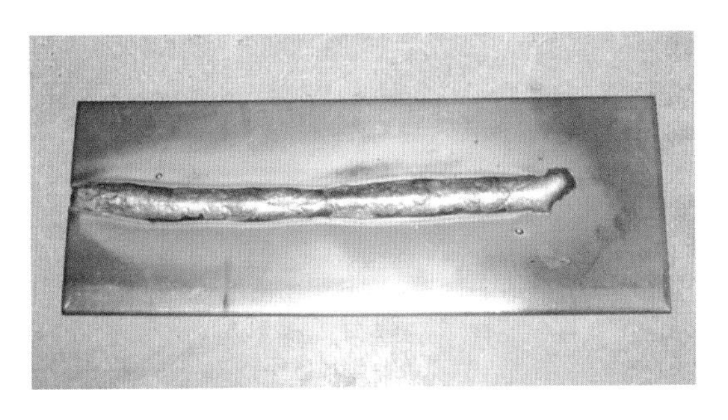

图 2-100　弧坑

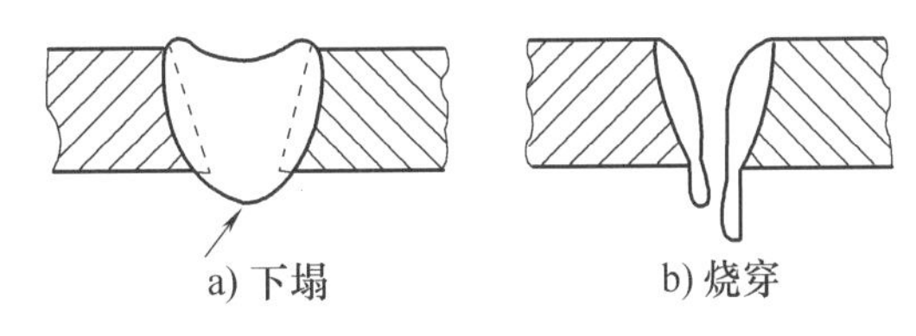

图 2-101　下塌与烧穿

（6）严重飞溅　严重飞溅容易发生在 CO_2 气体保护焊中，在焊条电弧焊时产生少量飞溅是正常的现象，不同药皮成分的焊条就会有不同程度的飞溅。严重的飞溅不仅浪费焊条，影响焊缝表面整洁（图 2-102），而且影响多层多道焊的连续操作，因为不清除这些飞溅而继续施焊很容易引起气孔和夹渣。例如，在焊接 18-8 型不锈钢时，严重飞溅还会造成母材的点状腐蚀。

（7）焊接结构的变形缺陷　绝大多数焊接结构都是采用局部加热的焊接方法制成的，这样将不可避免地产生焊接应力和变形。焊接应力和变形不仅影响到焊接结构的外形、尺寸、承载能力、尺寸精度等，同时还是导致焊接缺陷产生的重要原因之一。焊接变形如图 2-103 所示。

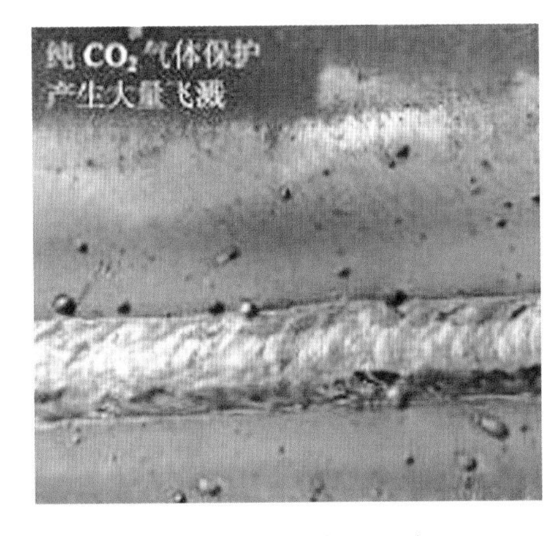

图 2-102　严重飞溅

图 2-103　焊接变形

2. 焊接的内部缺陷

（1）夹渣　夹渣是焊后残留在焊缝中的焊渣，和气孔一样，由于夹渣的存在，焊缝的有效截面减小，过大的夹渣也会降低焊缝的强度和致密性，易造成开裂。夹渣如图2-104所示。

（2）未焊透　未焊透是在焊接过程中，接头根部未完全熔透的现象，如图2-105所示。未焊透是一种比较危险的缺陷，焊缝出现间断或突变部位，焊缝强度大大降低，甚至引起裂纹，因此，船体等重要结构均不允许存在未焊透，一经发现，应予铲除，重新修补。

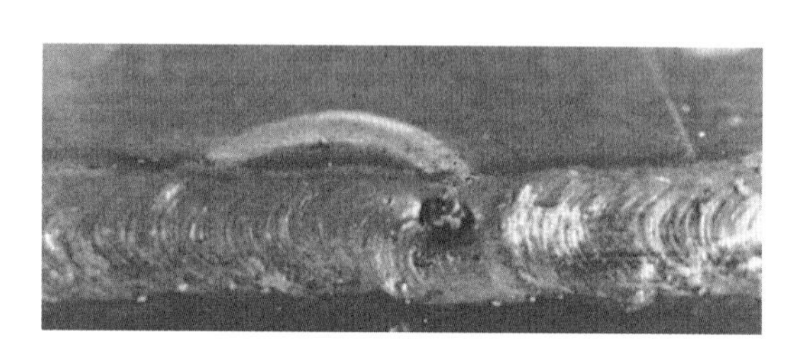

图2-104　夹渣

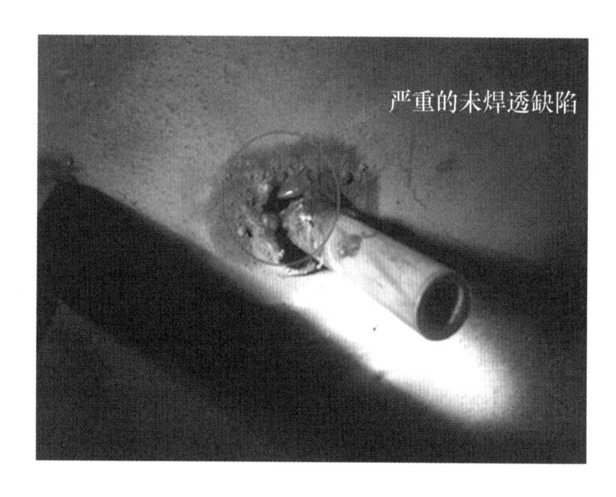

图2-105　未焊透

（3）未熔合　未熔合是熔焊时，焊道与母材之间或焊道与焊道之间，未能完全熔化结合的部分，如图2-106所示。未熔合间隙很小，可视为片状缺陷，类似于裂纹，易造成应力集中，是危险性缺陷。

（4）气孔　气孔是在焊接过程中，熔池金属中的气体在金属冷却以前未能逸出而在焊缝中形成的孔穴。气孔按其产生的部位分为内部气孔和外部气孔，按形成气孔的主要气体分为氢气孔、一氧化碳气孔和氮气孔。气孔一般是圆形或者是椭圆形，如图2-107所示。

（5）焊接裂纹　裂纹产生的原因较多，所以裂纹的形式也较多，常见的有：

1）热裂纹。热裂纹是焊接过程中，焊缝和热影响区金属冷却到固相线附近的高温区所产生的焊接裂纹。由于产生在高温区，与大气相通的开口部位发生氧化，裂纹断口表面有氧化色，这可作为判断裂纹是否属于热裂纹的重要依据。有时在裂纹中可见到焊渣。裂纹的微观特征为沿晶界分布，断口扫描电镜观察可见到金属凝固的自由表面。在焊缝和热影响区均可产生热裂纹。

图 2-106 未熔合

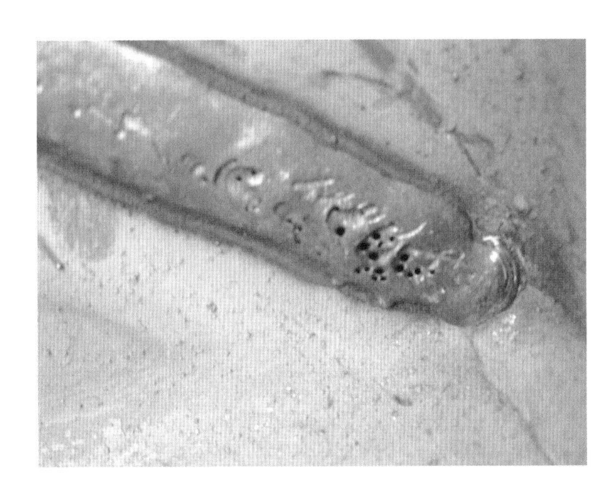

图 2-107 气孔

2）冷裂纹。冷裂纹是焊接接头冷却到较低温度下产生的焊接裂纹。冷裂纹的产生有时间性，可能在焊后立即产生，也可能在焊后延迟一段时间才出现，后者称为延迟裂纹。延迟的时间取决于氢在金属中的扩散速度，而扩散速度又取决于焊件所处的环境温度，在 -70 ~ +50℃的温度区间内，容易产生延迟裂纹。裂纹断口处呈金属光亮，微观特征为沿晶界或穿过晶界。在焊缝和热影响区均可产生，特别是焊道下熔合线附近、焊趾和焊缝根部。

焊接裂纹如图 2-108 所示。

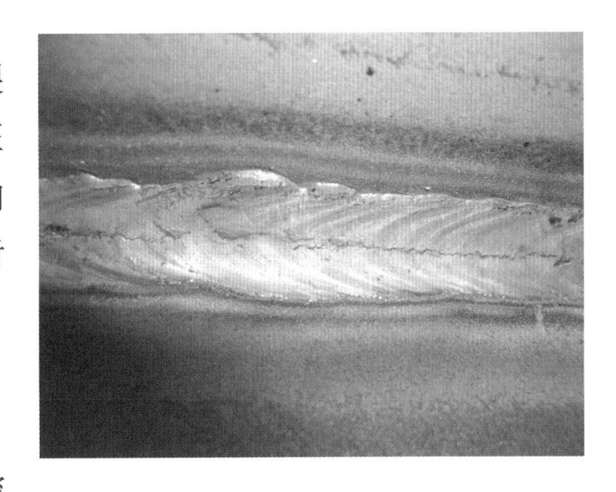

图 2-108 焊接裂纹

3. 焊接的组织缺陷

由于熔化金属保护不好和热过程控制不严，焊缝金属的组织和化学成分便可能发生变化，以至于不合乎产品的使用要求。而焊接接头的组织缺陷是指不符合要求的金相组织、合金元素以及杂质的偏析、耐蚀性降低和晶格缺陷等，这类缺陷必须用金相检测等破坏性检验方法，并且需要借助于高倍显微镜才能观察到。

（1）淬硬组织　由于焊接件多为低碳钢和低合金钢，焊接材料也是如此，故焊接接头的组织应为铁素体 + 珠光体。但在焊接条件下，由于冷却速度很快，可能产生马氏体组织；当含碳量较高时，除了马氏体组织外，还可能产生过多的 Fe_3C。

（2）氧化　对于同一种钢而言，焊接时焊缝中的含氧量与接头的力学性能关系很大，少量的氧化铁能使焊缝的韧性下降；在焊接合金钢时，氧的增加会使合金元素烧损，从而降低焊接接头的力学性能和物理化学性能。

（3）疏松　疏松缺陷从焊缝或焊接接头表面上往往看不出来，但由于组织的疏松已经使焊缝的力学性能下降，甚至会造成渗漏。

（4）其他组织　在焊接条件下，由于加热和冷却速度较快，焊缝及热影响区可能会出现一些其他的对焊接接头性能不利的组织或现象，如魏氏组织、晶粒变粗、晶粒度不均匀等。

三、常见焊接缺陷的成因

1. 焊缝的尺寸及形状不符合要求

产生焊缝尺寸及形状不符合要求的原因很多，如焊接坡口角度不规则、装配间隙不均匀、焊接速度快慢不均匀以及焊条角度不当等因素都会使焊缝的外形尺寸和形状产生偏差。

2. 咬边

这类缺陷的产生原因主要有焊接电流过大、电弧过长、运条不合适、移动速度过快、焊条角度不适当等。

3. 焊瘤

这类缺陷产生的原因主要是焊接参数选择不当、运条不均、操作不够熟练，造成熔池温度过高，液态金属凝固缓慢、下坠，因而在焊缝表面形成金属瘤。立、仰焊时，采用过大的焊接电流和弧长，也有可能出现焊瘤。

4. 弧坑

弧坑的产生原因是：熄弧时间过短或焊接突然中断，焊接薄板时电流过大。

5. 下塌与烧穿

下塌与烧穿的产生原因是：焊接过热，如坡口形状不良、装配间隙太大、焊接电流过大、焊接速度过慢、操作不当和电弧过长且在焊缝处停留时间太长等。

6. 严重飞溅

造成严重飞溅的原因除了少数焊条因保存不当而变质外，就碱性焊条而言，主要是受潮而引起的。这是由于使用受潮的焊条在焊接过程中因水分分解而产生大量的气体，由于部分气体溶解在熔滴中，在电弧的高温作用下，溶解的气体即爆炸炸裂，把金属滴带出熔池形成飞溅。另外，碱性焊条使用直流正接时也会产生飞溅。此外，设备选用不当易产生严重磁偏吹，也会造成严重飞溅。

7. 焊接结构变形缺陷

焊接结构变形缺陷的产生原因有以下几方面。

（1）焊接工艺方法 不同的焊接方法将产生不同的温度场，形成的热变形也不相同。一般来说，自动焊比焊条电弧焊加热集中，受热区窄，变形较小；CO_2气体保护焊焊丝细，电流密度大，加热集中，变形小，比焊条电弧焊更适合于车架焊接。

（2）焊接参数（焊接电流、电弧电压、焊接速度） 焊接变形随焊接电流和电弧电压增大而增大，随焊接速度增快而减小，其中电弧电压的作用明显。因此，低电压、高速大电流密度的自动焊变形较小。

（3）焊缝数量和断面大小 焊缝数量越多，断面尺寸越大，焊接变形越大。

（4）施焊方法 连续焊、断续焊的温度场不同，产生的热变形也不同。通常连续焊变形较大，断续焊变形较小。

（5）材料的热物理性能 不同材料的导热率、比热容和膨胀系数等均不同，产生的热变形不同，焊接变形也不同。

8. 夹渣

夹渣的产生原因是：焊件边缘有氧割或碳弧气刨熔渣，坡口角度或焊接电流太小，或焊接速度过快。在使用酸性焊条时，由于电流小或运条不当形成熔渣；使用碱性焊条时，由于电弧过长或极性不正确也会造成夹渣。

9. 未焊透

未焊透的产生原因是：焊件装配间隙或坡口角度太小，焊件边缘有较厚的锈蚀，焊条直径太大，电流太小，运条速度过快以及电弧太长、极性不正确等。

10. 未熔合

未熔合的产生原因是：层间清渣不干净；焊接电流太小或焊接速度过快；焊条药皮偏心；焊条角度不对及摆动不够，致使焊件边缘加热不充分等。

11. 气孔

气孔的产生原因是：焊接时空气侵入；焊件及焊条上存在水、锈、油等污物，在电弧热能的作用下分解产生气体；焊条药皮太薄、变质或受潮；焊接工艺不当，熔化金属冷却过快，气体来不及从焊缝逸出等。

12. 裂纹

产生热裂纹的主要原因是焊接熔池中存在低熔点杂质。由于杂质熔点低，结晶凝固最晚，而且凝固以后的塑性和强度又极低，因此当外界结构拘束力足够大时，由于焊缝金属的凝固收缩以及不均匀的加热和冷却作用，熔池中的低熔点杂质或在凝固的过程中就被拉开，或凝后不久被拉开，造成晶间开裂，即热裂纹。冷裂纹一般指焊接接头冷却到较低温度时所产生的裂纹。这类焊缝可能焊后立即出现，也可能延迟几小时、几天甚至更长时间。焊缝和热影响区均可能产生冷裂纹，主要原因是在焊接热循环作用下，热影响区生成了淬硬组织，焊缝中存在过量的扩散氢，且具有浓集的条件，接头承受有较大的拘束应力。

焊接缺陷及其防止措施

四、焊接缺陷的防止

随着焊接技术的发展和进步，焊接结构的应用越来越广泛，几乎渗透到国民经济的各个领域，如石油与化工设备、起重运输设备、宇宙运载工具、车辆与船舶制造、冶金、矿山、建筑结构及国防工业建设等。很多重要的焊接结构，如压力容器、核反应堆器件、桥梁、船舶等都对其焊接质量有着很高的要求，不允许出现一丝的缺陷，如果出现缺陷，就可能造成巨额的经济损失，情况严重时甚至造成人员的伤亡。常见的焊接缺陷及防止措施见表2-10。

表2-10 常见的焊接缺陷及防止措施

缺 陷	防 止 措 施
未焊透	1）加大坡口角度，减小钝边厚度，增加根部间隙 2）降低焊接速度 3）在不影响熔渣覆盖的前提下加大电流，短弧操作，使焊条保持近于垂直的角度 4）掌握正确的运条方法
咬边	1）减小焊接电流 2）掌握正确的运条方法 3）降低焊接速度 4）短弧操作 5）根据焊接条件选择合适的焊条型号和直径
焊瘤	1）调整合适的焊接电流 2）加快焊接速度 3）短弧操作 4）正确掌握运条方法 5）根据焊接条件选择合适的焊条型号和直径
焊缝外观不良	1）调整合适电流 2）调整焊接速度 3）掌握正确的运条方法 4）避免焊接过热 5）根据焊接条件，母材及板厚选择合适的焊条型号和直径

（续）

缺　陷	防 止 措 施
夹渣	1）仔细清理焊渣 2）稍微提高焊接电流，加快焊速 3）加大坡口角度，增加根部间隙 4）正确掌握运条方法
气孔	1）使用适当的电流 2）短弧操作 3）清理焊接区表面 4）焊前将焊条烘干 5）摆动、预热等，以降低冷却速度 6）使用低氢型焊条 7）选择气孔敏感性小的焊条 8）采用引弧板或用回弧法操作
热裂纹	1）采用低氢型焊条 2）使用含锰量高的低氢焊条，使用含碳、硅、硫、磷低的焊条 3）保持合适的间隙，收弧时要把弧坑填满
冷裂纹	1）预热，使用低氢型焊条，使用碳当量低、韧性高、抗裂性好的焊条 2）预热，正确安排焊接顺序 3）进行预热和后热，控制层间温度，选择合适的焊接规范 4）焊前焊条烘干，选用难吸潮焊条或超低氢焊条
烧穿	1）减小根部间隙及加大钝边高度 2）使用较小的电流或选用电弧吹力小的焊条 3）适当加快焊接速度 4）避免接头过热 5）短弧操作
变形	1）设计时预先考虑到接头的膨胀、收缩 2）使用小电流，选用熔深浅的焊条 3）适当加快焊接速度 4）正确安排焊接顺序 5）使用夹具等进行充分约束，但必须注意防止产生裂缝
凹坑	1）焊前烘干焊条 2）清除表面油、锈、油漆等污物 3）使用小电流，避免焊条过热 4）使用低氢型焊条 5）使用碱度高的焊条

（续）

缺 陷	防止措施
飞溅	1）使用合适的电流 2）尽量防止磁偏吹 3）改用反接（即焊条接正极） 4）焊前烘干焊条 5）用短弧施焊

思考与练习

1. 什么是焊接缺陷？焊接缺陷是如何分类的？
2. 焊缝常见的外部缺陷和内部缺陷有哪些？
3. 简述几种常见的外部缺陷的产生原因。
4. 什么是气孔？它的产生原因是什么？
5. 什么是焊缝组织缺陷？常见的焊接组织缺陷有哪些？
6. 常见几种焊接缺陷的防止措施有哪些？

第五章 一丝不苟攻瑕索垢——焊接检验

[学习目标]

1. 了解各类焊接检测方法的原理及特点。
2. 熟悉常见的无损检测材料、设备、操作步骤。
3. 掌握各种焊接检测方法的操作步骤和缺陷评定标准。
4. 了解几种先进的无损检测方法。

思政元素

工匠精神连续第四年被写入政府工作报告。在追求美好生活、提升发展质量和效益的当下，坚持精益求精的工匠精神愈发成为社会、企业的共识。改革开放至今，物质生活的极大丰富，人们提出了对美好生活的更高期许，而这引发了对“工匠型企业”的追求。践行工匠精神，意味着企业需要保持一颗匠心，为满足人们日益增长的对美好生活的需求，对产品品质保持极致的追求。2017 年政府工作报告就强调，“质量之魂，存于匠心”，要求全社会大力弘扬工匠精神，打造更多享誉世界的“中国品牌”，推动中国经济发展进入质量时代。

中国的观天巨眼 FAST 望远镜，是一个复杂的航天航空设计工程，也是一个复杂的制造、安装工程。FAST 索网是世界上跨度最大、精度最高的索网结构，也是世界上第一个采用变位工作方式的索网体系，其技术难度不言而喻，需要攻克的技术难题贯穿索网的设计、制造及安装全过程。上万零部件正确的构型设计图样绘制，是整个工程技术质量保证的前提条件。因此，工程设计技术人员一丝不苟、技术精湛的工匠精神，是我们应该具备的基本素养。

一、焊缝外观检测

焊缝的外观检测可用肉眼及放大镜，主要检测焊接接头的形状和尺寸，检测过程中可使用标准样板和量规。

1. 目视检测的方法

目视检测方法分为直接目视检测和远距离目视检测。

（1）直接目视检测　直接目视检测也称为近距离目视检测，用于眼睛能充分接近被检物体，直接观察和分辨缺陷形态的场合。一般情况下，目视距离约为600mm，眼睛与被检工件表面所成的视角不小于30°。在检测过程中，采用适当照明，利用反光镜调节照射角度和观察角度，或借助于低倍放大镜观察，以提高眼睛发现缺陷和分辨缺陷的能力。直接目视检测所用的工具如图2-109所示。

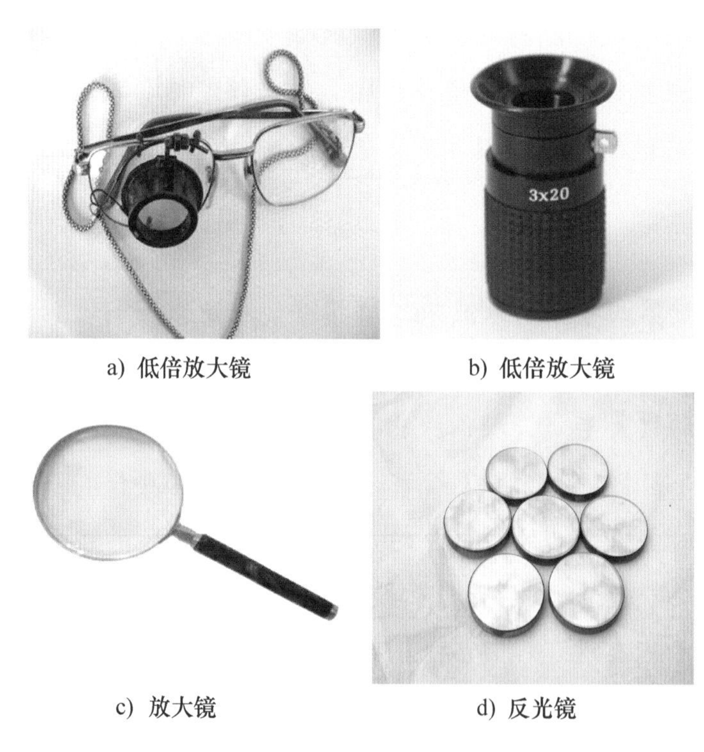

a）低倍放大镜　b）低倍放大镜

c）放大镜　d）反光镜

图2-109　直接目视检测所用的工具

（2）远距离目视检测　用于眼睛不能接近被检物体，必须借助望远镜、内孔管道镜、照相机等进行观察的场合。其分辨能力，至少应具备相当于直接目视观察所获检测的效果。远距离目视检测工具如图2-110所示。

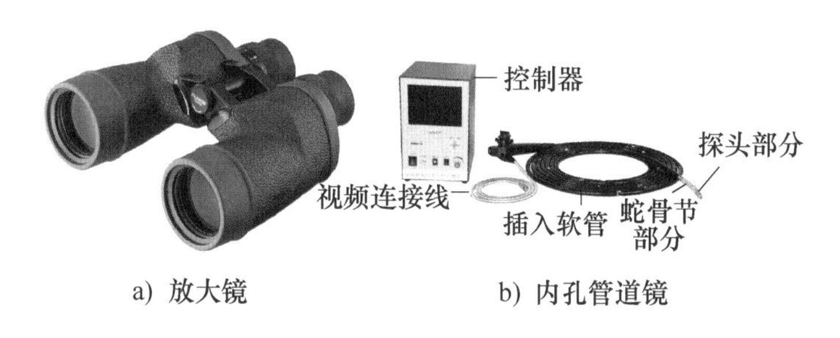

a）放大镜　　b）内孔管道镜

图 2-110　远距离目视检测工具

2. 目视检测的项目

（1）焊接后清理质量　所有焊缝及其边缘，应无焊渣、飞溅及阻碍外观检查的附着物。

（2）焊接缺陷检查　在整条焊缝和热影响区附近，应无裂纹、夹渣、焊瘤、烧穿等缺陷，气孔、咬边应符合有关标准规定。焊接接头部位容易产生焊瘤、咬边等缺陷，收弧部位容易产生弧坑、裂纹、夹渣、气孔等缺陷，检查时要注意。

（3）几何形状检查　重点检查焊缝与母材连接处以及焊缝形状和尺寸急剧变化的部位。焊缝应完整，不得有漏焊，连接处应圆滑过渡。焊缝高低、宽窄及结晶鱼鳞纹应均匀变化，可借助测量工具来进行测量。

（4）焊接的伤痕补焊　重点检查装配拉筋板拆除部位、勾钉吊卡焊接部位、母材引弧部位、母材机械划伤部位等。应无缺肉及遗留焊疤，无表面气孔、裂纹、夹渣、疏松等缺陷，划伤部位不应有明显棱角和沟槽，伤痕深度不能超过有关标准规定。

目视检测若发现裂纹、夹渣、焊瘤等不允许存在的缺陷，应清除、补焊或修磨，使焊缝表面的质量符合要求。

二、焊缝尺寸的检测

焊缝尺寸的检测是按图样标注的尺寸或技术标准规定的尺寸对实物进行测量检查。尺寸测量工作可与目视检测同时进行，也可在目视检测之后进行。通常，是在目视检测的基础上，初步掌握几何尺寸变化的规律之后，选择测量部位。一般情况下，选择焊缝尺寸正常部位、尺寸变化的过渡部位和尺寸异常变化的部位进行测量检查，然后相互比较，找出焊缝尺寸变化的规律，与标准规定的尺寸对比，从而判断焊缝的几何尺寸是否符合要求。焊接检测尺如图 2-111 所示。

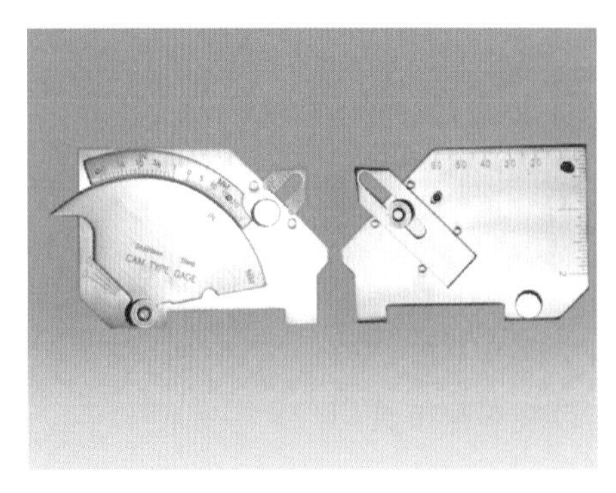

图 2-111　焊接检测尺

1. 对接接头焊缝尺寸的检测

一般情况下，施工图样只标注坡口尺寸，不标明焊后尺寸要求。对接接头焊缝尺寸应按有关标准规定或技术要求测量检查。检查对接接头焊缝的尺寸，方法简单，可直接用直尺或焊接检测尺测量出焊缝的余高和焊缝宽度。

当组装焊件存在错边时，测量焊缝的余高应以表面较高一侧母材为基准进行计算。当组装焊件厚度不同时，测量焊缝余高也应以表面较高一侧母材为基础进行计算，或保证两母材之间焊缝呈圆滑过渡。

2. 角焊缝尺寸的检测

角焊缝尺寸包括焊缝的计算厚度、焊脚尺寸、凸度和凹度等。测量角焊缝的尺寸，主要是测量焊脚尺寸和角缝厚度，然后通过测量结果计算焊缝的凸度和凹度。一般对于角焊缝检测，首先要对最小尺寸部位进行测量，同时对其他部位进行外观检查，如焊缝坡口应填满金属，并使其圆滑过渡、外形美观、无缺陷。检查时应注意更换焊条的接头部位，有严重的凸度和凹度时，应及时修磨或补焊。焊接检测尺的使用如图 2-112 所示。

图 2-112　焊接检测尺的使用

三、致密性检测

致密性检测是对焊接结构的整体强度和密封性进行的检测，也是对焊接结构的选材、切割和制造工艺等的综合性检测，其检测结果不仅是产品是否合格和等级划分的关键数据，而且是保证其安全运行的重要依据。

1. 压力试验

（1）水压试验　水压试验是最常用的压力试验方法。水的压缩性很小，如果焊接结构一旦因缺陷扩展而发生泄漏，水压立即显著下降，不会引起爆炸。因而用水做试压介质既安全又廉价，操作起来也十分方便，故得到了广泛的应用。对于极少数不宜盛装水的焊接结构，则可采用不会导致发生危险的其他液体，但试验时液体的温度应低于其闪点或沸点。进行水压试验的产品，焊接工作必须全部结束，焊缝的返修、焊后热处理、力学性能检测及无损探伤必须全部合格。受压部件充灌水之前，药皮、焊渣等杂物必须清理干净。

水压试验可用作焊接容器的致密性和强度试验。水压试验的规范包括环境温度、水的温度及试验压力、保压时间等。水压试验的环境温度应高于5℃，水的温度应不高于49℃，以防汽化，否则检查渗漏时难以发现。试验压力不同的材质按照国家标准选择，一般保压8～12h。气温低于5℃时不应进行水压试验。当环境温度低于5℃进行试验时，要采用人工加温，维持水温在5℃以上方可进行。试验时，容器充满水，彻底排尽空气，然后，用水压机逐步增大容器内的静水压力，压力的大小按产品的工作性质而定，一般为工作压力的1.25～1.5倍。在高压下持续一定的时间以后，再将压力降至工作压力，并沿焊缝边缘15～20mm的地方用0.4～0.5kg的圆头小锤轻轻敲击，同时对焊缝仔细检查，当发现焊缝有水珠、细水流或潮湿时就表示该焊缝处不致密，应当把它标示出来，这样的产品应评为不合格，作返修处理。如果产品在试验压力下，关闭了所有进、出水的阀门，其压力值保持一定时间不变，也未发现任何缺陷，则产品评为合格。水压试验如图2-113所示。

图2-113　水压试验

（2）气压试验 气压试验和水压试验一样，是检测在一定压力下工作的容器和管道的焊缝致密性的。气压试验比水压试验更为灵敏和迅速。同时试验后的产品不用排水处理，对于排水困难的产品尤为适用。但是，试验的危险性比水压试验大，所以进行试验时，必须遵守相应的安全技术措施，以防试验过程中发生事故。气压试验如图2-114所示。

图2-114 气压试验

2. 致密性试验

贮存液体或气体的焊接容器，其焊缝的不致密缺陷，如贯穿性的裂纹、气孔、夹渣、未焊透以及疏松组织等，可用致密性试验来发现。致密性试验包括煤油试验、载水试验、吹气试验、水冲试验、氨气试验和氦气试验等。

（1）煤油试验 煤油试验是致密性检查最常用的方法，常用于检查敞口的容器，如贮存石油、汽油的固定储罐和其他同类型的产品。

用这种方法进行检测时，在比较容易修补和发现缺陷的一面，将焊缝涂上白垩粉水溶液，干燥后，将煤油仔细地涂在焊缝的另一面上。由于煤油黏度和表面张力很小，渗透性很强，具有透过极小的贯穿性缺陷的能力，当焊缝上有贯穿性缺陷时，煤油就能渗透过去，并且在白垩粉涂过的表面上显示出明显的浊斑点或条带状油迹。时间一长，它们会渐渐散开成为模糊的斑迹。为了精确地确定缺陷的大小和部位，检查工作要在涂覆煤油后立即开始，发现油斑就及时将缺陷标出。

检查的持续时间和焊件板厚、缺陷的大小及涂覆煤油量有关，板越厚时间越长，缺陷较小时间也要长些，一般为15~20min。如果在规定的时间内，焊缝表面上并未出现油斑，检查的焊缝被评为合格。

（2）载水试验 载水试验常用来检测较浅的不承受压力的容器或敞口容器，

如船体、水箱等。进行这个试验时，将容器的全部或一部分充满水，观察焊缝表面是否有水渗出。如果没有水渗出，该容器的焊缝视为合格。这一方法需要较长的检测时间。

（3）氨气试验　氨气试验是将容器的焊缝表面用5%硝酸汞水溶液浸过的纸带盖严实，在容器内加入含1%（在常压下的体积含量）氨气的混合气体，加压至容器的设计承受压力值时，如果焊缝有不致密的地方，氨气就透过焊缝，并作用到浸过硝酸汞的纸上，使该处形成黑色的图斑。根据这些图斑，就可以确定焊缝的缺陷部位。封闭容器和敞口容器都可以采用这一试验。实验所得的硝酸汞纸带可作为判断焊缝质量的文件证据。用浸过同样溶液的普通医用绷带也可代替纸带。绷带的优点是洗净后可以再用。这种方法比较准确、迅速和经济，同时可在低温下检测焊缝的致密性。

四、破坏性检测

焊接生产中的破坏性检测是指测定焊接接头及焊缝金属的力学性能、化学成分及金相组织等检测项目。少数批量生产的压力容器，往往要抽取少量产品做破坏性试验以验证其极限耐压能力，这也属于破坏性检测的范畴。

1. 焊缝的力学性能试验

（1）材料的拉伸试验　由于试验的对象不同，拉伸试样的形式各异。钢板和板件的对接接头试样为板状；大直径管材和其对接接头的试样则从管子上切取一部分作试样，故横截面呈圆弧状；小直径管子则可直接用整根管子作试样；焊缝和熔敷金属的试样则从焊缝金属或熔敷金属中切出并加工成圆形试样等。图2-115所示为拉伸试验设备与拉伸试样。

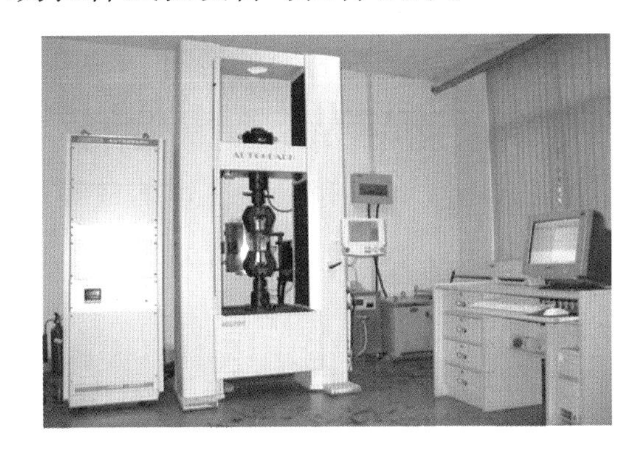
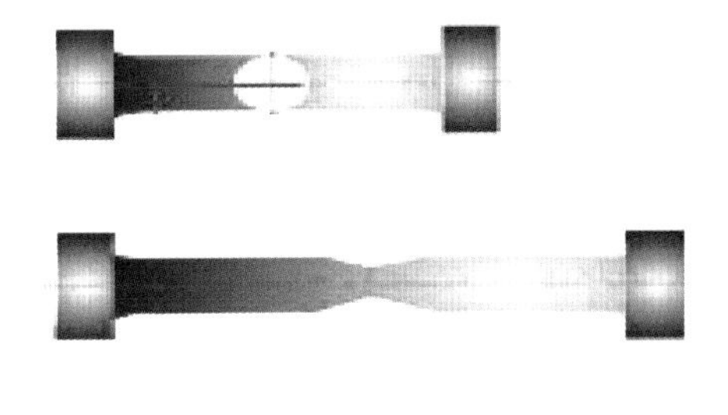

图2-115　拉伸试验设备与拉伸试样

（2）材料的冲击试验

1）试样的切取方向。冲击韧度的大小与取样的长度方向有关。这是因为钢板在轧制时所形成的晶粒纤维方向而造成材料各向异性所致。因而冲击试样有横向和纵向之分。试样长度方向与轧制方向垂直为横向试样；二者平行则为纵向试样。对于同一块钢板上切取的试样，横向试样的质变比纵向试样要低。

2）试样的缺口形式。冲击试样有U型缺口和V型缺口之分，从同一块试板上制备的两种缺口试样比较，U型缺口的冲击韧度性能指标高于V型缺口。究竟试样按哪一种缺口形式加工，也是由被检钢材所遵循的技术标准为准。图2-116所示为冲击试验机与冲击试样。

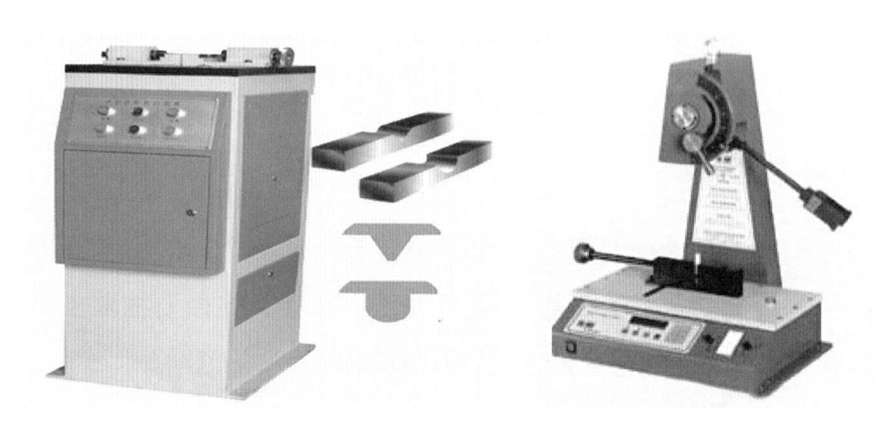

图2-116　冲击试验机与冲击试样

3）焊接接头的冲击试验。各种焊接试板所作的冲击试验都是针对焊接接头的。这项试验是为了测定焊接接头的冲击性。由于目的是检测焊接接头抗冲击载荷的能力，故试样的取样方向受缺口轴线应当垂直于焊缝表面的限制，缺口位置可以开在焊缝上、熔化线或热影响区上，其中开在热影响区的缺口轴线至试样轴线与熔合线交点的距离由产品的技术条件规定，因为热影响区的大小与材料的性质、焊接方法与规范有关，只能根据具体情况确定，原则上应是缺口尽可能地通过热影响区。

（3）弯曲试验　弯曲试验是一项工艺性能试验。许多焊接件在焊前或焊后要经过冷变形加工，材料或焊接接头能否经受一定的冷变形加工，就要通过冷弯试验加以验证。在许多材料与试板的检测项目中都列有冷弯试验。通过冷弯试验，可检测材料或焊接接头受拉面上的塑性变形能力及缺陷的显示能力。

试验过程是将按规定制作的试样支持在压力机或万能材料试验机上，在规定的支点间距上用一定直径的弯心对试样施力，使其弯曲到规定的角度，然后卸除试验力，检查试样承受冷变形能力。弯曲试验设备如图 2-117 所示。

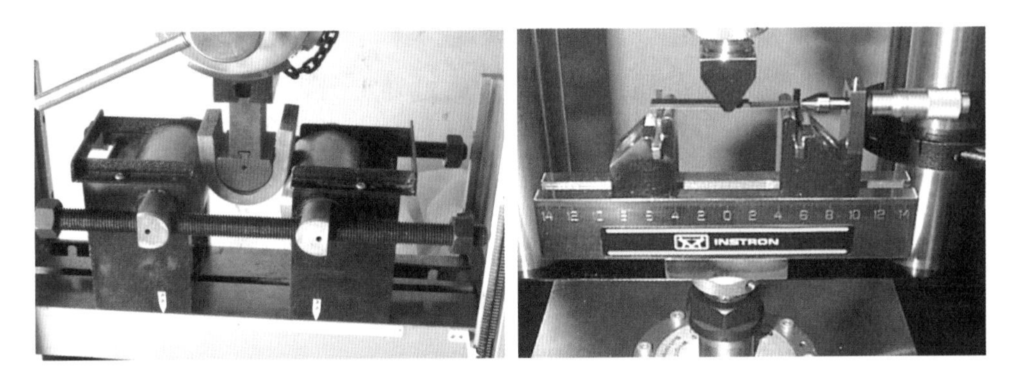

图 2-117 弯曲试验设备

2. 金相检验

焊接接头的金相检验是通过对焊接接头截面中焊缝金属和热影响区的宏观和微观组织观察，分析焊接接头的组织状态及微小缺陷、夹杂物、氢白点的数量及分布情况，进而分析焊接接头的性能，为选择调整焊接或热处理规范提供依据。金相检测器材如图 2-118 所示。

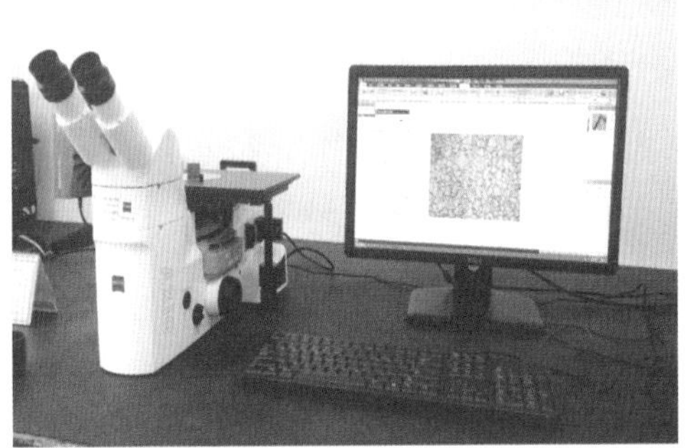

图 2-118 金相检测器材

3. 焊接接头的化学成分分析

（1）原材料及焊接材料的复检 对于高压压力容器国家规定金属材料的化学成分是必须复检的项目。当制造单位对材料化学成分有怀疑时也应该复检。

（2）耐蚀堆焊层的工艺评定 在某些高温、高压、强腐蚀条件下工作的石油化工设备，内表面要采用带极堆焊的方法衬上一层耐腐蚀材料。耐腐蚀堆焊工艺评定的检测项目之一就是用化学分析的方法确定堆焊层的组成。

（3）估计奥氏体不锈钢焊缝中的铁素体含量 在部分牌号奥氏体不锈钢的焊接中，要求焊缝具有奥氏体加少量铁素体的双相组织，其中铁素体的体积分数在

3%～8%较为适宜，由于在奥氏体不锈钢中，镍是促进形成奥氏体的元素，铬是促使形成铁素体的元素，其他元素则或者形成奥氏体，或者形成铁素体，将其含量换算成相当于镍或铬含量的质量分数，最后可确定出镍当量和铬当量。

（4）用于缺陷原因分析　焊接结构如发生一些不允许存在或超过质量要求的缺陷，则可能是焊接材料本身包括母材和填充金属存在某种问题，也可以从成分分析着手，找出原因。

思政元素

“时代楷模”黄文秀的先进事迹。黄文秀研究生毕业后，放弃大城市的工作机会，毅然回到家乡。她带领村干部和群众，深入研究、挖掘百坭村的资源优势，学经验、找路子，大力发展杉木、八角、砂糖橘、枇杷等特色种植产业，千方百计拓宽群众增收渠道。全村的杉木种植面积从8000多亩发展到2万多亩，八角种植面积从600多亩发展到1800多亩，砂糖橘种植面积从1000多亩发展到2000亩。仅砂糖橘2018年就销售了4万多斤，销售额22万元。同时，她联络母校师生来村里开展支教，为筹办百坭村幼儿园多方奔走；开展文明家庭评比、村规民约吟诵等活动，丰富群众的精神文化生活，激发群众的脱贫内生动力。在黄文秀这位第一书记的带领下，百坭村经过努力，贫困率从22.88%降至2.71%，88户418人顺利脱贫，村集体经济收入实现增收6.38万元，还获得了2018年度百色市“乡风文明”红旗村荣誉称号。黄文秀在脱贫攻坚第一线倾情投入、奉献自我，用美好青春诠释了共产党人的初心使命，谱写了新时代的青春之歌。

五、无损检测方法

1. 射线检测

射线检测是利用射线可以穿透物质和在物质中有衰减的特性来发现其中缺陷的一种无损检测方法。它可以检查金属和非金属材料及其制品的内部缺陷，如焊缝中的气孔、夹渣、未焊透等体积性缺陷。常用的检测射线有：X射线、γ射线、高能X射线等。射线探伤的性质为：不可见，以光速直线传播；不带电，不受电场和磁场的影响；具有可穿透可见光不能穿透的物质如骨骼、金属等的能力，并且在物质中有衰减的特性；可以使物质电离，能使胶片感光，也能使某些物质产生荧光；能起生物效应，伤害和杀死细胞。

射线检测数字化介绍

（1）射线检测的基本原理　射线检测的实质是：射线在穿透物质过程中，因吸收和散射而使强度衰减，衰减程度取决于穿透物质的衰减系数和穿透物质的厚度。如果被透照工件内部存在缺陷，且缺陷介质与被检工件对射线衰减程度不同，会使得透过工件的射线产生强度差异，使胶片的感光程度不同，经暗室处理后底片上有缺陷的部位黑度较大，检测人员可凭此判断缺陷的情况。

（2）射线检测的特点　射线检测主要用于检测各种熔焊方法的对接接头，特殊情况下也可检测角焊缝和其他特殊结构件，还可检测铸钢件，但不适宜钢板、钢管、锻件的检测。射线照相法能够较准确地判断缺陷的性质、数量、尺寸和位置，且可以长期保存，但检测成本较高，检测速度较慢，另射线对人体有伤害，检测时需采取必要的防护措施。

（3）射线检测设备　射线检测常用的设备主要有 X 射线机、γ 射线机等，它们的结构区别较大。X 射线机即 X 射线检测机，按其结构形式分为携带式、移动式和固定式三种。携带式 X 射线机多采用组合式 X 射线发生器，体积小，重量轻，适用于施工现场和野外作业的焊件检测；移动式 X 射线机能在车间或实验室移动，适用于中、厚焊件的检测；固定式 X 射线机则固定在确定的工作环境中靠移动焊件来完成检测工作。常用射线检测仪如图 2-119 所示。

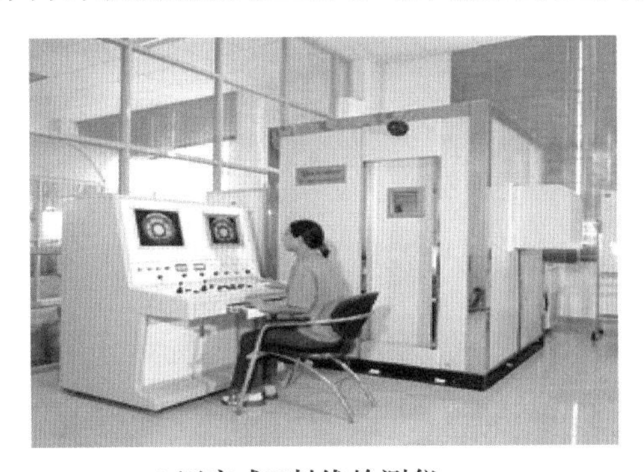

a) 固定式X射线检测仪

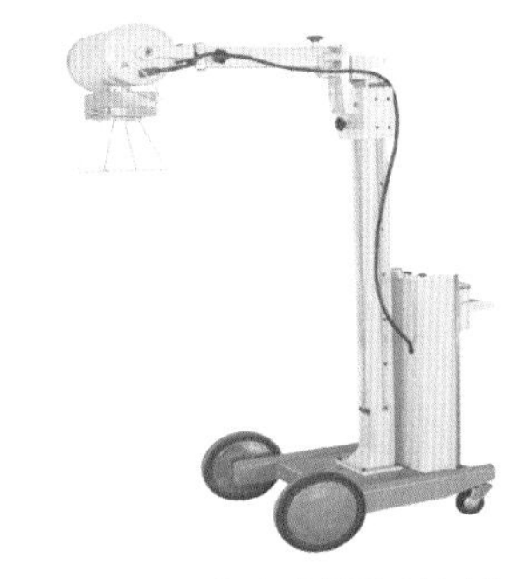

b) 移动式射线检测仪

c) 便携式射线检测仪

d) γ射线机

图 2-119　常用射线检测仪

X 射线机通常由 X 射线管、高压发生器、控制装置、冷却器、机械装置和高压电缆等部件组成。X 射线管是 X 射线机的核心部件，是由阴极、阳极和管套组成的真空电子器件，其结构如图 2-120 所示。

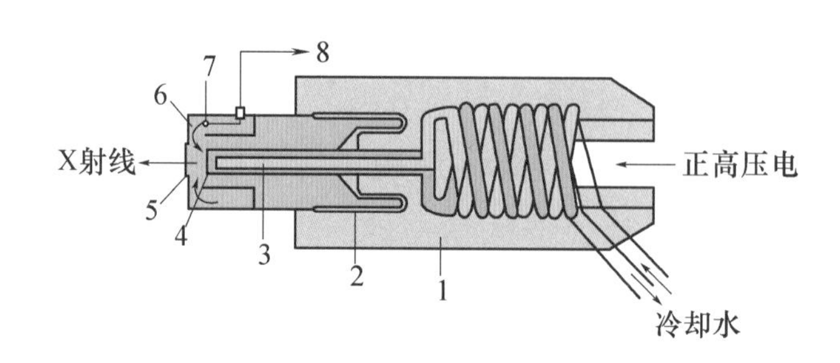

图 2-120　X 射线管结构示意图

1—绝缘油　2—玻璃　3—冷却水　4—靶　5—Be 窗　6—电子束　7—灯丝　8—灯丝电源

（4）射线检测工艺规程　根据现行规范、标准和相关要求制订的正确完成无损检测工作的程序文件，称为无损检测工艺规程。它是无损检测单位质量管理体系中的重要文件，各单位的检测人员必须自觉遵守工艺规程的相关要求。

（5）射线检测透照方式的选择　进行射线检测时，为了彻底地反映焊件接头内部缺陷的存在情况，应根据焊接接头形式和焊件的几何形状合理布置透照方法。

（6）焊缝射线底片的评定　射线底片的评定工作简称评片，由二级或二级以上探伤人员在评片室内利用观片灯、黑度计等仪器和工具进行该项工作。评片工作包括底片质量的评定、缺陷的定性和定量、焊缝质量的评级等内容。

射线照相法检测是通过射线底片上的缺陷影像来反映焊缝内部质量的。底片质量的好坏直接影响对焊缝质量评价的准确性。因此，只有合格的底片才能作为评定焊缝质量的依据。合格的底片应当满足如下指标：黑度值、灵敏度、标识系、表面质量等。焊接缺陷在射线底片上和工业 X 射线电视屏幕上的显示特点见表 2-11。在焊缝射线底片上除上述缺陷影像外，还可能出现一些伪缺陷影像，应注意区分，避免将其误判成焊接缺陷。射线检测底片示例如图 2-121 所示。几种常易发生的伪缺陷影像见表 2-12。

表 2-11 焊接缺陷显示特点

焊接缺陷		射线照相法底片	工业 X 射线电视法屏幕
种　类	名　称		
裂纹	横向裂纹	与焊缝方向垂直的黑色条纹	形貌同左的灰白色条纹
	纵向裂纹	与焊缝方向一致的黑色条纹，两头尖细	形貌同左的灰白色条纹
	放射裂纹	由一点辐射出去的星形黑色条纹	形貌同左的灰白色条纹
	弧坑裂纹	弧坑中纵、横向及星形黑色条纹	位置与形貌同左的灰白色条纹
未熔合和未焊透	未熔合	坡口边缘、焊道之间以及焊缝根部等处伴有气孔或夹渣的连续或断续黑色影像	分布同左的灰色图像
	未焊透	焊缝根部钝边未熔化的直线黑色影像	灰白色直线状显示
夹渣	条状夹渣	黑度值较均匀的呈长条黑色不规则影像	亮度较均匀的长条灰白色图像
圆形缺陷	夹钨	白色块状	黑色块状
	点状夹渣	黑色点状	灰白色点状
	球形气孔	黑度值中心较大边缘较小且均匀过渡的圆形黑色影像	黑度值中心较小，边缘较大，且均匀过渡的圆形灰白色显示
	均布及局部密集气孔	均匀分布及局部密集的黑色点状影像	形状同左的灰白色图像
	链状气孔	与焊缝方向平行的成串并呈直线状的黑色影像	方向与形貌同左的灰白色图像
	柱状气孔	黑度极大的均匀的黑色圆形显示	亮度极高的白色圆形显示
	斜针状气孔（螺孔、虫形孔）	单个或呈人字形分布的带尾黑色影像	形貌同左的灰白色图像
	表面气孔	黑度值不太高的圆形影像	亮度不太高的圆形显示
	弧坑缩孔	指焊末端的凹陷，为黑色显示	呈灰白色图像
形状缺陷	咬边	位于焊缝边缘与焊缝走向一致的黑色条纹	灰白色条纹
	缩沟	单面焊，背部焊道两侧的黑色影像	灰白色图像
	焊缝超高	焊缝正中的灰白色突起	焊缝正中的黑凸起
	下塌	单面焊，背部焊道正中的灰白色影像	分布同左的黑色图像
	焊瘤	焊缝边缘的灰白色突起	黑色突起

（续）

焊接缺陷		射线照相法底片	工业 X 射线电视法屏幕
种 类	名 称		
形状缺陷	错边	焊缝一侧与另一侧的黑色的黑度值不同，有一明显界限	—
	下垂	焊缝表面的凹槽，黑度值高的一个区域	分布同左，但亮度较高
	烧穿	单面焊，背部焊道由于熔池塌陷形成孔洞，在底片上为黑色影像	灰白色显示
	缩根	单面焊，背部焊道正中的沟槽，呈黑色影像	灰白色显示
其他缺陷	电弧擦伤	母材上的黑色影像	灰白色显示
	飞溅	灰白色圆点	黑色圆点
	表面撕裂	黑色条纹	灰白色条纹
	磨痕	黑色影像	灰白色显示
	凿痕	黑色影像	白色显示

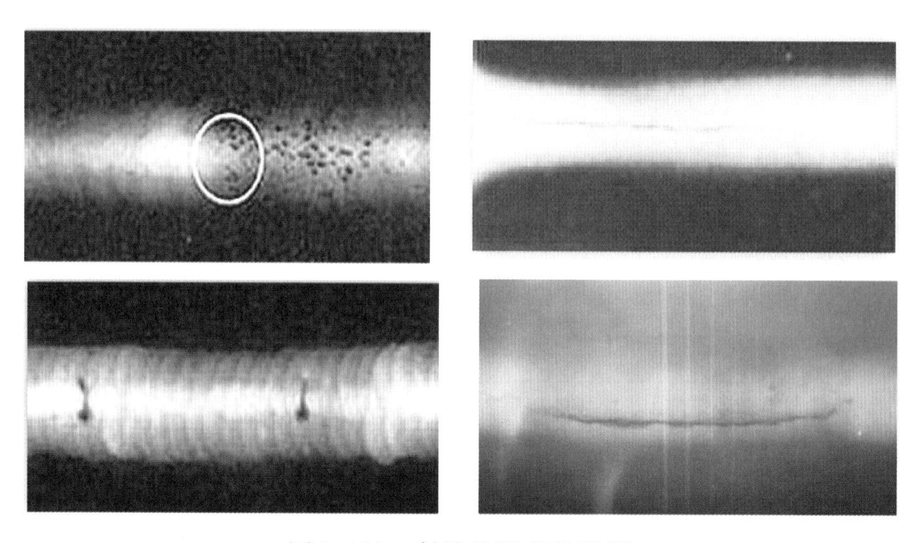

图 2-121 射线检测底片示例

表 2-12 焊缝射线底片上常出现的伪缺陷及其原因

影像特征	可能的原因
细小霉斑区域	底片陈旧发霉
底片角上边缘上有雾	暗盒封闭不严、漏光
普遍严重发灰	红灯不完全，显影液失效或胶片存放不当或过期
暗黑色珠状影像	显影处理前溅上显影液滴
黑色技状条纹	静电感光

（续）

影 像 特 征	可能的原因
密集黑色小点	定影时银粒子流动
黑度较大的点和线	局部受机械压伤或划伤
淡色圆环斑	显影过程中有气泡
淡色斑点或区域	增感屏损坏或夹有纸片，显影前胶片上溅上定影液也会产生这种现象

（7）射线辐射安全防护　所有生命组织的基本单位是细胞，辐射对人体的危害主要是会损伤细胞，它能够破坏细胞的组织结构，直至杀死细胞，使细胞丧失再生的能力；另外还能引起反常方式的细胞再生，引起癌变。

一次射线和二次射线对人体都有损害作用，当射线源移去后，工件不再受辐射作用，但工件本身还会具有辐射能力。受到辐射损害的人体，不会把“损害”传递给别人。

射线辐射有体外辐射和体内辐射，体外辐射来自于人体以外的诸如 X 射线机、γ 射线源等辐射源；体内辐射是由吸入、吞入人体以及闯入人体皮肤的放射性同位素物质造成的。在工业射线照相中，体内辐射是可以避免的。在条件允许的情况下，应尽量增大人体与辐射源之间的距离，尤其是在无屏蔽的室外工作，应充分利用连接电缆的长度达到距离防护的目的。另外一种方法就是屏蔽层，即在人体和射线源之间隔一层吸收物质。射线辐射检测仪如图 2-122 所示。

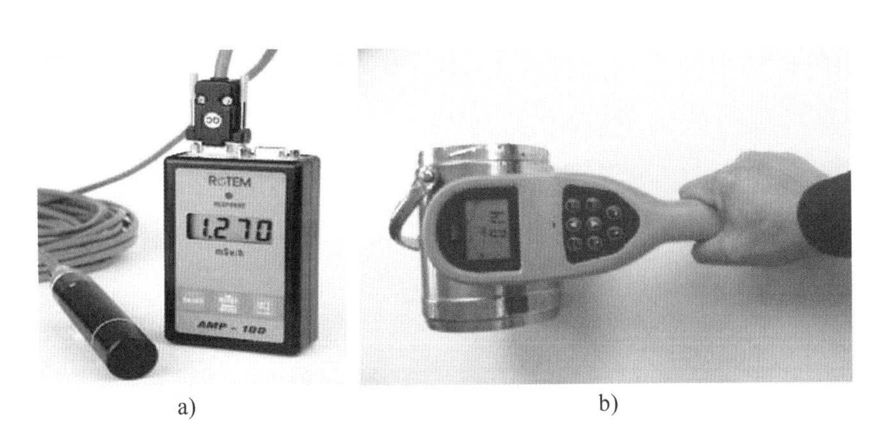

a)　　b)

图 2-122　射线辐射检测仪

2. 超声波检测

超声波检测是利用超声波在物体中的传播、反射和衰减等物理特性来发现缺陷的一种无损检测方法。它可以检查金属材料、部分非金属材料的表面和内部缺陷，如焊缝中裂纹、未熔合、未焊透、夹渣、气孔等缺陷。超声波检测具有灵敏度高、设备轻巧、操作方便、探测速度快、成本低、对人体无害等优点，但对缺陷进行定性和定量的准确判定方面还存在着一定的困难。超声波是频率大于20000Hz的声波，它属于机械波，在金属检测中使用的超声波，其频率为0.5～10MHz，其中以2～5MHz最为常用。

超声波探伤原理基础

（1）超声波检测的原理　在超声波检测中常用的频率为0.5～10MHz，这种机械波在材料中能以一定的速度和方向传播，遇到声阻抗不同的异质界面（如缺陷或被测物件的底面等）就会产生反射。这种反射现象可被用来进行超声波检测，最常用的是脉冲回波检测法，检测时，脉冲振荡器发出的电压加在探头上（用压电陶瓷或石英晶片制成的探测元件），探头发出的超声波脉冲通过声耦合介质（如机油或水等）进入材料并在其中传播，遇到缺陷后，部分反射能量沿原途径返回探头，探头又将其转变为电脉冲，经仪器放大而显示在示波管的荧光屏上。根据缺陷反射波在荧光屏上的位置和幅度（与参考试块中人工缺陷的反射波幅度做比较），即可测定缺陷的位置和大致尺寸。除回波法外，还有用另一探头在工件另一侧接收信号的穿透法。利用超声法检测材料的物理特性时，还经常利用超声波在工件中的声速、衰减和共振等特性。A型脉冲反射式超声波检测仪的原理如图2-123所示。

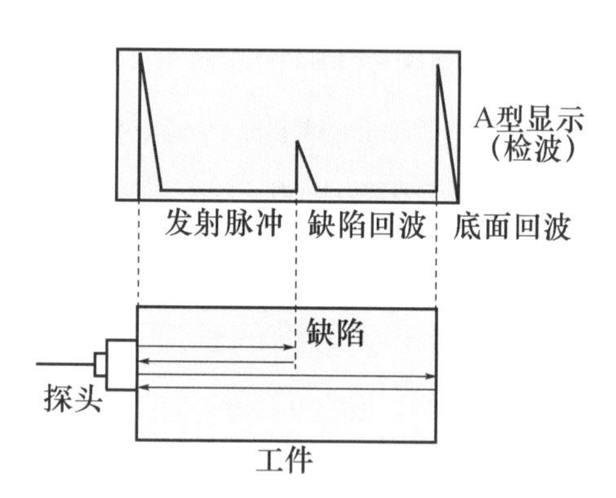

图2-123　A型脉冲反射式超声波检测仪的原理

（2）设备与器材（超声波检测仪、探头与试块）　超声波检测中常用的仪器有超声波检测仪，如图2-124所示，超声波探头如图2-125所示。

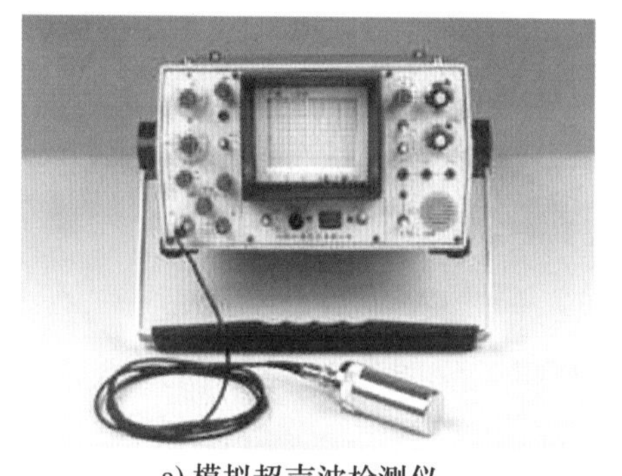
a) 模拟超声波检测仪

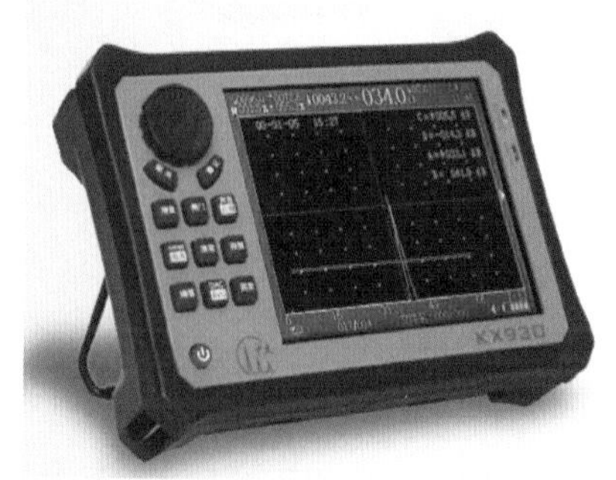
b) 数字超声波检测仪

图2-124　超声波检测仪

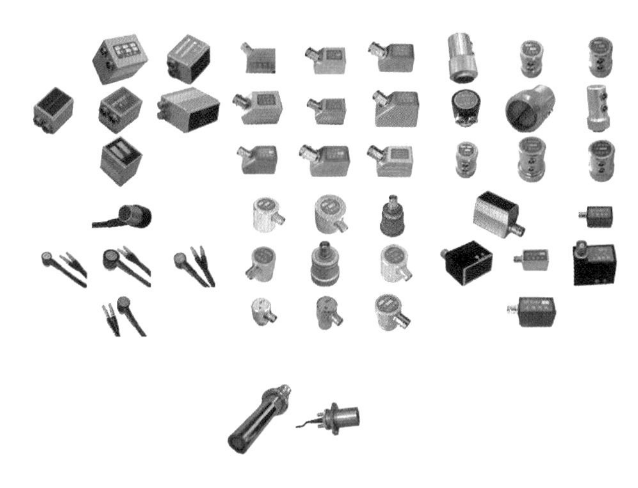

图 2-125 超声波探头

（3）焊缝直接接触法超声波检测　焊缝中缺陷的位置、形状和方向直接影响缺陷的声反射率。超声波探测焊缝的方向越多，波束垂直于缺陷平面的概率越大，缺陷的检出率也越高，评定结果也就越准确。根据对焊缝探测方向的多少，目前把超声波检测划分为三个检验级别：

超声波探伤仪焊缝检测

A 级——检验的完善程度最低，难度系数（$K=1$）最小。适用于普通钢结构检验。

B 级——检验的完善程度一般，难度系数（$K=5\sim6$）较大。适用于压力容器检验。

C 级——检验的完善程度最高，难度系数（$K=10\sim12$）最大。适用于反应性容器与管道等的检验。

（4）缺陷性质的评估

1）气孔。单个气孔回波高度低，波形为单峰，较稳定，当探头绕缺陷转动时，缺陷波高大致不变，但探头定点转动时，反射波立即消失；密集气孔会出现一簇反射波，其波高随气孔大小而不同，当探头做定点转动时，会出现此起彼伏的现象。

2）裂纹。缺陷回波高度大，波幅宽，常出现多峰。探头平移时，反射波连续出现，波幅有变动；探头转动时，波峰有上下错动现象。

3）夹渣。点状夹渣的回波信号类似于点状气孔。条状夹渣的回波信号呈锯齿状，由于其反射率低，波幅不高且形状多呈树枝状，主峰边上有小峰。探头平移时。波幅有变动；探头绕缺陷移动时，波幅不相同。

4）未焊透。由于反射率高（厚板焊缝中该缺陷表面类似镜面反射），波幅均较高。探头平移时，波形较稳定。在焊缝两侧检测时，均能得到大致相同的反射波幅。

5）未熔合。当声波垂直入射该缺陷表面时，回波高度大。探头平移时，波形稳定。焊缝两侧检测时，反射波幅不同，有时只能从一侧探测到。值得注意的是，在焊缝探测中，示波屏上常会出现一些非缺陷引起的反射信号，称之为假信号。如探头杂波、仪器杂波、耦合反射、焊角反射、咬边反射、沟槽反射、焊缝错位和上下宽度不一等情况均可能引起假信号。产生的主要原因是焊缝成形结构和仪器灵敏度过高。识别时应当注意区分。

（5）焊缝质量的评定　焊缝质量常采用距离－波幅曲线来评定。超过评定线的缺陷信号应注意其是否具有裂纹等危害性缺陷特征，如有怀疑应改变探头角度，增加检测面，观察动态波形，结合工艺特征做出判断或辅以其他检验方法做出综合判定。

磁粉探伤机探伤原理

3. 磁粉检测

（1）原理　铁磁性材料制成的工件被磁化后，工件就有磁力线通过。如果工件本身没有缺陷，磁力线在其内部是均匀连续分布的。但是，当工件内部存在缺陷时，如裂纹、夹杂、气孔等非铁磁性物质，其磁阻非常大，磁导率低，必将导致磁力线的分布发生变化。缺陷处的磁力线不能通过，将产生一定程度的弯曲。当缺陷位于或接近工件表面时，则磁力线不但在工件内部产生弯曲，而且还会穿过工件表面漏到空气中形成一个微小的局部磁场，如图2-126所示。

（2）磁粉检测的材料

1）磁粉的种类。检测用磁粉是铁的氧化物，研磨后成为细小的颗粒经筛选而成，粒度150～200目（0.1～0.07mm），它可分为黑磁粉、红磁粉、白磁粉和荧光磁粉等。

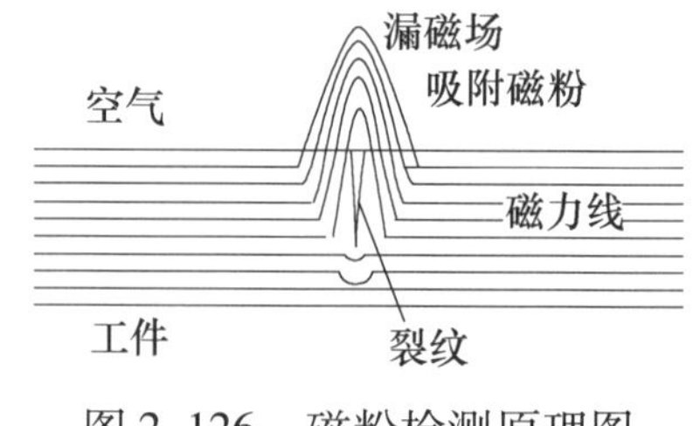

图2-126　磁粉检测原理图

黑磁粉是一种黑色的 Fe_3O_4 粉末。黑磁粉在浅色工件表面上形成的磁痕清晰，在磁粉检测中的应用最广。

红磁粉是一种铁红色的 Fe_2O_3 粉末，具有较高的磁导率。红磁粉在对钢铁材料及工件表面颜色呈褐色的状况下进行检测时，具有较高的反差。

白磁粉是由黑磁粉 Fe_3O_4 与铝或氧化镁合成而制成的一种表面呈银白色或白色的粉末。白磁粉适用于黑色表面工件的磁粉检测，具有反差大、显示效果好的特点。

荧光磁粉是把荧光物质、磁粉和明胶按一定比例配成的胶体混合物，用机械方法复合制成。这种磁粉在暗室中用紫外线照射能产生较亮的荧光，所以适合于各种工件的表面检测，尤其适合深色表面的工件，具有较高的灵敏度。检测常用的磁粉和磁膏如图 2-127 所示。

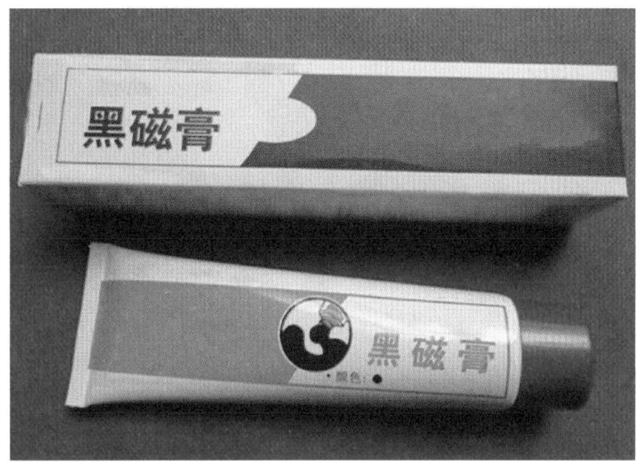

图 2-127　磁粉和磁膏

2）磁粉的性能。磁粉的性能包括磁性、粒度、颜色、悬浮性等。

3）磁悬液。将磁粉混合在液体介质中形成磁粉的悬浮液，简称磁悬液。用来悬浮磁粉的液体叫分散剂或称载液。在磁悬液中，磁粉和载液是按一定比例混合而成的。根据采用的磁粉和载液的不同，可将磁悬液分为油基磁悬液、水基磁悬液和荧光磁悬液等。

根据采用的磁粉和载液的不同，可将磁悬液分为油基磁悬液、水基磁悬液和荧光磁悬液。

（3）磁粉检测设备简介　磁粉检测设备由磁粉检测机、测磁仪器及质量控制仪器等组成，其主要设备是磁粉检测机（图 2-128）。

（4）磁粉检测的过程　磁粉检测的过程包括：预处理、磁化、施加磁粉、检验、记录以及退磁。

便携式直流磁粉探伤机操作演示

（5）焊接缺陷的判断和焊缝等级的确定

1）缺陷的磁痕。包括裂纹、发纹、条状夹杂物、气孔和点状夹杂物。

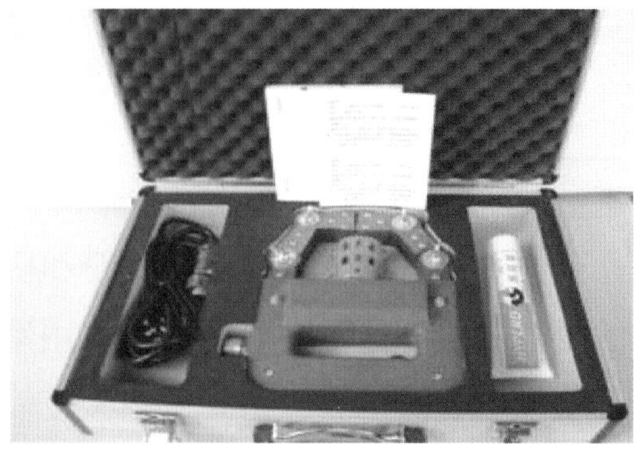

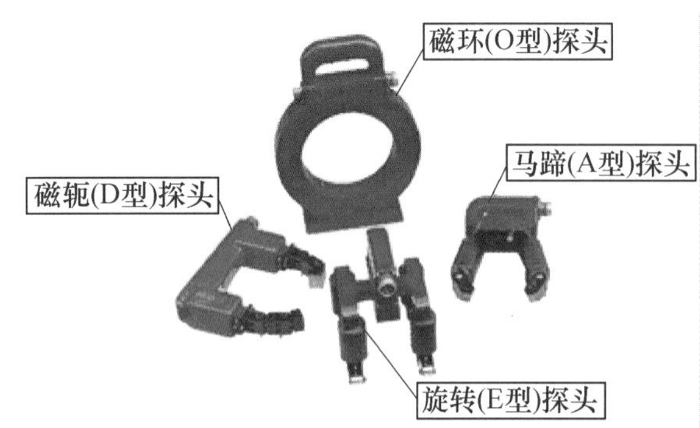

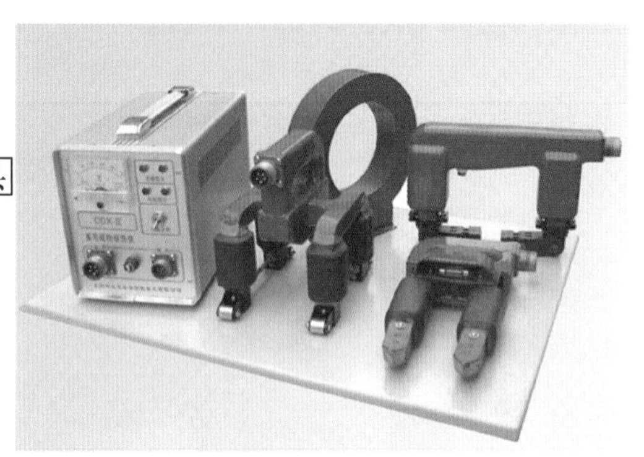

图 2-128 磁粉检测机

① 裂纹。裂纹的磁痕轮廓较分明，对于脆性开裂多表现为粗而平直，对于塑性开裂多呈现为一条曲折的线条，或者在主裂纹上产生一定的分叉，它可连续分布，也可以断续分布，中间宽而两端较尖细。

② 发纹。纹的磁痕呈直线或曲线状短线条。

③ 条状夹杂物。条状夹杂物的分布没有一定的规律，其磁痕不分明，具有一定的宽度，磁粉堆积比较低而平坦。

④ 气孔和点状夹杂物。气孔和点状夹杂物的分布没有一定的规律，可以单独存在，也可密集成链状或群状存在。磁痕的形状和缺陷的形状有关，具有磁粉聚积比较低而平坦的特征。

2）非缺陷的磁痕。焊件由于局部磁化，截面尺寸突变，磁化电流过大以及焊件表面机械划伤等会造成磁粉的局部聚积而造成误判，可结合检测时的情况予以区别。

3）缺陷痕迹的判断。在对缺陷的磁痕进行检验和分析后，确定为缺陷磁痕的，应当进行质量评定，并按国家标准验收，以决定产品是否合格，例如机械行业磁粉检测规范见表 2-13。

表 2-13 磁粉检测焊缝最大允许的缺陷尺寸及等级 （单位：mm）

<table>
<tr><th rowspan="2">工作厚度 T</th><th colspan="3">线 性 显 示</th><th colspan="3">圆 形 显 示</th></tr>
<tr><th>Ⅲ级</th><th>Ⅰ级</th><th>Ⅱ级</th><th>Ⅲ级</th><th>Ⅰ级</th><th>Ⅱ级</th></tr>
<tr><td>$T<16$</td><td rowspan="3">0</td><td rowspan="3">≤1.6</td><td>≤2.4</td><td rowspan="3">0</td><td>≤3.2</td><td>≤4.8</td></tr>
<tr><td>$16≤T≤50$</td><td>≤3.2</td><td rowspan="2">≤4.8</td><td rowspan="2">≤6.4</td></tr>
<tr><td>$T>50$</td><td>≤4.8</td></tr>
</table>

4. 渗透检测

渗透检测是在被检焊件上浸涂可以渗透的带有荧光的或红色的染料，利用渗透剂的渗透作用，显示表面缺陷痕迹的一种无损检测方法。该法具有操作简单、成本低廉、不受材料性质的限制等优点，广泛应用于各种金属材料和非金属材料构件的表面开口缺陷的质量检验。由于渗透检测只能检测表面开口缺陷，所以，一般应当和其他无损检测方法配合使用才能最终确定缺陷性质。

发动机内部紫外荧光 UV 渗透检测方案

（1）渗透检测的原理 当被检焊件表面涂覆了带有颜色或荧光物质且具有高度渗透能力的渗透液时，在液体对固体表面的湿润作用和毛细作用下，渗透液渗透入焊件表面开口缺陷中，然后，将焊件表面多余的渗透液清洗干净，注意保留渗透到缺陷中的渗透液，再在焊件表面涂上一层显像剂，将缺陷中的渗透液在毛细作用下重新吸附到焊件表面，从而形成缺陷的痕迹，通过直接目视或特殊灯具，观察缺陷痕迹颜色或荧光图像对缺陷性质进行评定，这就是渗透检测的基本原理，如图 2-129 所示。

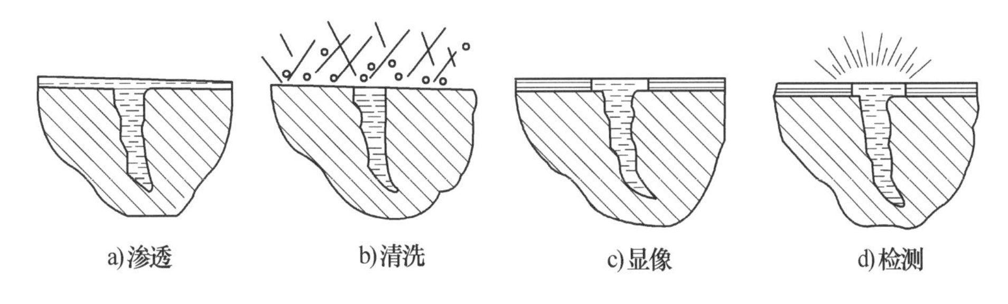

图 2-129 渗透检测原理

（2）渗透检测的常用方法 根据不同的显像方式，则不同的渗透剂及显像剂，常用的渗透检测方法有如下几种。

1）着色渗透检测法。这种检测方法使用的渗透液主要是颜色深的着色物质，通常由红色染料及溶解着色剂的溶剂所组成。而显像剂则为含有吸附性强的白色颗粒状的悬浮液组成。通过白色显像剂所吸附的红色渗透剂，显现出对比度明显的色彩图像，能直观地反映出缺陷的部位、形态及数量。

2）荧光渗透检测法。这种检测方法是使用含有荧光物质的渗透剂，经清洗后保留在缺陷中的渗透液被显像剂吸附出来。用紫外光源照射，使荧光物质产生波长较长的可见光，在暗室中对照射后的焊件表面进行观察，通过显现的荧光图像来判断缺陷的大小、位置及形态。

3）水洗型渗透检测法。这种检测方法以水为清洗剂，渗透剂以水为溶剂，或者在渗透剂中加有乳化剂，使非水溶性的渗透剂发生乳化作用而具有水溶性。也可以在渗透剂中直接加入乳化剂，而使渗透剂具有水溶性。

4）溶剂去除渗透检测法。自乳化型渗透剂有灵敏度不足的缺点，使用溶剂作为清洗剂可避免上述问题。由于清洗使用的溶剂主要是各种有机物，它们具有较小的表面张力系数，对固体表面有很好的润湿作用，因此有很强的渗透能力。但如操作不当，很容易浸入缺陷内部，将渗透液冲洗出来，或者降低了着色物的浓度，使图像色彩对比度不足而造成漏检。当在检测工作量不大且现场又无水源、电源时，作为一种便携式的检测手段，可以随时随地展开检测工作，是一种较好的方法。

5）干式显像渗透检测法。这种检测方法主要用于荧光渗透剂，用经干燥后的细颗粒干粉可获得很薄的粉膜，对荧光显像有利，可提高检测灵敏度。

6）湿式显像渗透检测法。湿式显像剂是在具有高挥发性的有机溶剂中加入起吸附作用的白色粉末配制而成，这些白色粉末并不溶解于有机溶剂中，而是呈悬浮状态，使用时必须摇晃均匀。为改善显像剂的性能，还要加入一些增加黏度的成分，以限制有机溶剂在吸附渗透液到焊件表面后扩散，防止显现的图像比实际缺陷扩大的假图像，同时为了尽快进行观察，常常采用吹风机进行热风烘吹以加快干燥。

常用的渗透检测剂与观测仪如图2-130所示。

（3）渗透检测的操作步骤 渗透检测的操作步骤较多，检测时各步骤都应给予足够的重视，其操作步骤流程为：前处理→渗透处理→乳化处理→清洗处理→干燥处理→显像处理→检验→后处理。

1）前处理。前处理是向被检焊件表面涂覆渗透剂前的一项准备工作，其目的是彻底清除焊件表面妨碍渗透液渗入缺陷的油脂、涂料、铁锈、氧化皮及污物等附着物。如果是对焊件表面作局部探伤，例如对焊缝或坡口热加工

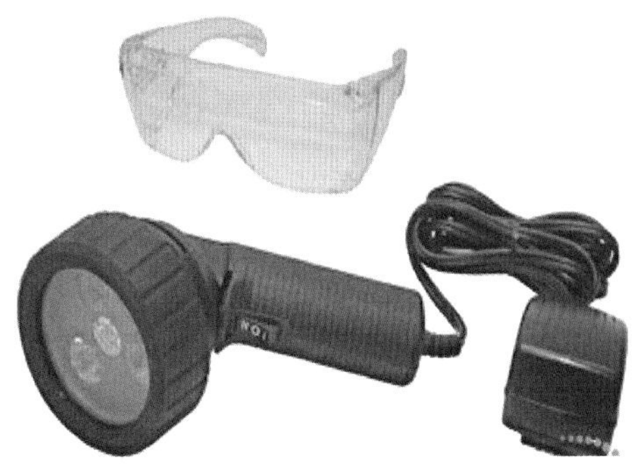

图 2-130　渗透检测剂与观测仪

表面，清除处理的范围应从探伤部位四周向外扩展 25mm 以上。经预清洗后残余的溶剂、清洗剂和水分应充分干燥，并尽快进行下一步操作。如探伤工作量大，则可清洗一段，探伤一段，以避免间隔时间太长造成二次污染。

2）渗透处理。渗透处理时在焊件表面施加渗透液的过程，应根据焊件的数量、尺寸、形状及渗透剂的种类等条件采用不同的渗透方法和渗透时间。在整个渗透过程中要保证渗透液能充分覆盖焊件表面，否则会影响渗透效果。常用的渗透方法有：浸渍法、刷涂法、喷涂法等。

渗透过程是一个扩散过程，渗透所需时间依渗透种类、被检工件的材质、缺陷本身的性质以及被检焊件和渗透液的温度而定。对水洗型渗透剂，无论是水基的还是自乳化型的，由于渗透性能较差，需要的渗透时间就长一些。

3）乳化处理。这一操作步骤是仅对采用后乳化型渗透剂时才必要，因为渗透剂中大多以不溶于水的有机物作为着色剂的溶剂，所以无法直接用水进行清洗，如果用水清洗，则必须先作乳化处理。

4）清洗处理。无论采用何种类型的渗透剂，清洗处理都是必不可少的步骤，其目的是去除附着在被检焊件表面的多余渗透剂。在处理过程中，既要防止处理不足而造成对缺陷识别的困难，同时也要防止处理过度而使渗入缺陷中的渗透剂也被洗去，用荧光渗透剂时，可在紫外线照射下边观察处理程度，边进行操作。

5）干燥处理。干燥有自然干燥和人工干燥两种方式。对自然干燥，主要控制干燥时间不宜太长。对人工干燥，则应控制干燥温度，以免蒸发掉缺陷内的渗透液，降低检验质量。在工作程序上，可能在清洗之后也可能在显像之后进行。

6）显像处理。根据显像剂的使用方式不同，显像处理的操作方法也不同。荧光检测可直接使用经干燥后的细颗粒氧化镁粉作为显像剂即干式显像法，喷洒在被检面上。对小型焊件也可埋入氧化镁粉中，保留一定时间，让显像剂充分吸附缺陷中的渗透剂，最后用压力比较低的压缩空气吹拂掉多余的显像剂即可。

7）显像观察。由于渗透检测是依靠人的视力或辅以 5～10 倍的放大镜去观察，因此要求探伤人员的矫正视力在 1.0 以上，无色盲。对于荧光渗透检测，观察人员应先在暗室中至少停留 5min，以适应环境，然后再观察，被检物表面的照度不得低于 50lx。

8）检测后处理。如果残留在焊件上的显像剂或渗透剂影响以后的加工、使用，或要求重新检验时，应将表面冲洗干净。对于水溶性的探伤剂用水冲洗，或用有机溶剂擦拭。

阅读材料

先进的焊接检验方法介绍

1. 涡流检测

涡流检测是通过测量导电物体在交变磁场中的感应涡流的变化，来对试件进行检测或物理特性判定的一种无损检测方法。将通有交流电的线圈置于待测的金属板上或套在待测的金属管外，如图 2-131 所示。这时线圈内及其附近将产生交变磁场，使试件中产生呈旋涡状的感应交变电流，称为涡流。涡流的分布和大小，除与线圈的形状和尺寸、交流电流的大小和频率等有关外，还取决于试件的电导率、磁导率、形状和尺寸、与线圈的距离以及表面有无裂纹缺陷等。

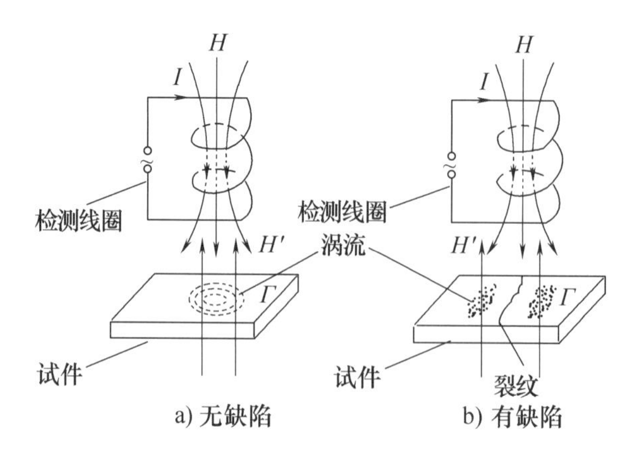

图 2-131　涡流检测原理

按试件的形状和检测目的不同，可采用不同形式的线圈，通常有穿过式、探头式和插入式三种。穿过式线圈用来检测管材、棒材和线材，它的内径略大

于被检物体。使用时使被检物体以一定的速度在线圈内通过，可发现裂纹、夹杂、凹坑等缺陷。探头式线圈适用于对试件进行局部探测。应用时线圈置于金属板、管或其他零件上，可检查飞机起落撑杆内筒上和涡轮发动机叶片上的疲劳裂纹等。插入式线圈也称内部探头，放在管子或零件的孔内用来做内壁检测，可用于检查各种管道内壁的腐蚀程度等。为了提高检测灵敏度，探头式和插入式线圈大多装有磁心。涡流法主要用于生产线上的金属管、棒、线的快速检测以及大批量零件如轴承钢球、气门等的检测（这时除涡流仪器外尚须配备自动装卸和传送的机械装置）、材质分选和硬度测量，也可用来测量镀层和涂膜的厚度。图 2-132 所示为涡流检测示例。

图 2-132　涡流检测示例

2. 红外线检测

物体的热辐射特性主要由物体的温度决定，故又称为温度辐射。物体的温度辐射特性是光学温度传感和光电传感的基础。物体在常温下，发射红外线；当温度升高至500℃左右，便开始发射部分暗红外的可见光；当温度继续升高，物体会向外辐射电磁波，且随着温度的升高其波长会变短。当温度升至1500℃时，便开始发出白色光。所谓白色光，实际上是含有红、橙、黄、绿、青、蓝、紫七种颜色的光。当将一束白色光照射到一个玻璃三棱镜上时，通过三棱镜对不同波长光的折射，就会显现七彩的单色光束。

红外线检测仪是利用红外探测器和光学成像物镜接受被测目标的红外辐射能量分布图形反映到红外探测器的光敏元件上，从而获得红外热像图，这种热像图与物体表面的热分布场相对应。通俗地讲，红外热像仪就是将物体发出的不可见红外能量转变为可见的热图像。热图像上面的不同颜色代表被测物体的不同温度。用亮表示温度高，暗表示温度低，或用暖色和冷色表示温度高低。红外线位于电磁光谱中的一段，是肉眼看不见的。热力学零度以上的所有物体均会以红外线的形式辐射热能到环境中。红外线检测仪如图2-133所示。

图2-133　红外线检测仪

思考与练习

1. 外观检验的主要内容为哪些？
2. 常用的无损检测方法有哪些？其原理分别是什么？
3. 射线检测的设备有哪些？其主要技术参数是什么？
4. 简述超声波检测中常见缺陷的回波特征。
5. 常见缺陷有哪些磁痕特征？

第六章

瑕瑜互见统筹兼顾——焊接应力与变形

[学习目标]

1. 了解焊接应力及变形的危害。
2. 熟悉焊接应力及变形产生的原因。
3. 掌握焊接应力及变形的控制方法。

思政元素

习总书记在学校思想政治理论教师座谈会上强调，“青少年阶段是人生的‘拔节孕穗期’，需要精心引导和栽培”。社会在进步，竞争也与日俱增，职校生群体正处在精神与身体成长发展的关键时期，对事物认知并不成熟，面对的压力也是不可言说的。

事件超出了可以控制的情绪，便产生了压力。焊接应力是焊接理论研究课题之一，与之对应，职校生的压力与金属产品的焊接应力有异曲同工之妙，两者都会对宿主产生严重的影响。通过学习，焊接技术人员要通过技术手段释放焊接应力；职校生也应当通过哲学知识，排解自身压力，努力学习社会主义核心价值观，为实现中华民族伟大复兴而奋斗。

一、焊接应力和变形产生的原因及引起的危害

物体受到外力作用时，在内部横截面上产生内力，其大小与外力相等。物体单位横截面积所受的内力称为应力。

焊接构件由焊接而产生的内应力称为焊接应力。按作用的时间可分为焊接瞬

时应力和焊接残余应力。焊接瞬时应力是焊接过程中某一瞬时的焊接应力，它随着时间而变化。焊接残余应力是焊后残留在焊件内的焊接应力。

金属受到外力作用时，要产生变形。外力作用时产生的变形有弹性变形和塑性变形两种。弹性变形是外力去除后能够恢复的那部分变形。塑性变形是外力去除后不能恢复的那部分变形，也就是永久变形。

焊接变形是焊件由焊接而产生的变形（包括尺寸和形状的改变）。焊后，焊件（或结构）残留的变形称为焊接残余变形，简称焊接变形。

1. 焊接应力和变形产生的原因

在焊接过程中，由于焊件受到局部的、不均匀的加热和冷却，焊接接头各部位金属的热胀冷缩程度不同。在焊缝及其附近金属的温度较高，会发生较大的膨胀，但同时又受到周围低温金属的约束，因此在焊接过程中，焊缝及其附近的金属受到压应力，而周围温度较低的金属受到拉应力。随着温度的升高，焊接高温区的金属所受的压应力会超过材料的屈服强度而产生塑性变形。在焊缝金属冷却收缩时，产生压缩塑性变形的部分发生小于原来尺寸的收缩，使焊件产生横向或纵向的缩短，引起焊后材料的各种变形。而发生缩短变形的金属要受到周围温度低、塑性变形小的金属约束，阻碍其缩短，使焊缝及其极附近的金属受拉，而周围的金属受压。

因此，焊接过程中对焊件局部的、不均匀的加热是产生焊接应力和变形的根本原因。由于焊件是一个整体，各部分相互联系、相互制约，在焊缝及其附近金属的收缩使焊件产生了各种不均匀的塑性变形，而焊件体积的变化受到周围没有发生组织转变的金属约束，从而在焊接接头内产生了焊接组织应力。

2. 焊接残余应力对焊件的危害

1）焊接残余应力会引起热裂纹和冷裂纹的产生。

2）焊接残余应力促使接触腐蚀介质的结构在使用时易发生应力腐蚀，产生应力腐蚀裂纹，并导致低应力脆断。

3）在结构应力集中部位、焊接缺陷较多的部位、结构刚性拘束较大的部位，存在拉伸应力会降低结构使用寿命，并易导致低应力脆断的发生。

4）有较大焊接残余应力的结构，在长期使用中，由于残余应力逐渐松弛、衰减，会产生一定程度的变形。有焊接残余应力的构件，在机械加工之后，原来平衡的应力状态改变，导致构件形状在切削加工后形状发生变化，影响到加工的精度及尺寸的稳定性。

5）对厚壁结构，焊接接头区及立体交叉焊缝交汇处等部位，由于三向应力的存在，会使材料的塑性变形能力降低，从而降低结构的承载能力。

3. 焊接残余变形的危害

1）降低结构形状尺寸精度和美观。

2）矫正变形要降低生产率，增加制造成本，并且降低焊接接头的性能。

3）焊接变形中产生的角变形、波浪变形及弯曲变形等在外载作用下会引起应力集中和附加应力，使结构的承载能力下降。

4）构件在焊后产生的焊接变形，降低了整体结构的组对装配质量，甚至发生强力组装，从而影响到焊接的质量。

二、焊接应力的分类与控制

1. 焊接残余应力的分类

（1）按应力产生的原因分类

1）热应力。焊接是不均匀加热和冷却的过程，焊件内部主要由于受热不均匀、温度差异所引起的应力，称为热应力，又称温度应力。

2）拘束应力。主要由于结构本身或外加拘束作用而引起的应力，称为拘束应力。

3）相变应力。主要由于焊接接头区产生不均匀的组织转变而引起的应力，称为相变应力，又称组织应力。

4）氢致集中应力。主要由于扩散氢聚集在显微缺陷处而引起的应力，称为氢致集中应力。

（2）按应力在空间的方向分类　可分为单向应力、双向应力和三向应力，如图 2-134 所示。

1）单向应力。在焊件中沿一个方向存在的应力，称为单向应力，又称线应力。例如，焊接薄板的对接焊缝及在焊件表面上堆焊时产生的应力。

2）双向应力。作用在焊件某一平面内两个互相垂直的方向上的应力，称为双向应力，又称平面应力。它通常发生在厚度为 15～20mm 的中厚板焊接结构中。

3）三向应力。作用在焊件内互相垂直的三个方向的应力，称为三向应力，又称体积应力。例如，焊接厚板的对接焊缝和互相垂直的三个方向焊缝交汇处的应力。

2. 减小焊接应力的措施

在结构设计和焊接方法确定的情况下，通常采用工艺措施来减小焊接应力。

（1）采用合理的焊接顺序和方向

1）应尽量使焊缝的纵向收缩和横向收缩比较自由，不受到较大的拘束。例如，图2-135所示的钢板拼接，应先焊错开的短焊缝，后焊直通的长焊缝，使焊缝有较大的横向收缩自由。焊对接长焊缝时，采用由中央向两端施焊法，焊接方向指向自由端，使焊缝两端能较自由地收缩。分段退焊法虽能减小焊接变形，但焊缝横向收缩受阻较大，焊接应力也较大。

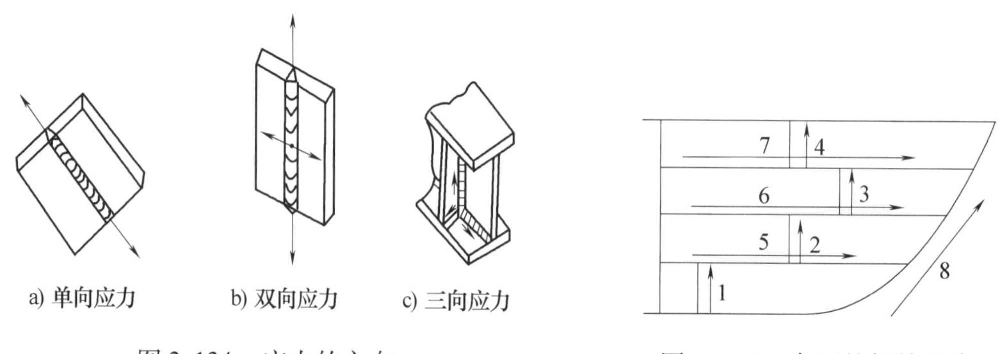

图2-134　应力的方向

图2-135　合理的焊接顺序

2）应先焊结构中收缩量最大的焊缝。因为先焊的焊缝收缩时受阻最小，故焊接应力也较小。例如，结构上既有对接焊缝也有角接焊缝时，应先焊对接焊缝，因为对接焊缝的收缩量比角焊缝大。

（2）采用较小的焊接热输入　小热输入可以减小不均匀加热区的范围及焊缝收缩量，从而减小焊接应力。采用较小热输入和合理的焊接操作方法，对减小焊接应力有一定的效果。例如，采用多层多道焊、小电流快速不摆动焊法代替单道焊、大电流慢速摆动焊法等。

（3）采用整体预热法　焊件内由焊接加热引起的温差越大，焊接残余应力也越大。整体预热可以减小焊接接头区与结构整体温度之间的差别，使加热和冷却时不均匀膨胀和收缩有所减小，从而使不均匀塑性变形尽可能减小，达到减小焊接应力的目的。预热温度越高，则焊接应力越小。预热法通常用于低合金高强度结构钢的焊接，不适用于不锈钢的焊接。

（4）锤击法　焊接每条焊道之后，用一定形状的小锤迅速均匀地轻敲焊缝金属，使其横向有一定的展宽，这样可以减小焊接变形，还可以减小焊接残余应力。利用锤击焊缝来减小焊接残余应力是行之有效的方法，应力可减小1/4～1/2。

多层多道焊时，第一层不锤击，以防止产生根部裂纹；最后一层也不锤击，以免影响焊缝表面质量。

3. 消除焊接残余应力的方法

（1）热处理法　通过消除应力退火或高温回火的焊后热处理方法，利用高温时金属材料屈服强度下降和蠕变现象来松弛焊接残余应力。所谓蠕变现象是指金属材料在高温下强度较低，当受一定应力作用时，发生变形量随时间而逐渐增大的现象。生产中有整体热处理和局部热处理两种。局部热处理只对焊缝及其附近的局部区域进行热处理。

消除应力退火（或者说高温回火）是将构件缓慢地均匀加热到一定温度（对于碳钢和低合金钢为600～650℃），然后保温一段时间，最后随炉冷却或冷却到300～400℃后出炉在空气中冷却。消除应力退火一般消除残余应力80%以上。局部高温回火消除应力的效果不及整体热处理。高温回火是生产中应用最广泛的行之有效的消除残余应力的方法。同一种金属材料，回火温度越高，保温时间越长，残余应力就消除得越彻底。

对于有回火脆性的材料或有再热裂纹倾向的材料，选择的加热温度要避开回火脆性温度或产生再热裂纹的温度。例如，含钒低合金钢在600～620℃回火后，塑性、韧性下降，因此回火温度选550～560℃。

（2）振动法　在结构中拉伸残余应力区施加振动载荷，使振源与结构发生稳定的共振。利用稳定共振所产生的变载应力，使焊接接头拉伸残余应力区产生塑性变形，从而松弛焊接残余应力。试验证明，当变载荷达到一定数值，经过多次循环加载后，结构中的残余应力逐渐降低。

（3）机械拉伸法　对焊接结构进行加载，使焊接接头塑性变形区得到拉伸，可减小由焊接引起的局部压缩塑性变形量，从而消除部分焊接残余应力。机械拉伸消除残余应力对一些焊接压力容器特别有意义。因为这些容器焊后通常都要进行水压试验，水压试验的压力均大于容器的工作压力，所以在进行水压试验的同时，对材料进行了一次机械拉伸，消除了部分焊接残余应力。

三、焊接变形的分类与控制

收缩变形

1. 焊接变形的种类

（1）收缩变形　焊接时，工件仅局部受热，温度分布极不均匀。温度较高部分的金属由于受到周围温度较低金属的牵制，不能自由膨胀而产生压缩塑性变形，致使焊接接头焊后冷却过程中发生缩短现象，这种现象叫作收缩变形。沿焊缝长度方向的缩短称为纵向收缩；垂直焊缝方向的缩短称为横向收缩。

（2）弯曲变形　长构件因不均匀加热和冷却于焊后两端挠起的变形，称为弯曲变形，又称挠曲变形。这是由于结构上焊缝布置不对称或断面形状不对称，焊缝的纵向收缩或横向收缩所产生的变形，如图2-136a所示。

角变形

（3）角变形　焊接时由于焊接区沿板材厚度方向不均匀的横向收缩而引起的回转变形称为角变形，如图2-136b所示。一般这是由于焊缝横截面形状沿厚度方向不对称或施焊层次不合理，致使焊缝在厚度方向上横向收缩量不一致所产生的变形。

（4）波浪变形　薄板焊接时，因不均匀加热，焊后构件呈波浪状变形，或由几条相互平行的角焊缝横向收缩产生的角变形而引起的波浪状变形，如图2-136c所示，也称翘曲变形。

（5）扭曲变形　由于装配不良，施焊程序不合理等，焊后构件发生扭曲，称为扭曲变形。产生这种变形的原因与焊缝角变形沿长度上的分布不均匀性及焊件的纵向错边有关。图2-136d所示的变形是因为角变形沿着焊缝上逐渐增大，使焊件扭转。

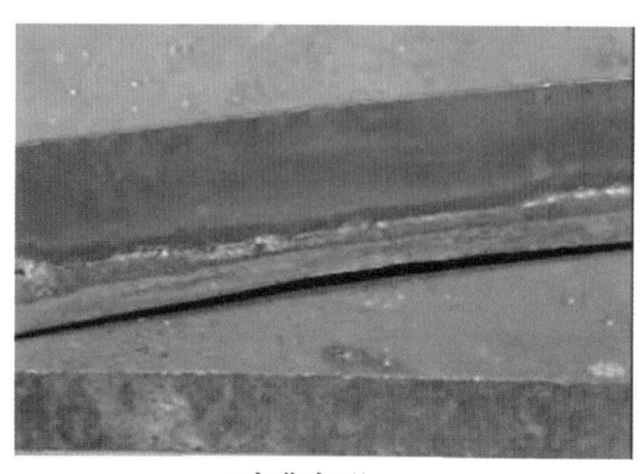
a) 弯曲变形

b) 角变形

c) 波浪变形

d) 扭曲变形

图2-136　焊接变形

此外，焊接变形还有错边变形等。错边变形是两块板材于焊接过程中因刚度或散热程度不等所引起的纵向或厚度方向上位移不一致造成的变形。

2. 控制残余变形常用的工艺措施

（1）反变形法　在焊接前对焊件施加具有大小相同、方向相反的变形，以抵消焊后发生变形的方法，称为反变形法。图 2-137a 所示为反变形法的示例。反变形法需要积累实践经验数据，才能够很好地控制焊接变形。反变形法主要用来减小角变形和弯曲变形。

a) 反变形

b) 刚性固定

图 2-137　控制残余变形的工艺措施

（2）刚性固定法　刚性大的焊件焊后变形一般都比较小。当焊件刚性较小时，利用外加刚性拘束来减小焊件焊后变形的方法称为刚性固定法。刚性固定法用于薄板是很有效的，特别是用来防止由于焊缝纵向收缩而产生的波浪变形更有效。图 2-137b 所示是利用夹具刚性固定防止角变形。刚性固定法焊后的应力大，不适用于容易裂的金属材料和结构的焊接。

（3）选择合理的装焊顺序　尽可能采用整体装配后再进行焊接的方法。对于不能进行整体装配后焊接的大型构件和形状复杂构件，可把结构适当地分成若干部件，分别装配焊接，然后再装配焊接成整体。

合理的焊接方向和顺序是减小焊接变形的有效方法。当结构具有对称布置的焊缝时，应尽量采用对称焊接，并采用相同的焊接参数同时施焊。对不对称的焊缝结构，采用先焊焊缝少的一侧，后焊焊缝多的一侧，使后焊的变形抵消先焊的一侧变形，从而达到总体变形减小的目的。

（4）选择合理的焊接方法和规范　选择热输入较低的焊接规范，可有效地防止焊接变形。例如采用 CO_2 半自动焊来代替焊条电弧焊，可使焊缝热影响区大大减小，不但效率高，而且可以减少薄板结构的变形。在焊接过程中，根据焊接结构的具体情况，尽可能地采用小的焊接参数，使焊接热影响区的范围减少，从而减小焊接变形。焊缝不对称的细长构件有时可以通过选用适当的热输入，而不用任何反变形或夹具克服挠曲变形。

如果在焊接时，没有条件采用热输入较小的焊接方法，又不能进一步降低规范，则可采用直接水冷或采用铜冷块来限制和缩小焊接热场的分布，达到减小变形的目的，但对焊接淬硬性高的材料应慎用。

T形梁矫正

3. 矫正焊接变形的方法

生产中常用的矫正焊接变形的方法主要有机械矫正法和火焰矫正法两种。

（1）机械矫正法　机械矫正是将焊件中尺寸较短部分通过施加外力的作用，使之产生塑性延展，从而达到矫正变形的目的。图2-138所示是一种机械矫正的方法。

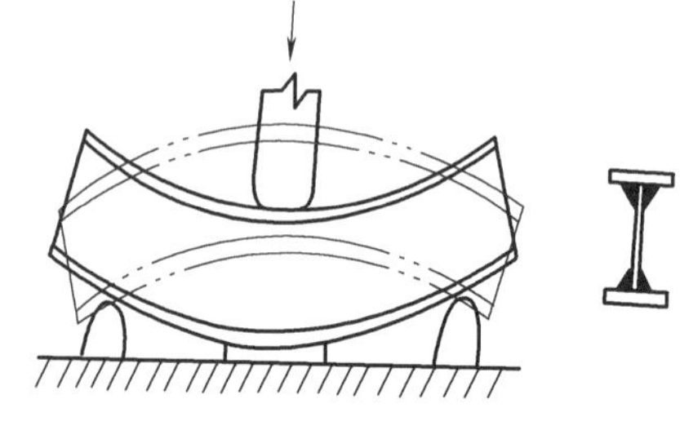

图2-138　机械矫正法

机械矫正法是通过冷加工塑性变形来矫正变形的。因此，要损耗一部分塑性。故机械矫正法通常适用于低碳钢等塑性好的金属材料。

（2）火焰矫正法　利用火焰局部加热时产生塑性变形，使较长的金属在冷却后收缩，以达到矫正变形的目的。火焰加热法通常采用氧乙炔焰或其他火焰作热源，由于此法不需专门的设备，方法简单，因此应用广泛。

火焰矫正法效果的好坏，关键在于选择加热位置和加热范围，适用于低碳钢结构和普通低合金钢结构。加热时，首先选定适当的加热位置，然后将其加热到600～800℃，加热部位自然冷却或强制冷却，冷却后产生的变形可与焊接残余变形相互抵消。

火焰加热的方式可分为以下三类。

1）点状加热。点状加热是根据焊件变形的情况，选择适当位置和排布进行加热，特别适用于薄板结构消除变形。加热区为一圆点，可以加热一点或多点，如图2-139所示。

加热时，加热点间的距离 a 根据焊接残余变形的大小决定。变形越大，加热点间距离越小，加热点间距离通常为50～100mm，并且在加热后应立即对加热点进行

处理，如用木棒敲击加热点处，以防止加热点起皮。厚板加热点直径 d 要大些，薄板则小些，但一般不小于 15mm。

2）线状加热。火焰沿直线方向移动，形成一条加热线，或沿直线移动时在宽度方向做横向摆动，形成一条加热带。线状加热，加热线的横向收缩大于纵向收缩，应尽可能发挥横向收缩功能。横向收缩随加热线的宽度增大而增大，加热宽度一般为钢材厚度的 0.5～2 倍。线状加热通常用来消除板间和肋板角焊缝变形，也可作为一种弯曲板件的方法。各种线状加热的形式如图 2-140 所示。

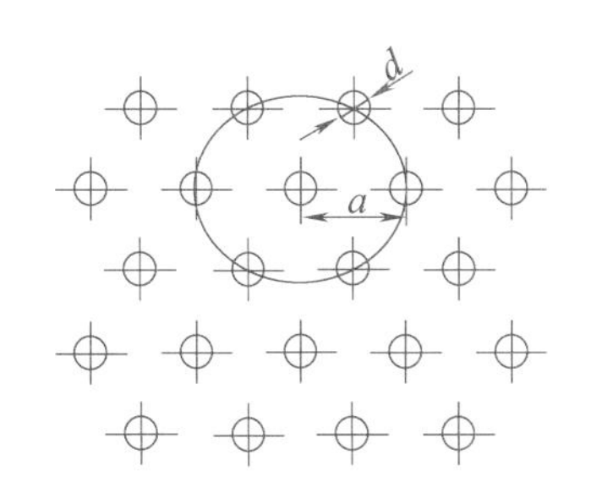

图 2-139 点状加热法

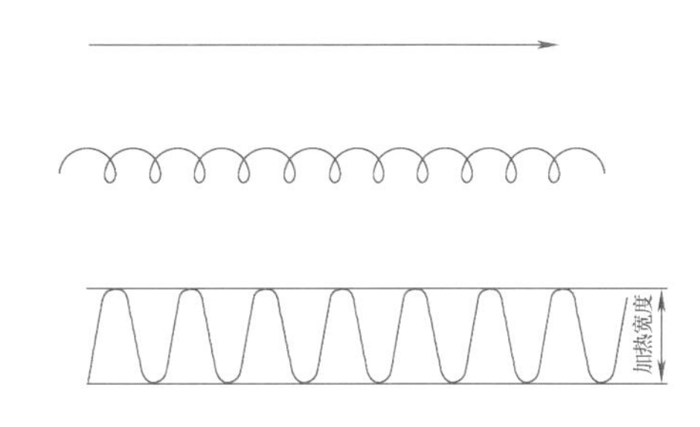

图 2-140 线状加热法

3）三角形加热。加热区域为三角形，各加热区根据焊件的变形情况进行分布，常用于消除框架结构或工字形梁的弯曲变形。加热时，三角形的底边应在被矫正钢板的边缘，顶端朝内，如图 2-141 所示。三角形加热的面积较大，因而收缩量也较大，常用于对厚度大、刚性强的构件进行弯曲变形矫正。

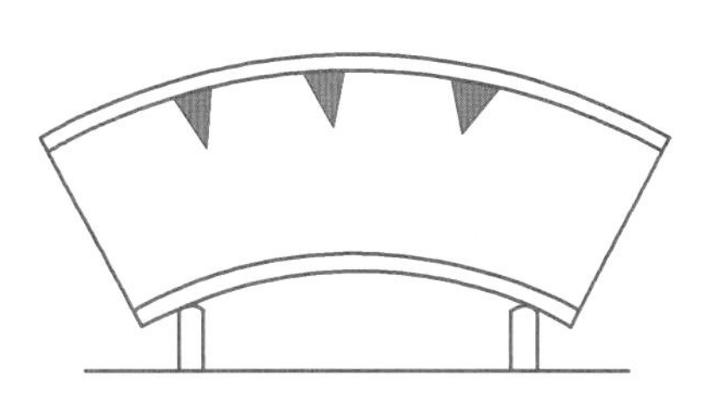

图 2-141 三角形加热法

思考与练习

1. 焊接应力对焊件会产生哪些危害？
2. 焊接变形对焊件会产生哪些危害？
3. 试述焊接应力及变形产生的原因。
4. 控制焊接应力的措施有哪些？
5. 控制焊接变形的措施有哪些？

第三篇

职 业 篇

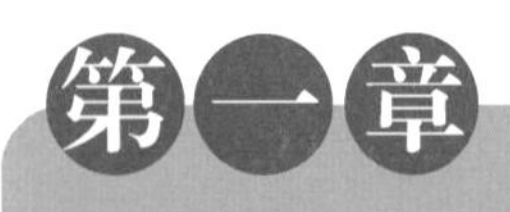

第一章 安全重于一切——焊接安全生产

[学习目标]

1. 了解焊接过程的有害因素。
2. 掌握焊接安全事项及基本防护常识。
3. 掌握焊接操作的基本要领，更安全、高效走上工作岗位。

思政元素

程克辉："华龙一号"核电项目的全能焊工

2006年，只有22岁的程克辉来到深圳，加入中建电力建设有限公司（时为中建二局核电建设分公司），他拿起焊枪，从此成为一名焊工。

经过近两个月的勤奋练习，程克辉终于可以独当一面，从班组的"拖油瓶"正式变成了一名成熟的焊工。程克辉感慨："这个跟勤奋学习是有很大关系的。那时候我焊的东西外观好，质量又好，班组长就比较放心把活交给我干了。"

但程克辉想的，不仅仅是成为一名合格的焊工。

在接下来的几年时间里，他通过向别人请教、自学等各种途径，先后掌握了焊条电弧焊、氩弧焊、螺柱焊等多种焊接方法，并考取了碳钢、不锈钢等不同钢种的焊接资质证书，成为中建电力建设有限公司拥有核级焊接资质最多的人。

他还曾用7h完成12m长焊缝，拍片40张100%合格，创造了公司完成12m长焊缝用时最短的纪录，成为公司在核电施工焊接领域的一张"王牌"。

2009年，程克辉通过国家核安全局组织的民用核安全考试，取得焊接操作的核级资质证书，成为公司第一批核级焊工。"在考试前，公司组织的核级焊工培训一般需要几个月，但我只参加了一个星期左右培训就通过了，这也算创造了一项纪录。”程克辉自豪地说。

程克辉也会通过参加比赛，与同行切磋，提高自己的技能。2018 年 8 月 23 日，“粤港澳大湾区首届职业技能大赛”在香港拉开序幕。程克辉率领中建电力建设有限公司团队代表深圳出征焊接大赛，获得团体银牌。程克辉个人则斩获了单人亚军。近年来，他先后荣获“新中国成立 70 周年·建筑工匠”、2019 年深圳市“五一劳动奖章”等荣誉称号。

一、焊接过程的有害因素

在中国工信部公布的“2020 年第四季度全国招聘大于求职‘最缺工’的 100 个职业排行”中，焊工进入“最缺工”前十位。焊接技术是机械制造中关键技术之一，更是许多高新技术产品制造中不可缺少的加工方法，但由于焊接行业环境的局限性及部分焊工专业知识或认知能力的欠缺，这个行业发生危险的概率远大于其他行业。

为什么焊接操作工人极易受到伤害呢？焊接工人在工作时存在着诸多不安全、不稳定因素，如触电、弧光辐射、有毒气体、有害粉尘、高频电磁场、射线和噪声等。焊接人员在与电、易燃易爆气体、高温液体、压力容器等接触过程中，如果不认真遵守安全操作规程，就可能引起触电、灼伤、火灾、爆炸、中毒等事故。直接影响自己及他人的安全，还会给国家财产造成损失。

1. 弧光辐射

焊接中产生的电弧光含有可见光、红外线和紫外线，对人体具有辐射作用（图 3-1）。红外线具有热辐射作用，在高温环境中焊接时易导致作业人员中暑；紫外线具有光化作用，对眼睛和皮肤有较大的刺激性伤害，同时长时间照射外露的皮肤还会使皮肤脱皮，引起电光性眼炎。弧光辐射的强度与焊接方法、焊接参数及保护方法等有关，CO_2 焊弧光辐射的强度是焊条电弧焊的 2 ~ 3 倍，氩弧焊是焊条电弧焊的 5 ~ 10 倍，而等离子弧焊比氩弧焊更强烈。为了防护弧光辐射，必须合理

图 3-1　弧光辐射

地选择面罩中的电焊防护玻璃。

2. 有害气体、粉尘

在各种熔焊过程中，焊接区都会产生或多或少的有害气体。特别是电弧焊中在焊接电弧的高温和强烈的紫外线作用下，产生有害气体的程度尤为严重。所产生的有害气体主要是臭氧、氮氧化物、一氧化碳和氟化氢等。焊工吸入这些有害气体，会引起中毒，直接影响焊工的健康。粉尘的成分很复杂，例如焊接钢铁材料时，粉尘中的主要成分为铁、硅、锰。焊接其他金属材料时，粉尘中还有铝、氧化锌、钼等。其中主要的有毒物是锰。使用碱性低氢型焊条时，粉尘中含有极毒的可溶性氟。焊工长期呼吸这些粉尘会引起头痛、恶心，甚至导致尘肺及出现锰中毒等现象。防止有害气体和粉尘危害的有效措施是加强通风和加强个人防护，如戴面罩、防毒面具等。

3. 高频电磁场、射线

当交流电的频率达到 10 万 ~ 30000 万 Hz 时，它周围形成的高频率的电场和磁场称为高频电磁场。等离子弧焊、钨极氩弧焊采用高频振荡器引弧时，会形成高频电磁场。焊工长期接触高频电磁场，会引起神经功能紊乱和神经衰弱。屏蔽是防止高频电磁场的常用方法。

射线主要是指等离子弧焊割、钨极氩弧焊的钍产生的放射线和电子束焊产生的 X 射线。焊接过程中放射线影响不严重，钍钨极一般被铈钨极取代，电子束焊的 X 射线防护主要以屏蔽来减少泄漏。

4. 噪声

研究表明，85dB 以下的噪声不至于危害听觉，而 85dB 以上则可能发生危险。统计表明，长期工作在 90dB 以上的噪声环境中，耳聋发病率明显增加。而在焊接过程中，噪声危害突出的焊接方法如等离子弧切割、等离子喷涂以及碳弧气刨，其噪声达 120 ~ 130dB，强烈的噪声可以引起听觉障碍，甚至耳聋。佩戴耳塞和耳罩，可以有效地减小噪声对听觉的伤害。

二、焊接安全及防护

焊工的安全该如何保障呢？首先，焊工应加强防护，严格执行有关安全制度和规定。凡是没有操作证（上岗证），又没有正式焊工现场进行技术指导的，不能进行焊接作业；凡属应批准动火的范围，而未办理动火审批手续的，不得擅自进行焊接。焊工不了解工作现场周围情况时，不能盲目开始焊接工作。例如，选

用可燃材料作保温、隔声、隔热的部位，火星能飞溅到的地方，若在未采取切实可靠的安全措施之前，不能盲目焊接。盛装可燃气体或有毒物质的各种容器等，未经专业清洗处理，不能进行焊接。有电流和压力的导管、设备、器具等，在未断电、泄压前不能进行焊接。焊接部位附近堆有易爆物品，在未彻底清理或未采取有效措施之前，也不能进行焊接。

1. 预防触电（图 3-2）

电流通过人体后会产生不同程度的伤害，当电流通过人体超过 0.05A 时，就有生命危险，0.1A 电流通过人体 1s 就足以使人致命。焊接时的电压大都采用 380V 或 220V 的电压，焊机的空载电压一般也在 60V 以上，对人体伤害较大，因此焊工首先要注意防止触电，特别是在阴雨天气和潮湿环境作业时要加强防护，采取必要的防护措施。

图 3-2　预防触电

1）焊工要掌握有关的电工学基本知识，严格遵守相关部门的安全措施，防止触电事故发生。

2）电焊机外壳必须接地线，与电源相接的导线要绝缘，以防漏电。使用的电焊钳应有可靠的绝缘，特别在密闭、狭小空间内、容积小的容器内施焊时，不允许采用无绝缘外壳的焊钳，以防止发生意外。

3）焊工在拉、合电源开关时，或接触带电物体时，必须单手进行，佩戴焊工手套。同时焊工的面部不要对着开关，以避免推拉开关时出现电火花灼伤脸部。

4）焊工应保持工作服、手套、绝缘鞋干燥，使用手提灯，其电压不得超过 36V。

5）焊接工作中断、结束前，应先将焊钳放在安全的地方，然后再切断电源。

6）更换焊条时，应戴好焊工手套。避免潮湿的身体接触焊件，以防止触电。

7）在小容积的工作环境中，应穿好工作服、绝缘底鞋，戴好焊工手套，以保护人体与焊件间绝缘，并安排两人轮换工作，当发生意外时，立即切断电源，最快急救。

8）绝缘是焊接电缆工作的前提，不可将电缆放在炽热的焊件及焊接电弧附近，以免烧坏绝缘层。同时还要避免焊接电缆被其他锐器损伤。焊接电缆如有破损，应立即进行修理或调换。

9）遇到焊工触电时，不可赤手去救护触电人员，应先迅速将电源切断，或用木棍等绝缘物将电线从触电人员身上挑开。如果触电者呈昏迷状态，应立即进行人工呼吸，尽快送医院抢救。

10）焊工在电焊机工作的情况下，绝对禁止接地线、接手把线。

2. 预防弧光辐射的安全知识

预防弧光辐射，应采取以下措施。

1）佩戴面罩。面罩是焊工必须使用的防护工具，其中防护玻璃起主要作用，面罩的要求如图3-3所示。

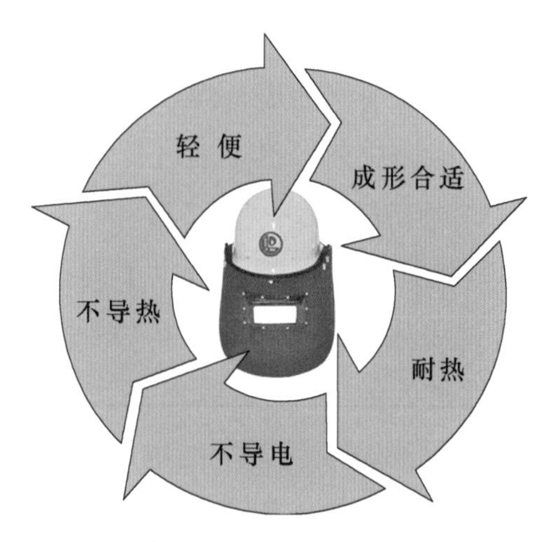

图3-3　面罩的要求

2）焊工工作时，必须穿戴整齐工作服。

3）引弧前，首先应该注意观察周围，以免强烈弧光突然伤害他人。

4）重力焊或装配定位焊时，要求焊工或装配工戴护目眼镜。

5）为避免伤害他人，在人多的区域进行焊接时，应尽可能地使用屏风板。

3. 预防火灾和爆炸的安全知识

焊接时向四周飞溅的火花、熔融金属和熔渣的炽热颗粒等，都是引起火灾和爆炸的不安全因素，焊工在工作时，必须采取有效的预防措施。

1）焊接场地5m内不应有贮存油类或其他易燃、易爆物质的贮存器皿或管线、氧气瓶。高空施焊时，应清除下方易燃易爆物品。

2）焊接场地禁止放易燃、易爆物品，场地内应备有消防器材，保证足够照明和良好的通风。

3）对密闭容器、受压容器、管道和油桶或者沾有可燃物质的焊件进行焊接时，应先检查、除掉有毒、有害、易燃、易爆物质，解除容器及管道压力，消除容器密闭状态，确认安全可靠后方可进行焊接。

4）若在存在易燃、易爆物质的车间进行焊接、修补工作时，必须采取严格的防护措施，并取得消防部门同意。

5）在有易燃、易爆物品的场所或煤气管、乙炔管（瓶）附近焊接时，必须取得消防部门的同意。防止火星飞溅引起火灾。

6）严禁在木板、木砖地上进行焊接操作。若在容器内工作时，严禁焊工擅离岗位。禁止将焊条及焊后的焊件乱抛乱弃，以免引燃物品发生火灾。

7）气焊时定期检查设备安全性，选用合格的橡胶软管，保证焊接安全。

8）离开施焊现场时，应检查工作场地是否关闭气源、电源，火种是否熄灭，确认安全后方可离开。

4. 预防有害气体和烟尘中毒的安全知识

1）通风是焊接非常重要的环境条件，最好使用焊接排烟净化系统，如图 3-4 所示，以便排出烟尘和有毒气体，还应正确地选择通风方式，如图 3-5 所示。

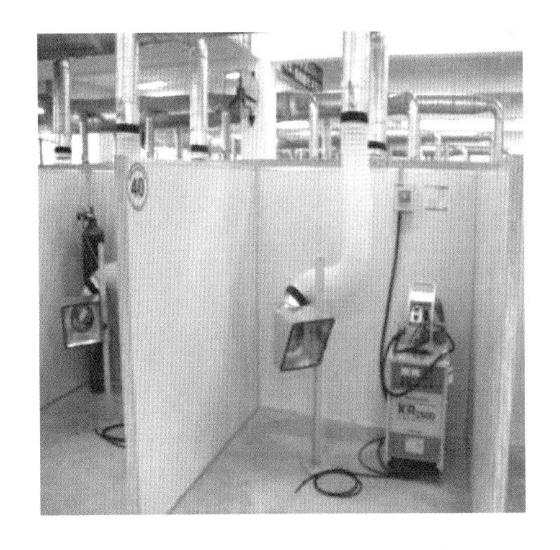

图 3-4　焊接排烟净化系统

图 3-5　通风方式

2）在狭小的地方焊接时，应注意通风排气工作。严禁使用氧气通风。

3）合理组织劳动布局，避免多名焊工拥挤在一起操作，以免发生危险。

4）做好个人防护工作。例如，使用防毒面罩等。

5）条件允许的情况下，尽量使用自动焊、半自动焊方法代替手工焊接。

三、焊接安全操作

焊工所接触的工作不是一成不变的，例如，焊接产品、现场修补、抢修工作、检修工作等都是焊工的工作范畴。由于工作性质的特殊性，这就对焊工操作、应变能力等都提出了更高的要求。为避免事故的发生，焊工必须认真遵循安全的作业流程。

1. 焊前准备工作

焊工在检修前必须做好焊接设备的准备工作，分析设备的结构及产品性能，掌握操作基本要求和安全注意事项，保证焊接设备的正常使用。例如，施工现场的电源网路、电压波动较大时，就必须架设专用线路，以保证供电质量，否则将影响焊缝质量。对于重要焊接部位，除了书面文件了解外，还要到现场做好交接工作，以免出现差错。在特殊结构焊接中，还要细心听取现场指挥人员介绍情况，随时保持联系，了解现场变化情况和其他工种相互协作等事项。

焊接环境中还会出现一些变化因素，焊工要时刻防范。例如，需要焊接设备处于禁火区内时，必须按禁火区的焊接管理规定申请动火证。操作人员按动火证上规定的部位、时间动火，不准许超越规定的范围和时间，发现问题，应立即停止操作，及时处理。

2. 焊前检查和安全防护

（1）检查污染物　在运输、储存过程中，设备及焊件都易受到化学物质或油脂污染，根据污染不同，选择不同清洗方式清洗后再焊接。如果是易燃、易爆或有毒的污染物，则应彻底清洗，并经有关部门检查，填写动火证后，才能焊接。

焊前检查方法通常为“一嗅、二看、三测爆”，如图 3-6 所示。

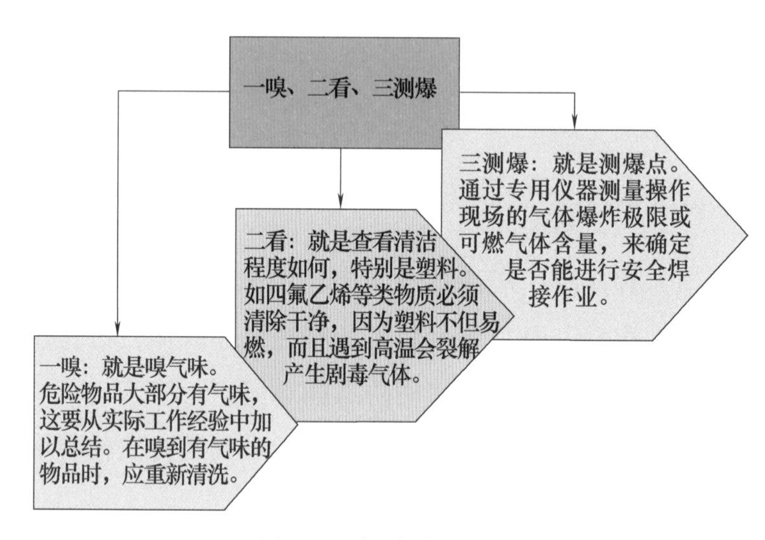

图 3-6　焊前检查方法

（2）检查爆炸物

1）设备内部污染了爆炸物，外面检查不到，这种情况即使数量不多，但遇到焊接火焰而发生的爆炸威力也不小，因此进行清洗工作时对无把握的设备，不要随便进行焊接操作。

2）严禁设备在带压时焊接。带压设备焊接前一定要先解除压力（卸压），并且必须打开所有孔盖。未卸压的设备严禁操作，常压而密闭的设备也不许进行焊接。

3）混合气体或粉尘，如易燃气体（如乙炔、煤气等）和空气的混合物，或可燃粉尘（如铝尘、锌尘）和空气的混合物，在一定的混合比例内会发生爆炸，焊接操作之前必须认真检查和清除这些混合气体或粉尘。

上述三种情况爆炸都具有瞬间性，且有极强的破坏力。

（3）一般检修的安全措施　一般检修的安全措施如图3-7所示。

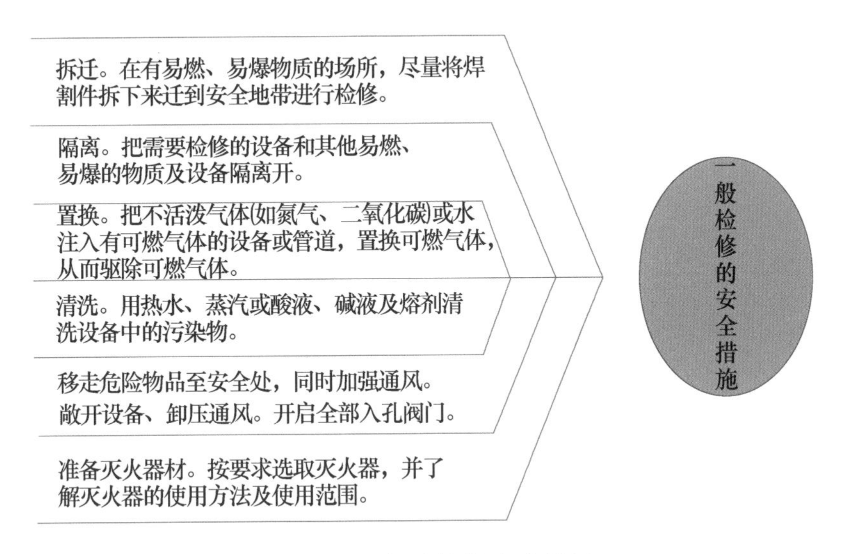

图3-7　一般检修的安全措施

3. 焊接安全作业事项

（1）高空作业注意事项

1）高空作业时，焊工应系安全带，并将安全带紧固牢靠，地面应有人监护或两人轮换作业。

2）患有高血压、心脏病、不稳定性肺结核者等疾病或酒后人员，不得从事高空作业。

3）高空作业时，焊条及辅助工具等应放在工具袋里。更换焊条时，应把热焊条头放在固定的筒或盒子内，不要乱扔，以防砸伤或烫伤他人。同时，焊接时要注意火星的飞溅。

4）乙炔发生器、氧气瓶、弧焊机等焊接设备、器具尽量留在地面上。

5）雨天、雪天、雾天或刮大风（六级以上）时，禁止高空作业。

6）焊接结束后必须认真检查现场，确认无火源后才能离开，以免引起火灾。

（2）设备内部焊接注意事项

1）进入设备前要先了解设备结构及注意事项。

2）内部作业时，焊工要做好绝缘防护工作，做好人体防护，减少烟尘等对人体的侵害，同时防止触电发生。

3）该设备和外界联系的所有部位，都要进行隔离和切断，如电源和附带在设备上的水管、压力管等均要切断并挂牌警示。对有污染物的设备应按前述要求进行清洗后才能进行内部焊接。

4）进入容器内部焊接要派专人进行监护。监护人员不能擅离现场，并与容器内部人员保持联系，如图 3-8 所示。

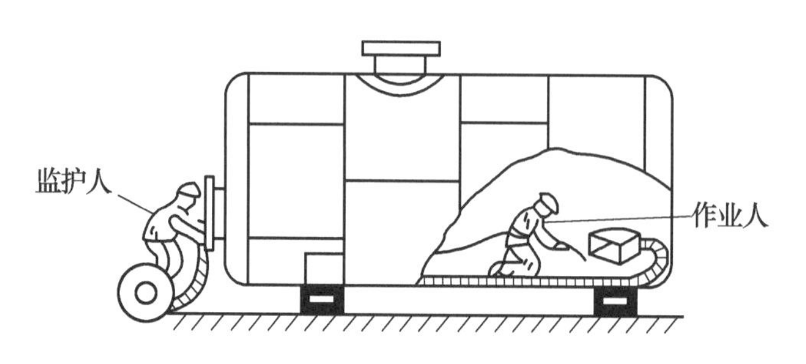

图 3-8 容器内焊接的监护措施

5）设备内部要通风良好，驱除设备内有害气体同时，及时向内部输送空气。严禁使用氧气作为通风气源，以防止燃烧或爆炸。

6）氧乙炔焊、割炬等设备要随人进出，不得放在容器内。

（3）焊接、修补燃料容器的注意事项 这一类焊补产品因其内部含有极少量的残液，在焊接过程中也会蒸发产生有害物质，与空气混合后能引起爆炸，因此焊前必须彻底清洗，清洗方法如图 3-9 所示。

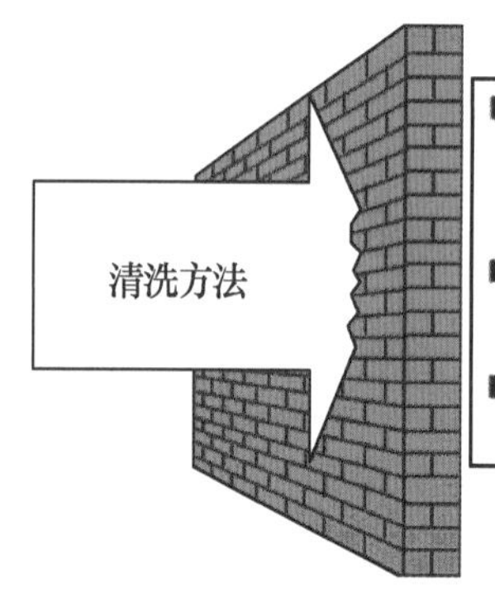

图 3-9 清洗方法

如清洗不易进行时，可采用下述方法：把容器装满水，以减少可能产生爆炸混合气体的空间，但必须使容器上部的口敞开，以防止容器内部压力增高。

4. 焊后安全检查事项

1）仔细检查焊缝是否按要求完成，发现漏焊等现象及时补焊。

2）由于焊后炽热处遇到易燃物质能引起燃烧或爆炸，所以加热的结构必须待冷却后，才能进料或进气。

3）焊后对整个作业及邻近地带进行检查。凡是经过加热、烘烤、发生烟雾或蒸气的低凹处，应彻底检查，确保安全。

4）为了防止意外事故的发生，焊接作业结束后，要彻底清理现场。

阅读材料

上海静安区高层住宅 11.15 特大火灾

2010 年 11 月 15 日 14 时，上海余姚路胶州路一栋高层公寓突然起火。公寓建造于 20 世纪 90 年代末期，有 28 层楼，每层有 6 户人家，近 200 户人家入住，其中大多是退休老教师。起火点位于 10～12 层之间，上海消防局共出动 45 个消防中队，100 余辆消防车，1000 余名消防官兵参与救援，共救出 100 余名居民。经消防人员全力扑救，18 时 30 分，火势得到控制，22 时许，大火终被扑灭。火灾导致 58 人遇难，40 余人失踪。这场火灾造成了巨大的人员伤亡和财产损失。

经过调查证实：大楼当时正在装修施工，有 2 名无证电焊工在违章操作过程中，点燃了尼龙网、竹片板、泡沫等易燃物，外墙面有铁制脚手架、塑料过滤网、泡沫、聚氨酯以及木板等，多为易燃物，在短时间内易形成密集火灾。

上海 11 月 15 日的特大火灾暴露出五大方面的问题：

1）电焊工无特种作业人员资格证，严重违反操作规程，引发大火后逃离现场。

2）装修工程违法违规，层层多次分包，导致安全责任不落实。

3）施工作业现场管理混乱，安全措施不落实，存在明显的抢工期、抢进度、突击施工的行为。

4）事故现场违规使用大量尼龙网、聚氨酯泡沫等易燃材料，导致大火迅速蔓延。

5）有关部门安全监管不力，致使多次分包、多家作业和无证电焊工直接上岗，对停产后复工的项目安全管理不到位。

思考与练习

1. 试述焊接过程中的有害因素。

2. 试分析预防触电的重要性。

3. 如何安全高效地进行焊接作业？

第二章 好习惯等于成功的一半——“7S”管理

[学习目标]

1. 了解“7S”管理的定义和目的。
2. 掌握“7S”现场管理的具体内容。
3. 掌握焊接生产“7S”管理的意义。

思政元素

田浩：科技战“疫”的焊接达人

田浩是南京钢铁集团承担国家863项目专门引进的高技术焊接人才。2015年，南钢“田浩技师创新工作室”挂牌成立，主要攻关高端难焊产品的焊接技术和研发用户技术，承担863工业强基等国家级项目的30多个科研课题及南钢自主创新型科研课题的研究工作。疫情防控期间，为保证国家863计划高锰钢项目的船级社检验试样的顺利推进，他不分日夜地通过电话、视频等方式，远程指导同事解决现场遇到的困难；在隔离期满后，他第一时间返回工作岗位，加班加点努力追赶项目进度，确保了最关键的认证阶段没有被疫情耽误，项目得以顺利推进，即将在全国同行中率先拿到船级社的认证证书。该产品上市后将在市场上占据领先地位，同时吨钢成本降低40%以上，使用成本降低50%以上，有望作为新一代低温材料得到广泛应用。田浩先后获得全国技术能手、全国冶金行业技术能手、江苏省文明职工、江苏省五一创新能手、南京市五一劳动奖章、市十佳文明职工、南钢工匠等荣誉称号。

一、焊接生产的管理

“7S”起源于日本，指的是在生产现场中对人员、机器、材料、方法等生产要素进行有效的管理，是一种独特的管理方法。所谓“7S”管理，是指整理、整顿、清扫、清洁、素养、安全和节约。因为7个单词的首字母都是S，所以统称为“7S”，如图3-10所示。

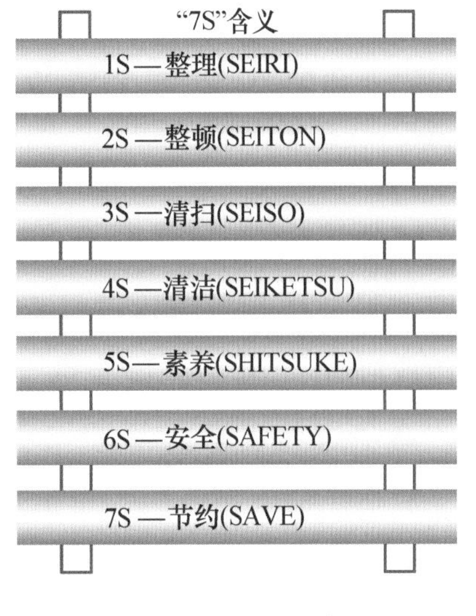

图3-10 “7S”含义

整理是把工作场所所有的物品进行明确的区分，分为要与不要的东西，要的留下来，不要的彻底清除掉。这是开始改善焊接生产现场的第一步。

整顿是把留下来的东西进行定位定置，并且明确地加以标识的过程。通过前一步整理后，对焊接现场需要留下的物品进行科学合理的布置和摆放，可以使工作场所整洁明了，一目了然，减少取放物品的时间，提高工作效率，保持井井有条的工作秩序。

清扫是将不需要的东西加以排除、丢弃，使工作场所无垃圾、无污秽，创建一个明快、舒畅的工作环境。

清洁是清扫过后对工作场所及环境整洁美观维护的过程，可以使工作的人觉得干净、卫生而产生无比的干劲。整理、整顿、清扫之后要认真维护，使现场保持完美和最佳状态。清洁，是对前三项活动的坚持与深入，从而消除发生安全事故的根源，创造一个良好的工作环境，使职工能愉快地工作，这也是一个企业形成企业文化的开始。

素养即教养，是培养文明礼貌习惯，按规定行事，养成严格遵守规章制度的习惯和作风的过程。没有人员素质的提高，各项活动就不能顺利开展，开展了也坚持不了。所以，抓“7S”活动，要始终着眼于提高人的素质，这是“7S”活动的核心。

安全是清除隐患、排除险情、预防事故发生的过程。对于从事焊接工作的人员来说，这是非常重要的过程，例如：预防焊接过程有害气体对员工的伤害，预防火灾或爆炸事件的发生等。安全工作尤为重要，只有保障员工的人身安全、保证生产的连续安全正常的进行，同时减少因安全事故而带来的经济损失，才能创造更大的价值。

节约就是对时间、空间、能源等方面合理利用，以发挥它们的最大功效，从而创造一个高效率的、物尽其用的工作场所。能用的东西尽可能利用，以自己就是主人的心态对待企业的资源，这是节约的核心思想。

二、“7S”管理的意义

“7S”的八大意义如图3-11所示。

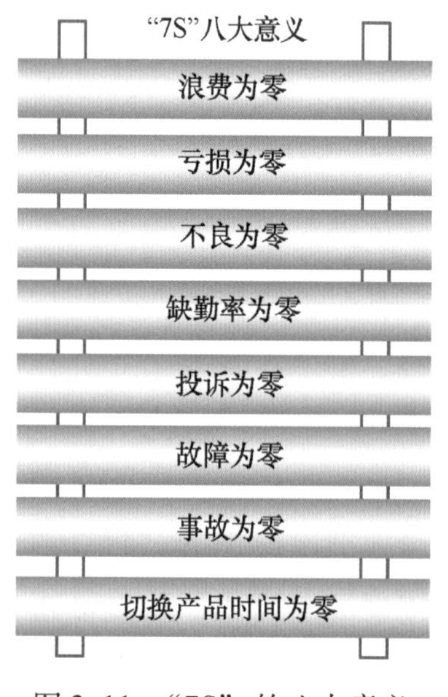

图3-11 “7S”的八大意义

浪费为零——“7S”是节约能手。“7S”能减少库存量，排除过剩生产，避免半成品报废金属、无用成品储存过多；避免购置不必要的机器、设备；避免寻找、等待等动作引起的浪费；消除拿起、放下、搬运等无附加价值动作。

亏损为零——“7S”为最佳的推销员。在行业内干净、整洁的工作场所；无缺陷、无不良、配合度好的声誉会口口相传，忠实的顾客越来越多；知名度越来越高，很多人慕名来参观；这样品质的公司，顾客会以购买这家公司的产品为荣。维持良好习惯，以整洁为基础的企业最终会有更大的发展空间。

不良为零——“7S”是品质零缺陷的护航者。产品按焊接工艺要求生产；焊缝检测仪器正确地使用和保养，是确保品质的前提；工厂环境整洁有序，一目了然；干净整洁的生产现场，可以提高员工品质意识；焊接设备正常使用保养，焊接材料良好的储存，减少焊缝缺陷产生，预防的优势远远高于处理。

缺勤率为零——“7S”可以创造出快乐的工作岗位。岗位干净，无灰尘、无垃圾的工作场所让人心情愉快，一目了然的工作场所，没有浪费、勉强等问题，这样的工作成为一种乐趣，员工不会无故缺勤旷工。这样的工作给人以信念，员工会由衷感到满足和自豪。

投诉为零——“7S”是标准化的推动者。每个人正确地执行各项规章制度，按规章制度上岗作业，清楚自己的岗位要求和目标，这样的工作状态方便又舒适。

故障为零——“7S”是交货期的保证。焊机等设备经常擦拭和保养，生产率高；焊接工装夹具管理良好，出现问题时间减少；设备产能、人员效率稳定，综合效率提高。

事故为零——“7S”是安全的软件设备。整理、整顿后，物品放置、搬运方法等考虑了安全因素；工作场所宽敞、明亮，危险、注意等警示标志明确；员工正确操作，并对设备及时进行清洁、检修，预先发现存在的问题，从而消除安全隐患；消防设施齐备，逃生路线明确，员工生命安全有保障。

切换产品时间为零——“7S”是高效率的前提。设备、工具经过整顿，不需要过多的寻找时间；洁净规范的工厂机器正常运转，作业效率明显提高，让企业的效率稳步提高。

思考与练习

1. 试述“7S”管理的定义和目的。

2. 试述“7S”现场管理的具体内容。

3. 结合自己专业想一想有哪些好习惯、不好的习惯。

第三章 我的工作我做主——焊接岗位

[学习目标]

1. 熟悉焊接专业的工作岗位。
2. 了解焊接工作岗位应具备的技能与职责。

思政元素

1）通过了解不同岗位焊工的工作，再次体会焊接技术应用的广泛性，从内心感受到作为一名焊工的自豪感和责任感。

2）通过学习优秀人物的事迹，再次树立正确的学习观，深刻体会任何成绩的取得都是一点一滴的积累，在取得成绩的同时，不忘回报社会，同时要将自己的所学应用于社会生产中，学会创新，实现技术报国。

焊接技术广泛应用于国民经济的各行各业，社会对焊接人才的需求一直供不应求。对于中等职业学校焊接技术应用专业的学生而言，毕业后主要从事一线工作，下面介绍几种常见的焊接工作岗位。

手工装配、焊管子

一、焊接操作工

1. 岗位类别

焊接操作工是焊接技术应用专业学生毕业后主要从事的岗位之一，学生所在区域的产业结构不同，所从事工作的环境、技术能力要求也不同，甚至工资待遇、危险程度也不同。图 3-12 介绍了几种典型行业的焊接操作工。

焊接方法种类较多，不同的行业所使用的焊接方法不同，图 3-13 介绍了不同焊接方法的焊接操作工。

a) 船舶制造业的焊接操作工

b) 工程机械行业的焊接操作工

c) 建筑行业的焊接操作工

d) 管道行业的焊接操作工

e) 压力容器焊接女操作工

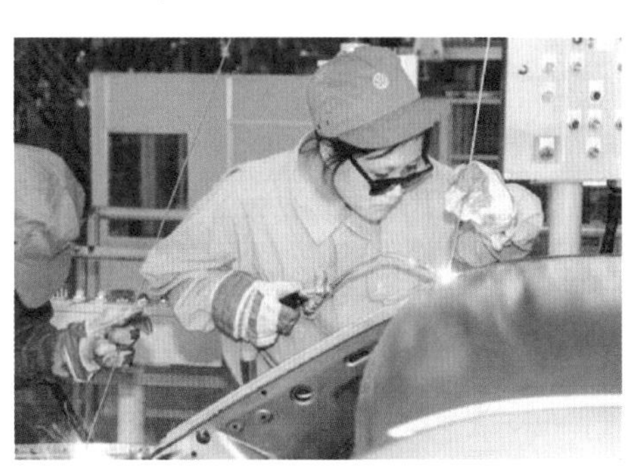

f) 车辆制造焊接女操作工

铁轨焊接

g) 铁轨焊接操作工

h) 核电建设焊接操作工

图 3-12 几种典型行业的焊接操作工

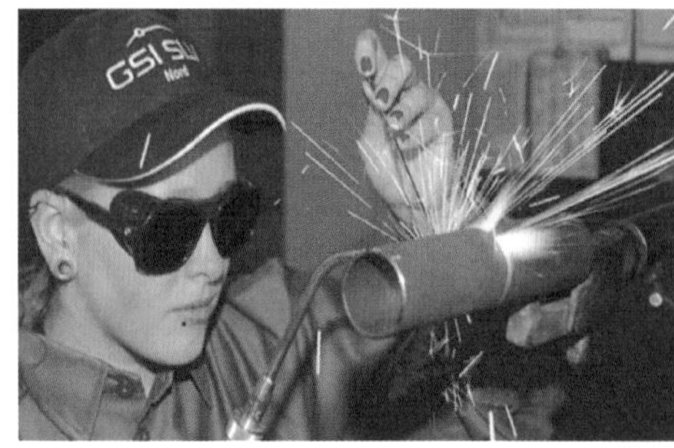

a) 气焊操作工

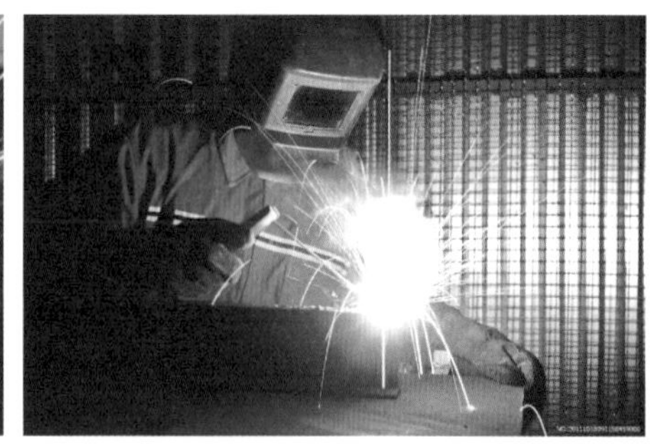

b) 二氧化碳气保焊操作工

c) 钨极氩弧焊操作工

机器人　d) 焊接机器人操作工

e) 埋弧焊操作工

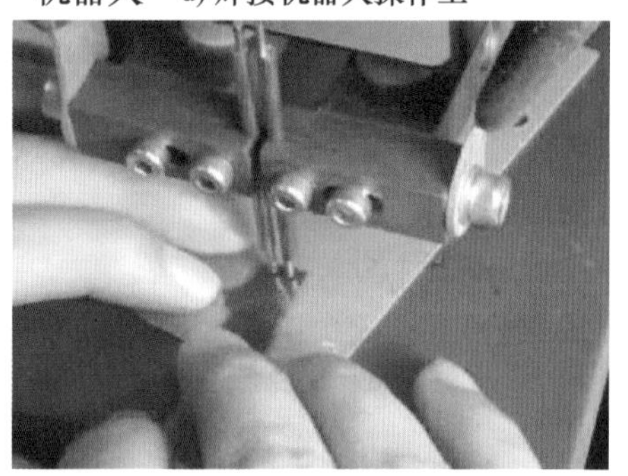

f) 电阻焊操作工

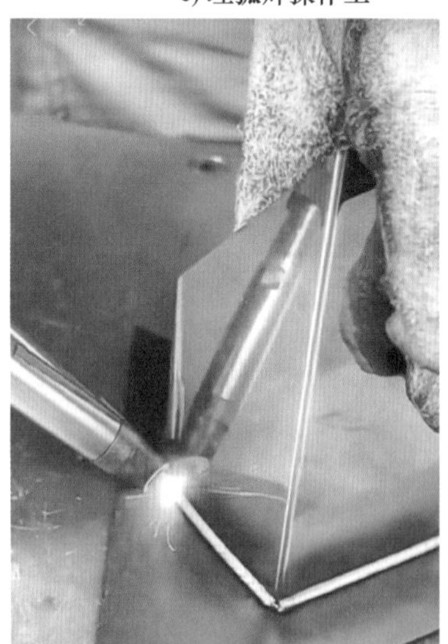

g) 激光焊操作工

激光焊接

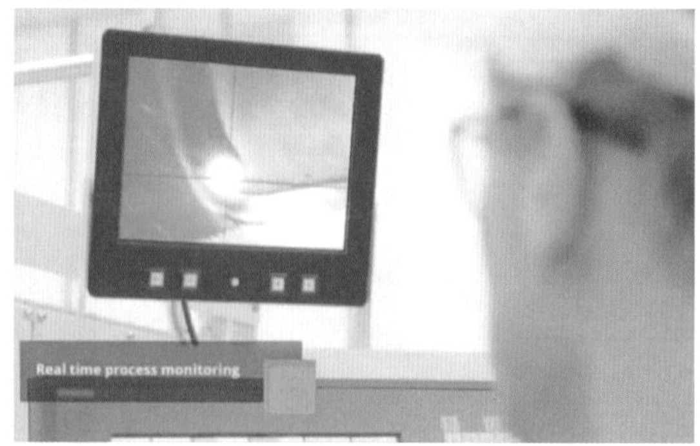

h) 电子束焊操作工

图 3-13　不同焊接方法的焊接操作工

i) 搅拌摩擦焊操作工

j) 切割工

图 3-13 不同焊接方法的焊接操作工（续）

焊接操作工工作环境的不同，对焊工的要求也不相同，图 3-14 给出了不同环境下的焊接操作工。

a) 车间内生产焊接操作工

b) 现场野外作业焊接操作工

c) 高空焊接操作工

水下焊接 d) 水下焊接操作工

图 3-14 不同工作环境的焊接操作工

2. 成为一名焊接操作工的条件

一般行业的焊接操作工需具备一定的焊接技能（劳动局颁发的初级、中级、高级或技师及以上等级证书），对于特殊行业的焊接操作工，需具备该行业特有的焊接技能证书，例如，船舶行业，需要持有船舶 CCS 证书；压力容器行业，需要持有特检院颁发的压力容器焊接证书。除具备一定的技能外，作为一名焊接操作工，还必须持有焊工 IC 卡（即焊工安全上岗证），分为熔焊与热切割作业、压焊、钎焊三个类别。对于特殊工作环境的焊接操作工，除了具备以上的条件外，还需要有特殊行业的相关证书，如高空作业的焊接操作工，还需持有高空作业证；水下作业的焊接操作工，还需持有水下作业证。

3. 焊接操作工的岗位职责

按照不同行业对焊接技术水平要求的不同，操作工的职责也不尽相同，一般应遵循以下岗位职责。

1）在生产设备部主管的领导下，严格遵守焊接操作规程，完成每月的生产任务，并对焊接的质量负责。

2）按照车间开具的作业工票上的产品零件名称、型号、规格，借好图样、焊接工艺指导书。待焊零件，做好焊接前准备。

3）严格遵守焊接工艺指导书，为确保焊接质量，应严格进行焊条烘干、零件预热、焊渣清除，必要时进行焊后热处理，并做好记录。

4）经检验发现不允许存在的焊接缺陷（如未焊透、未熔合等），应及时进行返修。

5）严格遵守设备管理制度，搞好焊机、箱式炉、烘干炉的维护保养。

6）严格遵守车间现场管理、文明生产管理制度、安全生产管理制度，搞好文明生产、安全生产。

4. 焊接操作工的技能等级

职业院校的学生毕业后具备焊工中级工的职业技能等级，通过 1 ~2 年的企业实践，达到高级工的焊工职业技能等级，再经过 3 ~5 年的工作，能够独立解决企业焊接实际问题，焊接技术达到相应的标准，便可取得焊工技师证，随着经验的积累，最终取得焊接高级技师职业技能等级证书。除了国家劳动和社会保障部门颁发的焊工技能等级证书外，还有一些特殊行业的技能等级证书，如压力容器焊接证、船舶焊工证、电力行业焊工证、水下焊接证等。

5. 焊接操作工的发展前途

随着自动化焊接技术及设备的不断出现，越来越多的焊接岗位被自动化设备所代替，很多人就认为将来焊接操作工可能被淘汰。这种想法是不对的，无论技术怎么发展，焊接操作工永远不可能被淘汰，它是一项终身受用的技术。现在学焊接的人不少，但真正做好的不多，因此，焊接高技能人才还是十分缺乏。

焊接操作工的劳动条件随着焊接设备的发展和新型环保焊接材料的不断出现，也逐渐得到改善，因此，焊工是个非常有发展前景的工种。

二、焊接工艺员

1. 焊接工艺员的工作内容

焊接工艺员顾名思义就是做焊接工艺，针对所在企业岗位生产图样上所标注的焊缝，选择合适的焊接方法、焊接参数，熟悉焊接工艺评定的内容，能编制作业指导书，确定焊接顺序，能确定焊接检验的方法与频率，控制焊接变形，能针对焊接过程中出现的缺陷制订修复工艺。总而言之，从设计的图样到合格的产品，这中间的实现过程，就是工艺，也就是焊接工艺员工作的内容。相对焊接操作工而言，焊接工艺员对个人的专业知识、工作经验要求比较高。不同行业的焊接工艺员所从事的工作也不尽相同。

2. 焊接工艺员的职责

1）负责焊接结构件的焊接工艺编制并指导、实施，提出相关焊材要求及进行焊接质量的质量检查。

2）对于生产过程中所发生的质量问题要做好详细记录并且向主管汇报。

3）负责改进焊接工艺，并控制焊材定额及成本。

4）对生产过程中的焊接工艺标准、技术要点与生产部门以及公司的外包单位进行技术交底。

5）编制焊工考试要领书，对焊工进行相关的上岗培训和技术业务培训，配合公司进行相关的资质维护工作。

3. 焊接工艺员应具备的能力

1）熟悉焊接标准，熟悉焊接工艺（气体保护焊、埋弧焊、焊条电弧焊、氩弧焊）。

2）熟悉自动化弧焊设备，熟悉所在企业焊接产品的生产。

3）思维敏捷，条理清晰。

4）良好的英语读写水平。

三、电焊机销售员

对于职业院校焊接专业的学生而言，电焊机销售岗位只是一个附属的岗位，此岗位适合社交能力较强、有强烈竞争意识和勇于创新工作方法的学生。在工作中，利用所学焊接设备的相关知识能准确地描述焊机的特点，同时负责销售渠道的开发与管理，发展经销商，完成电焊机的销售任务。

在电焊机销售的过程中，作为销售员首先需熟悉所销售产品具有的功能、使用范围，甚至自己会焊，因为事实胜于雄辩，焊接专业的学生做电焊机销售就具备这方面的能力，其次就是销售技巧。

说到销售，它关系到一个市场占有的问题，电焊机销售的基本点也离不开开源、流程、谈判、成交。当市场占有份额较低，应当更积极主动地去联系潜在客户。面对小客户：用价钱和可以保证的质量作为谈判的资本。面对大客户：以绝对的高品质保证及完善的售后服务去征服！因为相对来说，客户的可支配资金决定了他的选择。小客户资金少，对品质也不会太苛求，一般看重物品的价格。大客户资金充裕，没有资金短缺的问题，更注重物品的持久使用，这时候，高品质及完善的售后服务承诺就有很强的吸引力。

四、焊接质量检验员

焊接质量检验员（以下简称质检员）首先要理解焊接质量检查的含义，焊接检查并非只是检查完工焊缝，而是在工程的开始阶段就要涉足，包括焊缝的设计是否合理、焊缝的可操作性、焊接的过程是否规范、焊缝的外观检查是否合格等。焊接质检员不同于焊接检测工，焊接检测工一般仅对完工的焊缝进行检验，而焊接质检员需要有把握全局的理念，需要具备的知识、能力、素养相对较高。

1. 焊接质检员的学习顺序

1）焊接基础理论、焊接符号。

2）WPS、WPQR。这里面有坡口形式、焊接参数等信息。WPS 和 WPQR 要符合标准，所以要翻阅相应的焊接标准。

3）缺陷的分类和判定。熟悉缺陷的分类和判定手册中的内容。因为焊接质检员最大的工作量是检查焊接的缺陷，这个需要在工作中积累经验。

4）无损检测。

2. 焊接质检员的资格和职责

焊接质检员是一个企业的代表，质检员的职责是：依据图样、规范、标准（技术条件）来判定产品的质量，能够了解和掌握技术条件的适用范围及含义，并牢记应争取产品的高质量，但又不能延误工期和交货时间。

（1）质检员的资格

1）对其承担的检验工作认真负责。

2）身体好，精力充沛，爬高上梯，攀登脚手架。

3）视力好，可看见焊缝外观和无损检验结果（射线片、报告）。

4）态度正确，应按规定的检验程序执行，并做到公正一致。合同文件规定了质检员的任务、权限和职责，一切应按合同规定执行。

5）具备焊接专业术语及焊接专业知识，能够正确使用焊接专业术语，熟悉和掌握GB/T 3375—1994《焊接术语》，并了解最常用的焊接方法。

6）具备图样、技术条件、规范及焊接工艺方面的知识。能够阅读和看懂图样，并了解图中焊接及无损检验的符号，同时还应对技术条件中或图样上未详细说明的焊缝能够做出正确决定，使焊缝能够满足要求。

7）具备试验方法知识。在判定某条焊缝是否满足质量要求时，可采用各种试验方法。应了解每种试验方法的局限性及其显示的结果。

8）填写记录与报告。记录要完整和准确，报告要简明扼要。报告不仅应包括所有的检测和试验结果，而且应包括焊接工艺、焊接工艺评定和焊接材料控制记录。

9）具有一定的焊接操作经验。

10）进行必要的培训（工程学和冶金学方面的基础知识培训）。

11）具备焊接检验实践经验。

（2）焊接质检员的职责（▲表示主要职责）。

1）能够解释所有的焊接图样和技术条件。

2）检查采购单（保证焊接材料和消耗品满足规定要求）。

3）根据采购技术条件，检查到货和鉴定（工程材料确认和材料标记）。

4）根据特殊要求，检查材料（母材和焊材）的化学成分和力学性能。

5）调查母材的缺陷和偏差。

6）检查焊材一、二级库是否满足标准要求。

7）检查将使用的设备情况，焊接设备上仪表要定期校验。▲检查焊接设备是否符合要求。

8）▲检查焊接接头的制备情况，坡口尺寸是否满足图样及规范要求。

9）检查接头的组对与拼装。▲检查坡口及焊件的组对质量。

10）确认所采用的焊接工艺是否经过批准。

11）验证焊工（或焊接操作工）的资格是否满足规范要求（限制焊工在其具有的资格范围内工作）。▲检查焊工合格证书是否在有效期内。

12）▲检查焊工执行工艺情况。

13）▲检查焊缝外观质量是否符合技术文件和标准要求，并认真填写质量记录。

14）选择焊接试验方法及评定试验结果（典型的试验包括：无损检验、水压试验、化学分析、力学性能试验）。

15）▲填写焊缝无损检验委托书。

16）保存记录。

17）准备报告。

五、焊接设备维修工

这里的焊接设备维修工分两种，一种是主要负责企业焊接设备的日常维护与保养，保障企业生产的正常运行；另一种是在焊接与切割设备销售公司做售后服务，负责维护客户市场，安装、调试、维护、修理焊接、切割等相关设备，给客户、销售人员提供技术帮助，协调维护其他关系等。两者的性质不同，工作环境也完全不同，需要具备的知识、能力也不尽相同。

1. 第一种维修工

第一种岗位的设备维修是指设备技术状态劣化或发生故障后，为恢复其功能而进行的技术活动，包括各类计划修理和计划外的故障修理及事故修理，又称设备修理。设备维修包含的范围较广，包括：为防止设备劣化，维持设备性能而进行的清扫、检查、润滑、紧固以及调整等日常维护保养工作；为测定设备劣化程度或性能降低程度而进行的必要检查；为修复劣化，恢复设备性能而进行的修理活动等。

（1）设备维修工的工作指标　设备维修的结果要用相应的技术经济指标进行核算，反映设备维修工作效果的指标有两类：

1）维修后技术状况指标。

2）维修活动经济效果指标

（2）设备维修工的任务　根据设备的规律，经常搞好设备维护保养，延长零件的正常使用寿命；对设备进行必要的检查，及时掌握设备情况，以便在零件出现设备问题前采取适当的方式进行修理。

1）经常出现的设备问题主要有磨损、腐蚀、渗漏、冲击、冲刷、结垢、变形等，因各种行业设备多种多样，表现形式也呈现多样化。

2）传统维修方式主要有润滑、补焊、机加工、报废更新、误差调整、垢质清洗等。

（3）设备维修的方法　包括标准修理法、定期修理法和检查后修理法。

1）标准修理法又称强制修理法，是指根据设备零件的使用寿命，预先编制具体的修理计划，明确规定设备的修理日期、类别和内容。设备运转到规定的期限，不管其技术状况好坏、任务轻重，都必须按照规定的作业范围和要求进行修理。此方法有利于做好修理前准备工作，能有效地保证设备的正常运转，但有时会造成过度修理，增加了修理费用。

2）定期修理法是指根据零件的使用寿命、生产类型、工作条件和有关定额资料，事先规定出各类计划修理的固定顺序、计划修理间隔期及其修理工作量。在修理前通常根据设备状态来确定修理内容。此方法有利于做好修理前准备工作，有利于采用先进修理技术，减少修理费用。

3）检查后修理法是指根据设备零部件的磨损资料，事先只规定检查次数和时间，而每次修理的具体期限、类别和内容均由检查后的结果来决定。这种方法简单易行，但由于修理计划性较差，检查时有可能由于对设备状况的主观判断误差引起零件的过度磨损或故障。

2. 第二种维修工

对于产品的售后服务人员，需要对所售出的设备十分了解，需要较高的实践经验，同时要具备培训使用设备人员的能力。

六、焊接现场管理员

1. 现场管理的核心要素

1）人员（Man）：数量、岗位、技能、资格等。

2）机器（Machine）：检查、验收、保养、维护、校准。

3）材料（Material）：纳期、品质、成本。

4）方法（Method）：生产流程、工艺、作业技术、操作标准。

5）环境（Environment）：作业、施工的环境。

6）信息（Information）：作业过程中的信息传递和人员交流。

2. 焊接现场管理员的职责及内容

焊接现场管理员工作的内容主要是协调用科学的标准和方法对焊接生产现场的生产要素，包括人（工人和管理人员）、机（设备、工具、工位器具）、料（原材料）、法（加工、检测方法）、环（环境）、信（信息）等六要素进行合理有效的计划、组织、协调、控制和检测，使其处于良好的结合状态，以达到优质、高效、低耗、均衡、安全、文明生产的目的。

焊接现场管理员的职责包括定置管理、设备管理、工艺管理、质量管理、工具管理、计量管理、材料管理、能源管理、车间管理、文明生产、安全生产等，具体如下。

1）负责生产现场的整体工作事务。

2）参与公司宏观管理和策略制订。

3）负责生产现场的工作筹划与控制，并执行和督导各项工作计划的落实情况。

4）落实及分配各班组的工作计划。

5）检查和审核生产部门各级员工的工作进度和绩效。

6）负责生产现场的产品质量，监督生产工艺流程，严要求各员工树立产品质量观，避免返工，搞好质量，确保让顾客满意。

7）对生产现场各项成本负责，严格控制各班组人力、物力的浪费。

8）优化公司各个生产的物流环节，确保公司各物资流转成本。

9）做好日常管理工作和对临时事项的处理工作。

10）确保公司财产安全和生产安全，维护公司形象。

思考与练习

1. 焊接操作工的职责有哪些？

2. 焊接工艺员应具备哪些知识？

3. 焊接质量检验员应具备哪些知识和能力？

4. 焊接销售人员的工作范围有哪些？

5. 焊机设备维修人员的职责有哪些？

6. 焊接现场管理人员应具备哪些知识和能力？

第四章 一技在手，天下有我

[学习目标]

1. 了解职业道德的含义。
2. 熟悉各种证书的作用及办理途径。
3. 理解创新的重要性。

思政元素

2020年7月10日，人力资源社会保障部发布公告：为贯彻落实2019年12月30日国务院常务会议精神，拟分批将水平评价类技能人员职业资格退出目录，其中：人力资源社会保障部门和有关部门组织实施的14项职业资格（涉及29个职业）拟于9月30日前第一批退出；其他部门（单位）组织实施的66项职业资格（涉及156个职业）拟于2020年12月31日前第二批退出；与公共安全、人身健康等密切相关的职业（工种）拟依法调整为准入类职业资格。

焊接作为特种行业，焊工技能人员职业资格予以保留。

一、焊接职业资格证书

1. 职业资格证书的地位

职业资格证书是劳动就业制度的一项重要内容，也是一种特殊形式的国家考试制度。它是指按照国家制定的职业技能标准或任职资格条件，通过政府认定的考核鉴定机构，对劳动者的技能水平或职业资格进行客观公正、科学规范的评价和鉴定，对合格者授予相应的国家职业资格证书。焊工国家职业技能资格证由国家劳动和社会保障部门签发。焊接技能等级证书及要求如图 3-15 所示。

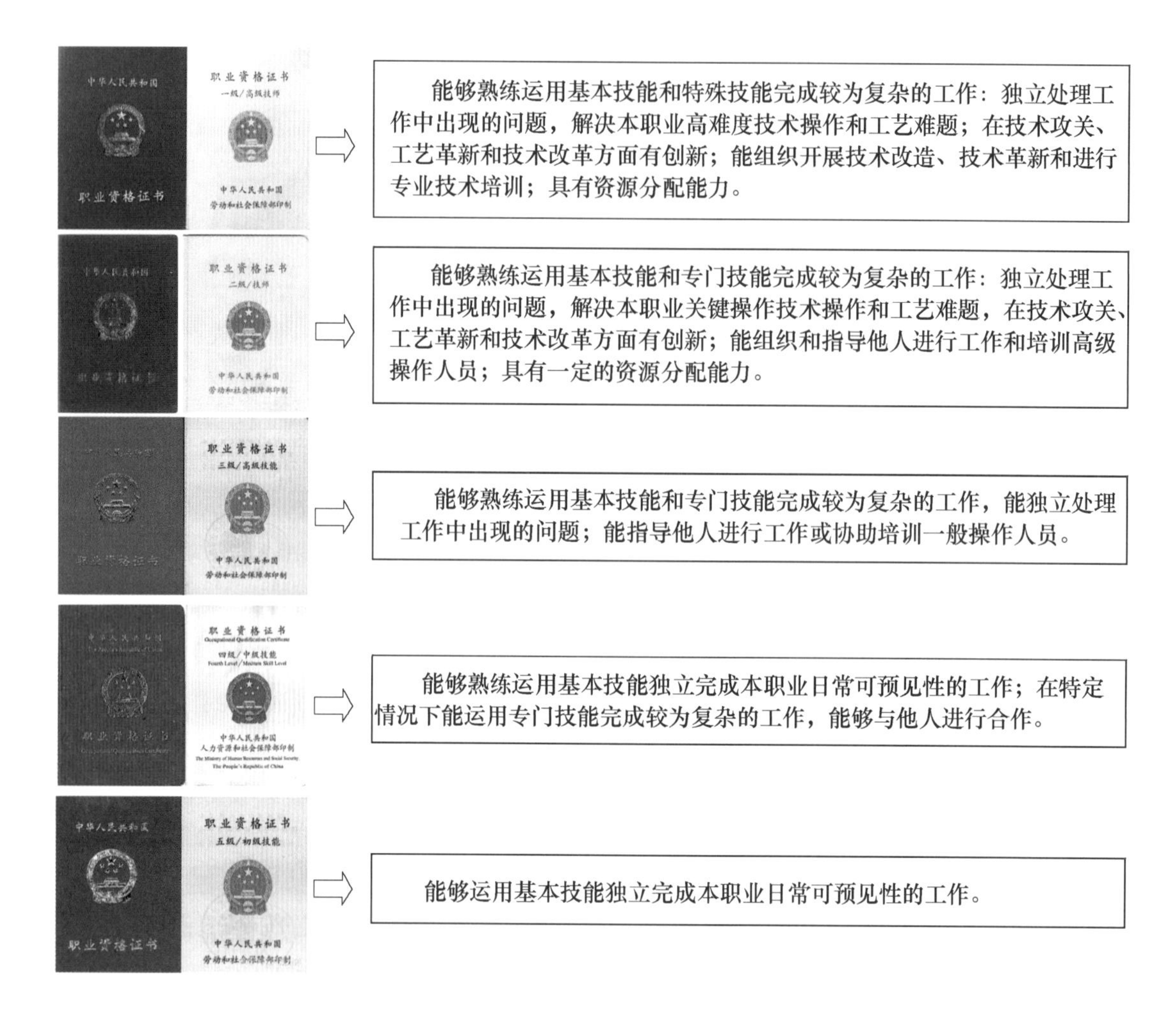

图 3-15　焊接技能等级证书及要求

2. 焊接职业资格证书的分类

为了和国际接轨，我国采用国家职业资格制，分为五级，即初级（国家职业资格五级）、中级（国家职业资格四级）、高级（国家职业资格三级）、技师（国家职业资格二级）、高级技师（国家职业资格一级）。按焊接工龄、技术水平等因素综合进行鉴定。国家职业标准中要求焊工中级工技能必须通过两个板状试件、一个管状试件的单面焊双面成形，合格标准包括表面和内部质量。

3. 办理职业资格证书的程序

根据国家有关规定，办理职业资格证书的程序为：职业技能鉴定所（站）将考核合格人员名单报经当地职业技能鉴定指导中心审核，再报经同级劳动保障行政部门或行业部门劳动保障工作机构批准后，由职业技能鉴定指导中心按照国家

规定的证书编码方案和填写格式要求统一办理证书，加盖职业技能鉴定机构专用印章，经同级劳动保障行政部门或行业部门劳动保障工作机构验印后，由职业技能鉴定所（站）送交本人。

二、行业技能证书

焊工可从事多种多样的具体工作，很多具体工作中，除了要求焊工需持有职业资格证书外，还要持有相应的行业技能证书。

1. 金属焊接与热切割安全作业证

焊接作业属于特种作业之一，焊工在从事焊接作业前必须考取金属焊接与热切割安全作业证，如图 3-16 所示。

a) 特种设备作业人员证

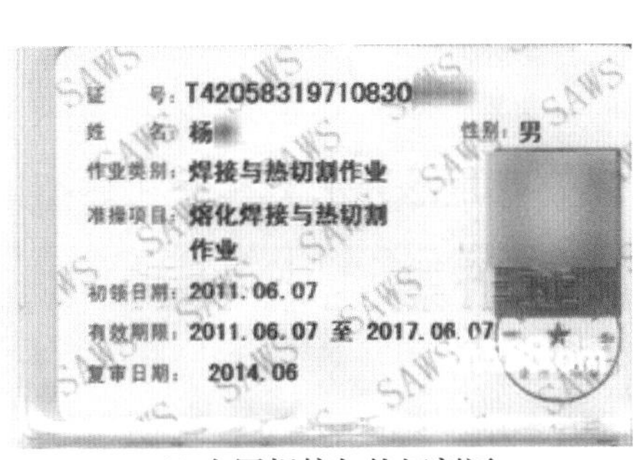

b) 金属焊接与热切割证

图 3-16　焊工上岗需考取的证件

金属焊接与热切割安全作业证（亦称上岗证）由国家安全生产监督管理部门签发。获取此证需经过培训考核，主要是进行本职业安全教育，进行简单的实习，达到焊接人员作业安全有保障，但不保证焊接操作技术水平。培训时间 100 学时，在国家安全生产监督管理部门的监督下，在具备资质的培训考核单位进行考核，由国家安全生产监督管理部门签发证书（IC 卡）。这种证书是为了保障焊工的人身安全，是国家强制执行的，焊工必须持有。

该证每 2 年由原考核发证部门复审一次，连续从事本工种 10 年以上的，经用人单位进行知识更新后，复审时间可延长至每 4 年一次。跨地区从业或跨地区流动施工单位的特种作业人员，可向从业或施工所在地的考核发证单位申请复审。

金属焊接与热切割安全作业证是焊工具有从业资格的体现，职业资格证书是焊工技能水平的体现，持有这两项证书后，焊工即可从事大部分焊接作业。但有些行业具有特殊性，对焊工有特殊要求，所以除上述证书外，还要求从事某些焊接作业的焊工要考取相应行业所认可的证书，如船舶行业、建筑行业、压力容器行业等。

2. CCS 焊工证

CCS 是 CHINA CLASSIFICATION SOCIETY，即中国船级社。CCS 焊工证如图 3-17 所示，是由中国船级社颁发的执行 CCS 标准的焊工技术证书。中国船级社是国家的船舶技术检验机构，是中国唯一从事船舶入级检验业务的专业机构，是国际船级社协会 10 家正式会员之一。CCS 宗旨是对船舶、海上设施、集装箱以及相关的工业产品提供合理和安全可靠的技术规范和标准，并通过本社独立、公正和诚实的检验、认证和技术服务，为交通运输、海上开发及相关的制造业和保险业服务，为促进水上人身和财产的安全与保护海洋及其他环境服务。

Form:RWPAS707-C

中国船级社
CHINA CLASSIFICATION SOCIETY

证书编号
Certificate No. NJ1114

焊工考试委员会认可证书
CERTIFICATE OF APROVAL
FOR TEST COMMITTEE OF WELDER'S QUALIFICATION

考试委员会名称
Name of Test Committee　江苏省无锡交通高等职业技术学校焊工考试委员会
Test Committee for Welder's Qualification of Jiangsu Wuxi Communication High Vocational Colleg

考试委员会编号
Test Committee No.　NJ15

考试委员会地址
Address of Test Committee　江苏省无锡市钱荣路98号
No.98 Qianrong Rd.,Wuxi,China

兹证明上述焊工考试委员会业经本社按照有关要求进行了审核并予以认可，准予按本社最新版的材料与焊接规范要求对焊工进行资格考试。

THIS IS TO CERTIFY that the above Test Committee has been verified and approved by this Society according to the relevant requirements，and granted to provide qualification test of welder's qualification in compliance with the requirements of this Society's latest Rules for Material and Welding.

本证书有效期至 2014-11-8 但应以保持符合本社的有关要求为前提。
This certificate is valid until Nov.8,2014，on condition that it is maintained in compliance with the relevant requirements of this society.

发证地点 南京
Issued at Nan Jing
发证日期 2011-11-9
Issued on Nov.9,2011

周逸民(Zhou Yimin)
Principal Surveyor to
CHINA CLASSIFICATION SOCIETY

(Rev.3.0 20110815-1/1)

№ 11161630

图 3-17　CCS 焊工证

CCS 证书是中国船级社焊工不可缺少的一份技术资格鉴定证书，进行船舶焊接的焊工必须持有该证书。

（1）CCS 焊工证申报条件　具有下列条件之一，可申报 CCS 焊工证：

1）持有技校焊接专业的毕业证书，现从事焊接工作者。

2）能独立承担焊接工作，具有熟练操作技能，现从事焊接工作者。

3）经过基本知识和操作技能培训者。

4）参加水下焊工考试者，应持有有效的潜水员证书或潜水学校颁发的潜水员毕业证书，并具有一定的水下焊接技能，或是经过水下焊接培训的潜水员。

（2）焊工资格等级分类

1）根据产品类型，焊工资格分为

① 船舶与海上设施焊工。

② 船用锅炉压力容器焊工。

2）根据焊接位置和材料，焊工资格分为

① 焊接板材的分为：Ⅰ、Ⅱ、Ⅲ级。

② 焊接管材的分为：Ⅰp、Ⅱp、Ⅲp、ⅢPR 级。

③ 水下湿法定位焊为：T 级。

（3）颁发资格证书　从事焊接作业的焊工，按 CCS 船级社规范要求，参加相应类别的资格考试，考试合格者，CCS 船级社将颁发相应的焊工资格证书。

（4）证书的升级、变更

1）报考者一般应逐级考试；情况特殊者，经焊考委审查同意和担当验船师批准，可根据自己从事实际工作范围及操作熟练程度，申请相应等级的焊工考试。

2）一般实际从事本等级工作六个月以上，方可申请高一等级的升级考试。

3）对于申请Ⅲ级考试的人员，必须持Ⅱ级证书且连续工作满一年以上方可申请。

4）对焊工资格证书到期的焊工，应在证书有效期到期日或延期后到期日前（以最迟日期为准），取得新的焊工资格证书。

5）焊工考试（包括定位焊）合格后，如连续 6 个月未从事焊接操作，在重新操作前，则必须通过本公司焊考委向 CCS 申请焊工资格证书的恢复，再完成一件本人证书规定科目中最难位置的试件焊接，经检验合格后，方能继续从事焊接工作。

3. 建筑焊工证

建筑焊工证属于建筑施工特种作业操作资格证之一，如图 3-18 所示。建筑施工特种作业操作资格证主要是指从事建设行业特殊工种作业人员必须熟悉相应特殊工种作业的安全知识及防范各种意外事故的技能。要求建筑施工特种作业从业人员持卡（建设厅特种工 IC 卡）上岗，即由省住房与城乡建设厅颁发《中华人民共和国特种作业操作证》方可上岗。

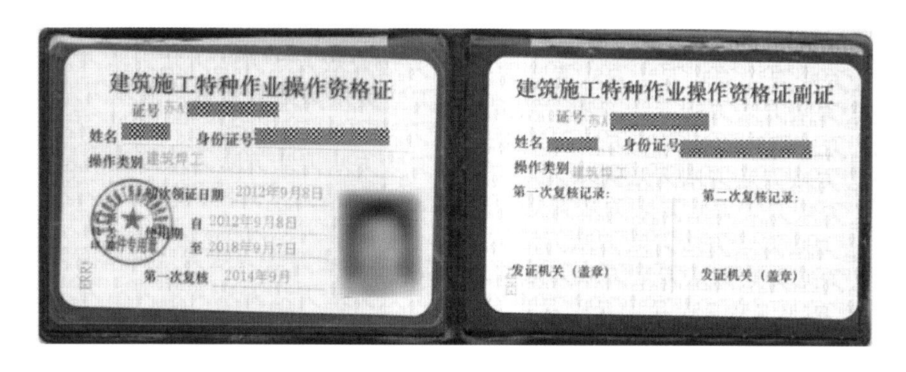

图 3-18　建筑焊工证

建筑施工特种作业人员是指在房屋建筑和市政工程施工活动中，从事可能对本人、他人及周围设备设施的安全造成重大危害作业的人员。从事建设行业特殊工种作业人员必须熟悉相应特殊工种作业的安全知识及防范各种意外事故的技能，必须持有建设行政主管部门和劳动主管部门共同颁发的《职业资格证书》和建设部监制、省级建设行政主管部门核发的建筑施工特种作业操作资格证书。

（1）建筑焊工申报条件

1）年满18周岁，且不超过国家法定退休年龄。

2）经社区或者县级以上医疗机构体检健康合格，并无妨碍从事相应特种作业的器质性心脏病、癫痫病、美尼尔氏症、眩晕症、癔症、震颤麻痹症、精神病、痴呆症以及其他疾病和生理缺陷。

3）具有初中及以上文化程度。

4）具备必要的安全技术知识与技能。

5）相应特种作业规定的其他条件。

（2）考试内容

1）焊接与热切割特种作业理论考试。

2）钢筋电渣焊压焊作业。

3）钢筋闪光对焊作业。

4）钢筋电弧焊作业。

5）气焊（割）炬等主要部件的识别。

4. 锅炉压力容器类资格证书

锅炉压力容器压力管道特种设备焊接操作资格证（现改为《中华人民共和国特种设备作业人员证》，内注明工种、合格项次等，过去由劳动部门签发，称《锅炉压力容器焊工合格证》，内注合格项次等）：由国家技术监督检验检疫总局各省区特种设备安全监察局签发。由有资质的焊接培训单位进行基础理论知识培训考核（通常100学时）合格后，进行技能培训考核。技能培训考核按项次进行，通常每个项次大概需培训20个工作日。考核分表面检查、内部检查、机械性能检查，均合格后签发证书。

根据《锅炉压力容器压力管道焊工考试与管理规则》，焊工技能分很多项次，而每一项次又对应一定的适用范围，这样就能使持证焊工在持证范围内的焊接工程质量得以保证。资格证项次主要是根据不同材料、不同规格、不同的焊接方法以及不同的焊接位置进行分项。同一种材料、同一种焊接方法又进行了分项。如：板状试件分平位（1G）、立位（3G）、横位（2G）、仰位（4G），管状试件分水平转动焊（1G）、水平固定焊（2G）、垂直固定焊（5G）、45°固定焊（6G），另外还有角焊缝也分不同位置。一般规定板状平位培训合格后

才允许培训其他项次。压力容器操作证如图3-19所示。

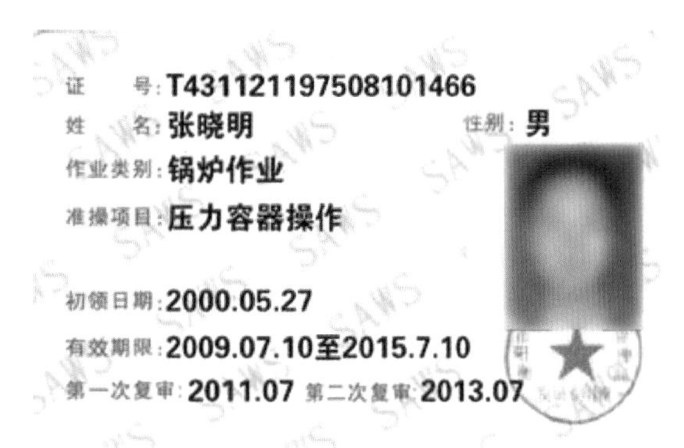

图3-19 压力容器操作证

由于锅炉压力容器压力管道特种设备的安全运行直接关系到人民生命财产的安全，所以长期以来国家监督部门对这种证控制得较严格。锅炉压力容器压力管道特种设备焊接操作资格证是目前焊接行业大家普遍认同的，主要是它不受工龄、年龄等社会因素的影响，只根据焊工的实际技能和技术水平发证。因此，目前不光是锅炉压力容器压力管道特种设备行业要求有这种证，其他行业也要求焊工持有这种证。与这种证相类似的还有其他行业自行制定的标准所发的证，如电力工业、船舶工业、核工业等都另行制定一些标准发证。

5. 焊工证项目代号含义

（1）手工焊焊工考试项目表示方法 ①—②—③—④—⑤—⑥—⑦，其中：

① 表示焊接方法及代号，见表3-1，耐蚀堆焊代号加N及试件母材厚度。

表3-1 焊接方法及代号

焊接方法	代 号
焊条电弧焊	SMAW
气焊	OFW
钨极气体保护焊	GTAW
熔化极气体保护焊	GMAW（含药芯焊丝电弧焊 FCAW）
埋弧焊	SAW
电渣焊	ESW
摩擦焊	FRW
螺柱焊	SW

② 表示试件钢号分类代号。Ⅰ—碳素钢，Ⅱ—低合金钢，Ⅲ—马氏体型、铁素体型不锈钢，Ⅳ—奥氏体型、奥氏体-铁素体型不锈钢。

③ 表示试件形式、位置及代号，见表3-2，带衬垫代号加K。

表 3-2 试件形式、位置及代号

试件形式	试件位置		代号
板材对接焊缝试件	平焊		1G
	横焊		2G
	立焊		3G
	仰焊		4G
管材对接焊缝试件	水平转动		1G
	垂直固定		2G
	水平固定	向上立焊	5G
		向下立焊	5GX
	45°固定	向上立焊	6G
		向下立焊	6GX
管板角接头试件	水平转动		2FRG
	垂直固定平焊		2FG
	垂直固定仰焊		4FG
	水平固定		5FG
	45°固定		6FG
螺柱焊试件	平焊		1S
	横焊		2S
	仰焊		4S

④ 试件焊缝金属厚度。

⑤ 试件外径。

⑥ 焊条类别、代号及适用范围，见表 3-3。

表 3-3 焊条类别、代号及适用范围

焊条类别	焊条类别代号	相应型号	适用焊件的焊条范围	相应标准
钛钙型	F1	E××03	F1	GB/T 5117—2012、GB/T 5118—2012、GB/T 983—2012（奥氏体型、奥氏体-铁素体型不锈钢焊条除外）
纤维素型	F2	E××10、E××11、E××10-×、E××11-×	F1、F2	
钛型、钛钙型	F3	E×××(×)-16、K×××(×)-17	F1、F3	
低氢型、碱性	F3J	E××15、E××16、E××18、E××48、E××15-×、E××16-×、E××18-×、E××48-×、E×××(×)-15、E×××(×)-16、E×××(×)-17	F1、F3、F3J	

（续）

<table>
<tr><th>焊条类别</th><th>焊条类别代号</th><th>相应型号</th><th>适用焊件的焊条范围</th><th>相应标准</th></tr>
<tr><td>钛型、钛钙型</td><td>F4</td><td>E×××(×)-16、E×××(×)-17</td><td>F4</td><td rowspan="2">GB/T 983—2012（奥氏体型、奥氏体-铁素体型不锈钢焊条）</td></tr>
<tr><td>碱性</td><td>F4J</td><td>E×××(×)-15、E×××(×)-16、E×××(×)-17</td><td>F4、F4J</td></tr>
</table>

⑦ 焊接要素及代号，见表3-4。

考试项目中不出现某项时，则不填。

（2）焊机操作工考试项目表示方法 ①—②—③，其中：

① 焊接方法代号，见表3-1，耐蚀堆焊代号加N及试件母材厚度。

② 试件形式代号，见表3-2，带衬垫代号加K。

③ 焊接要素代号，见表3-4，存在两种以上要素时，用“/”分开。

考试项目中不出现该项时，则不填。

表3-4 焊接要素及代号

<table>
<tr><th colspan="3">焊接要素</th><th>要素代号</th></tr>
<tr><td colspan="2" rowspan="3">手工钨极气体保护焊填充金属焊丝</td><td>无</td><td>01</td></tr>
<tr><td>实心</td><td>02</td></tr>
<tr><td>药芯</td><td>0B</td></tr>
<tr><td rowspan="6">机械化焊接</td><td rowspan="2">钨极气体保护焊自动稳压系统</td><td>有</td><td>04</td></tr>
<tr><td>无</td><td>05</td></tr>
<tr><td rowspan="2">自动跟踪系统</td><td>有</td><td>06</td></tr>
<tr><td>无</td><td>07</td></tr>
<tr><td rowspan="2">每面坡口内焊道</td><td>单道</td><td>08</td></tr>
<tr><td>多道</td><td>09</td></tr>
</table>

（3）项目代号应用举例

1）厚度为12mm的Q235R钢板对接焊缝平焊试件带衬垫，使用J507焊条手工焊接，试件全焊透，项目代号为SMAW-Ⅱ-1G（K）-12-F3J。

2）壁厚为8mm，外径为60mm的20G钢管对接焊缝水平固定试件，背面不加衬垫，用手工钨极氩弧焊打底，填充金属为实心焊丝，焊缝金属厚度为

3mm，然后采用J427焊条手工焊填满坡口，项目代号为GTAW-Ⅰ-5G-3/60-02和SMAW-Ⅰ-5G(K)-5/60-F3J。

3）板厚为10mm的Q235R钢板立焊试件无衬垫，采用半自动CO_2气体保护焊，填充金属为药芯焊丝，试件全焊透，项目代号为GNAW-Ⅱ-3G-10。

4）管材对接焊缝无衬垫水平固定试件，壁厚为8mm，外径为70mm，钢号为Q235，采用自动熔化极气体保护焊，使用实心焊丝，在自动跟踪条件下进行多道焊全焊透，项目代号为GMAW-5G-06/09。

5）在壁厚为10mm、外径为86mm的Q235钢制管材垂直固定试件上使用A312焊条手工堆焊，项目代号为SMAW（N10）-Ⅱ-2G-86-F4。

6）管板角接头无衬垫水平固定试件，管材壁厚为3mm，外径为25mm，材质为20钢，板材厚度为8mm，材质为Q235R，采用手工钨极氩弧焊打底不加填充焊丝，焊缝金属厚度为2mm，然后采用自动钨极氩弧焊药芯焊丝多道焊，填满坡口，焊机无稳压系统，无自动跟踪系统，项目代号为GTAW-Ⅰ/Ⅱ-5FG-2/25-01和GTAW-5FG(K)-05/07/09。

7）S290钢管外径为320mm，壁厚为12mm，水平固定位置，使用E××10焊条向下立焊打底，背面没有衬垫，焊缝金属厚度为4mm，然后采用药芯焊丝自动焊，焊机无自动跟踪，进行多道多层焊填满坡口。项目代号为SMAW-Ⅱ-5GX-4/320-F2和FCAW-5G(K)-07/09。

8）板厚为16mm的06Cr19Ni10钢板，采用埋弧焊平焊，背面加焊剂垫，焊机无自动跟踪，焊丝为H0Cr21Ni10Ti，焊剂为HJ260，单面施焊二层，填满坡口，项目代号为SAW-1G(K)-07/09。

三、焊接职业道德

1. 职业道德的基本概念

职业道德是社会道德在全社会各行各业行为和职业关系中的具体体现，也是整个社会道德生活的重要组成部分。它是从事一定职业的个人，在工作和劳动的过程中，所应遵循的、与其职业活动紧密联系的道德原则和规范的总和。它既是对本职业人员在职业活动中的行为要求，又是本职业应该对全社会所承担的道德责任与义务。由于人们在工作中各自职业的不同，便有了在职业活动中所形成的特殊职业关系、特殊的职业活动范围与方式、特殊的职业利益、特殊的职业义务，所以，也就形成了特殊的职业行为规范和道德要求。

职业道德是人们在履行本职工作的时候，从思想到行动中应该遵守的准则和对社会所应承担的责任和义务。焊工的职业道德是：从事焊工职业的人员，在完成焊接工作及相关的各项工作过程中，从思想到工作行为所必须遵守的道德规范和行为准则。

各企事业单位都应当定期举办职业道德讲座，培养员工职业道德意识。

2. 职业道德的意义

（1）有利于推动社会主义物质文明和精神文明建设　社会主义职业道德是社会主义精神文明建设的一个重要方面。社会主义精神文明建设的核心内容是思想道德建设。它要求从事职业活动的人们在遵纪守法的同时，还要自觉遵守职业道德，规范人们从事职业活动的行为，在推动社会物质文明建设的同时，提高人们的思想境界，创造良好的社会秩序，树立良好的社会道德风尚。所以说，自觉遵守职业道德，有利于推动社会主义物质文明和精神文明建设。

（2）有利于企业的自身建设和发展　企业的职业道德水平的提高，可以直接促进企业的自身建设和发展。因为一个企业的信誉，要靠在本企业职工的职业道德来维护，这些人员的职业道德水平越高，这个企业就越能获得社会的信任。

（3）有利于个人的提高和发展　社会主义职业道德的本质，就是要求劳动者树立社会主义劳动态度，实行按劳取酬。劳动既是为社会服务，也是个人谋生的手段。每个员工只有树立起良好的职业道德，安心本职工作，不断地钻研业务，才能在市场经济条件下实现高素质的劳动力流向高效率的企业。只有树立良好的职业道德，不断提高自身职业技能，才能在劳动力市场供大于求、在优胜劣汰的竞争机制下立于不败之地。

3. 焊工职业守则

1）遵守国家政策、法律和法规；遵守企业的有关规章制度。

2）爱岗敬业，忠于职守，认真、自觉地履行各项职责。

3）工作认真负责，吃苦耐劳，严于律己。

4）刻苦钻研业务，认真学习专业知识，重视岗位技能训练，努力提高劳动者素质。

5）谦虚谨慎，团结合作，主动配合工作。

6）严格执行焊接工艺文件和岗位规章，重视安全生产，保证产品质量。

7）坚持文明生产，创造一个清洁、文明、舒适的工作环境，塑造良好的企业形象。

四、把“创新”融入焊接

1. 创新在焊接领域的重要性

创新是指人们为了发展的需要，运用已知的信息，不断突破常规，发现或产生某种新颖、独特的有社会价值或个人价值的新事物、新思想的活动。创新的本质是突破，即突破旧的思维定式，旧的常规戒律。创新活动的核心是“新”，它或者是产品的结构、性能和外部特征的变革，或者是造型设计、内容的表现形式和手段的创造，或者是内容的丰富和完善。

世界各工业发达国家都非常重视焊接技术的发展与创新。美国和德国专家在讨论 21 世纪焊接的作用和发展方向时，一致认为：焊接到 21 世纪初期仍将是制造业的重要加工技术，它是一种精确、可靠、低成本，并且是采用高科技连接材料的方法。目前还没有其他方法能够比焊接更为广泛地应用于金属的连接，并对所焊产品增加更大的附加值。

随着科学技术的发展，更多的焊接方法应运而生，其中以自动化焊接发展最为迅速。

日本在 1972 年第一次国际全球石油危机之后，为了提高其汽车产业在国际上的竞争地位，开始引进、吸收美国的机器人技术，政府资助产学研结合大力发展本国的工业机器人产业。政府对应用本国机器人的制造企业给予税收的优惠，很快几家技术较强的电子/电器公司转型成为日本的工业机器人骨干企业，如安川（电机）、松下（电器）、FANUC（数控）等，对日本的产品提升、经济发展做出了巨大贡献。

韩国于 20 世纪 80 年代末开始大力发展工业机器人技术，在政府的资助和引导下，由现代重工集团牵头，到 20 世纪 90 年代末用了 10 年的时间形成自己的工业机器人体系。目前韩国的汽车工业大量应用本国的机器人，并已经有韩国的整套汽车焊接机器人生产线进入中国。

2. 校园焊接创新

焊接创新不仅仅是指方法的创新，还包括技术、工艺、辅助工具等的创新。如手工钨极氩弧焊摇摆法，焊缝均匀、成形美观，迅速得到了广泛的应用。作为学校的学生，受到知识体系的限制，或许在焊接方法、技术、工艺等方面进行创新还有所欠缺，但可以在辅助工具上加以改进，使焊接过程能够更加便捷地开展。在这方面已经有很多学校做出了大胆的尝试，而且取得了一定的成效。

案例一：焊接综合实训操作平台（图 3-20）

目前，职业学校焊接专业讲授的焊接方法有十余种之多，其中主要涉及三种焊接方法的实训，即焊条电弧焊、二氧化碳气体保护焊和钨极氩弧焊。因为焊接位置不同，在实训过程中经常要更换夹具，给实训过程带来不便。无锡交通高等职业技术学院焊接专业的师生经过反复思考、大量试验，最终制造出全方位焊接夹具，并安装在焊接综合实训操作平台上。工件装夹能通过整体夹头以 360°旋转改变方向，夹头以 0°、45°、90°改变角度，再结合整体夹头以 360°旋转能达到多方向、多角度，很好地解决了各种焊接位置的夹持问题，如图 3-20 所示。该套夹具得到专家一致认可，获得第七届国际发明展览会金奖。

案例二：船舱焊接作业安全帽（图 3-21）

在船舱内进行焊接作业属于特种环境作业，工作空间小，触电、中毒、窒息等危险发生概率高，尤其是船体交叉作业，时有高空坠物伤人事故发生。针对该问题，靖江中专的师生将安全帽与焊接面罩有机结合，既不妨碍焊接工作又可有效保护头部。

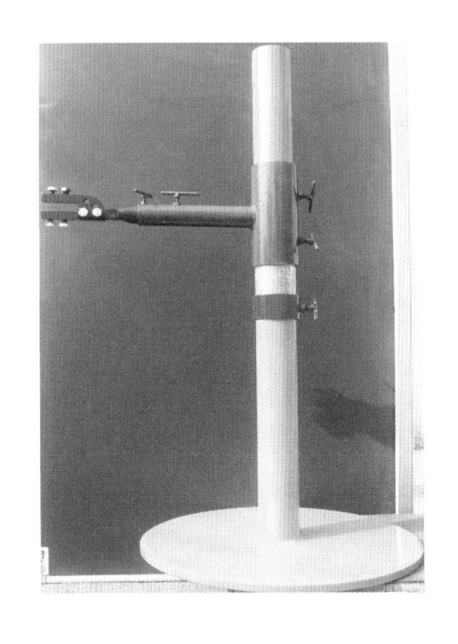

图 3-20 焊接综合实训操作平台

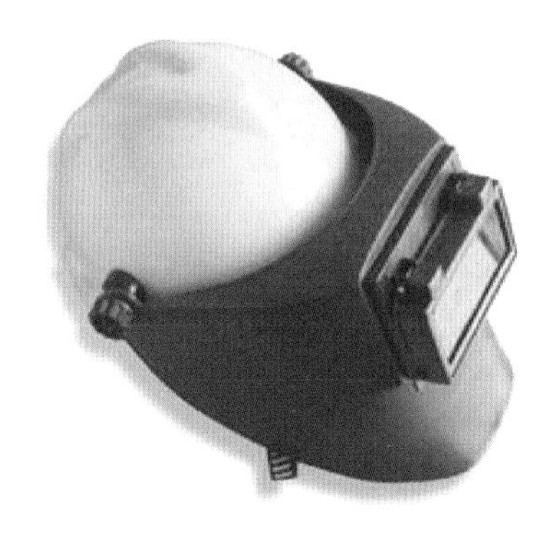

图 3-21 船舱焊接作业安装帽

3. 学生创意作品

学生创意作品如图 3-22 所示。

a) 浑天仪

b) 独轮车

c) 自行车

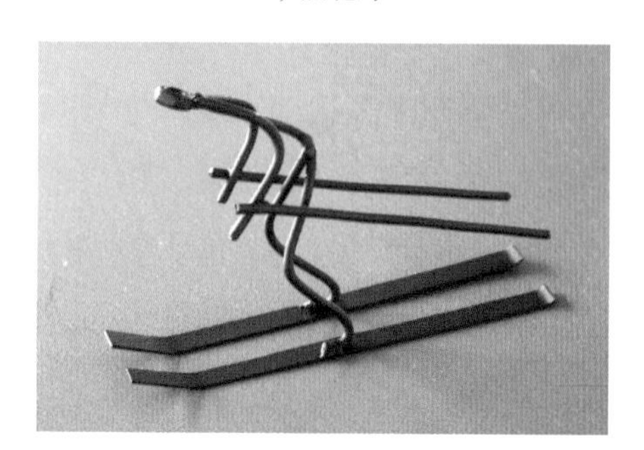

d) 滑雪

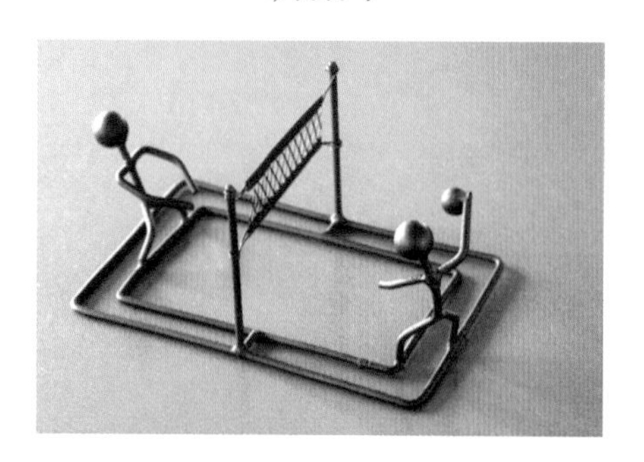

e) 沙滩排球

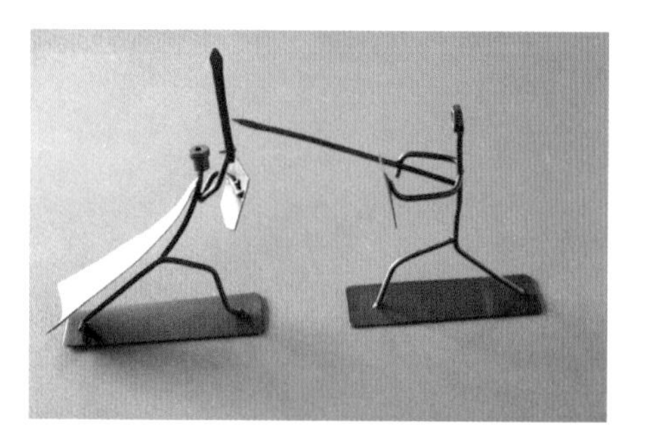

f) 击剑运动

图3-22　学生创意作品

思考与练习

1. 焊接职业资格证书分为几级，对各级有何要求？
2. 焊接职业资格证书如何办理？
3. 特种设备作业人员证如何监管？
4. 焊工职业守则内容是什么？
5. 你是如何看待创新的重要性的？

第四篇

自我认识篇

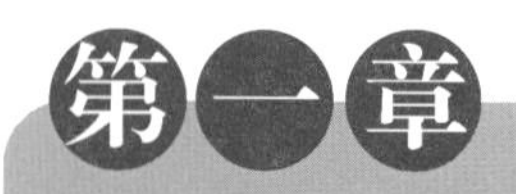

第一章 凡事预则立——焊接专业职业生涯规划

[学习目标]

1. 了解焊接专业的特点，了解个人的能力差异，能正确客观地评价自己的优势和弱势。

2. 能正确评价自己的职业能力，能结合专业特点制订提升职业能力的行动方案。

3. 能树立正确的职业能力目标，指导学生设计个人职业生涯规划书。

珍惜青春为圆梦 风雨过后是彩虹——《职业生涯规划》

职业生涯规划是指针对个人职业选择的主观和客观因素进行分析和测定，确定个人的奋斗目标并努力实现这一目标的过程。换句话说，职业生涯规划要求根据自身的兴趣、特点，将自己定位在一个最能发挥自己长处的位置，选择最适合自己能力的事业。职业定位是决定职业生涯成败最关键的一步，同时也是职业生涯规划的起点。职业生涯规划是指一个人对其一生中所承担职务相继历程的预期和计划，包括一个人的学习、对一项职业或组织的生产性贡献和最终退休。

一、焊接的职业类型

职业认知是学生由感性认知开始上升到理性认知的过程，我们可以通过信息搜索、自主探究的方式，来了解产业、行业、专业与职业之间的关联性。对焊接专业的认识如图 4-1 所示。

1）焊接是金属连接的一种工艺方法，也是一门综合性应用技术。随着中国

经济的发展，作为“世界制造工厂”的中国，焊接技术的应用越来越广泛，随着焊接技术的发展和进步，焊接结构的应用越来越广泛，焊接技术几乎渗透到国民经济的各个领域，如机械工业、冶金建筑业、航空航天和国防工业中。

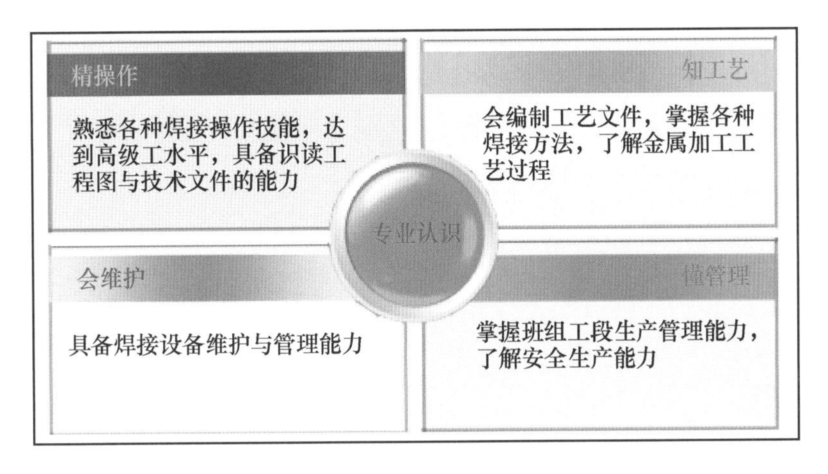

图 4-1　专业认识

2）焊接类的人才与工种。按能源的种类可分为焊条电弧焊工、钨极氩弧焊工、CO_2气体保护焊工等；按项目职称可分为焊接操作员、焊接技术员、焊接设计员、焊接工程师、焊接检测等；当然还有采购员、报价员等。焊接工种及工作要求见表 4-1。

表 4-1　焊接工种及工作要求

焊接各工种及工作要求		
工　种	类　型	要求及具体工作分类
焊接操作员	操作型	需要有较好的动手能力，需要长时间的练习。一般工作：装配工、下料工、CO_2操作工、TIG 操作工、自动化焊接等
焊接技术员	管理型	了解自己工作的所有步骤，如何避免事故的发生。一般工作：焊接工艺员、自动化焊接调试、施工图样的细化、具体焊接步骤及方法的确定等
焊接检测	原则型	了解所有焊接缺陷及形成机理，有强烈的使命感。一般工作：焊接检测员、焊接验证员等
焊接设计员	创造型	需要有较强的理论和实践基础。可从事：现场的设计变更、原理的设计等
焊接工程师	综合型	具有上述人才的综合能力、较强的领导力、较广的人际关系与号召力

二、制订符合自己的职业生涯规划

1. 制订职业生涯规划的流程

1）自我个性的分析。

职业生涯规划之 MBTI 性格类型分析

2）专业分析、选择适宜自己的专业发展方向。

3）职业目标及实施计划（这其中应既有短期也应有中长期规划）。

4）动态反馈调整。

5）备选规划方案。

制订职业生涯规划的前提是有明确的职业定位，确定自己的职业发展领域，确定自己何时内部发展、何时重新选择。

2. 认知自我

职业生涯规划，就是在自己兴趣、爱好的前提下及认真分析个人性格特征的基础上，结合自己专业特长和知识结构，对将来从事工作所做的方向性的方案。但由于种种原因，当前职业生涯规划服务不尽完善，如何将规范的职业生涯规划引入就业日程，从而使其“水到渠成”地面向市场，是值得每个人重视的问题。

3. 知识链接：多元化智能理论

多元化智能理论是由美国哈佛大学教育研究院的心理发展学家霍华德·加德纳在 1983 年提出的。加德纳认为，过去对智能的定义过于狭窄，未能正确反应一个人的真实能力。他归纳了人的 8 种智能，它们在每个人身上会有不同方式和不同程度的组合，从而使人呈现出不同的能力倾向。图 4-2 所示为多元智能理论图。

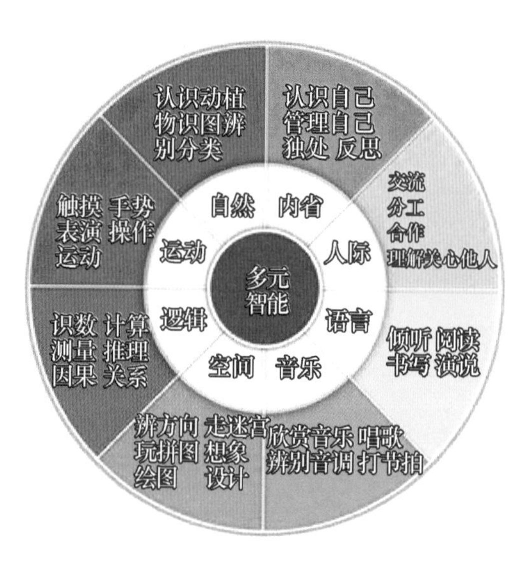

图 4-2　多元智能理论图

（1）正确认识自己，找出自己的优势与劣势　我们应做好自身条件的客观分析。分析途径主要有以下几种：一是通过对中学、大学的学习生活做一个总体回顾，然后对自己做出自我分析与评价；二是通过自己的师长、朋友给自己提一些合理建议；三是进行一些人才量表的自我测试。通过以上几种方式的分析与测试，使我们对自己的性格、兴趣、特长、气质、智商、情商、职业倾向等指标了然于心。具体可从以下两个方面

着手：一是要打开心灵的窗；二是要制订好职业生涯规划。心理学家乔·哈里斯（W. T. Harris）曾将人的心灵分为四个窗户："已开的窗户"——自己能坦然让别人知道的领域；"隐蔽的窗户"——自己刻意隐闭，不让别人知道的领域；"盲目的窗户"——别人能看得很清楚，自己却全然不知的领域；"黑暗的窗户"——自己和别人都不知道的无意识领域，暗藏未知的可能性，也是人们潜力所在的地方。

要制订好职业生涯规划，就需要扩大"已开的窗户"，缩小"隐蔽的窗户"，靠着自我洞察开发"黑暗的窗户"及通过别人的影响打开"盲目的窗"，沿此途径即可认清自己，并改善自己。同时还要检讨一下自己的基础，明确自己的优势和劣势。可从知识结构、观念、思维方式、技能、心理素质等方面进行。员工应该具有的核心能力应该是分析能力、沟通能力以及以客户为导向的能力。如果每个人清楚地知道自己具备哪些能力，未来的工作岗位需要什么样的素质，并有意识地进行培养，那么他就能真正提升自己的能力与素质。

（2）我喜欢什么？——找出自己的兴趣所在　西方有一句谚语说：如果你不知道你要到哪里去，那通常你哪儿也去不了。同样，一个不知道自己想干什么的人通常什么也干不好。所以，要制订一个有效的职业生涯规划，关键一点就是认清自己，找到自己的兴奋点和兴趣所在。俗话说，兴趣是人最初的动力，是最好的老师，是成功之母。从事一项感兴趣的工作本身就能给人以满足感，职业生涯也会从此变得妙趣横生。一代球王贝利以视足球为生命的执着成为世界瞩目的球星；对经商有着强烈兴趣的张玉峰（曾任北大方正集团公司总裁）的创业史也说明，浓厚的职业兴趣是一个人事业腾飞的引擎，而对兴趣的无悔追求是事业成功的巨大推动力。对于即将选择工作的人来说，要在父母、老师甚至心理专家的帮助下，找出自己的真正兴趣所在，据此选择就业方向。

（3）我能做什么？——确定自己的职业性向　人们仅凭兴趣选择职业是不全面的，感兴趣的事情并不代表其有能力去做。宇航员杨利伟，导演张艺谋，央视名主持白岩松、水均益，球星姚明等人所从事的职业可以说是众多年轻人的兴趣和梦想，但从事这些职业所必备的个性、能力、特征决定了不是只有兴趣就能干好的。因此，清楚自己能干什么、适合干什么是选择职业的必备条件。职业咨询专家约翰·霍兰德认为，人格（包括价值观、动机和需要等）是决定一个人选择何种职业的一个重要因素。霍兰德基于自己对职业性向测试的研究，提出了决定个人选择何种职业的 6 种基本的人格类型或性向，如实际性向、调研性向、社会性向、常规性向、企业性向、艺术性向等。例如，一个有着较强社会性向的人可能会被吸引去从事包含着大量人际交往内容的职业，而不是去从事那种包含着大量智力活动或体力活动的职业。而且，科学家们进一步研究总结了一些分别最适合于这6种职业性向的职业类型。比如，具有实际性向的人会被吸引到工程人员、公路巡逻员以及机械工人等此类的职业之中；而那些具有调研性向的人则会被吸引到天文学、生物学和化学等研究领域。然而，成功地完成一项工作不仅需要兴趣与动力，还需要一定的能力。比如，假设一个人具有调研性向，那么他（她）就一定能胜任天文学、生物学等领域的研究工作吗？出于进行职业规划的目的，可利用一些完整的测验工具来对自己的资质进行衡量。所测验的内容包括智力、基本技能、与特定职业岗位相匹配的能力、与人合作的能力等。借助测评和职业咨询，把原本“只可意会，难以言传”的感觉，细细量化分析，看看自己到底喜欢什么，能做什么，擅长什么，进而找到一条适合自己的职业发展之路。

（4）环境支持或允许我做什么？——依据社会需求确定自己的最佳职业　明确自己想干、能干的专业领域和事业发展方向的同时，还应兼顾考虑社会的需求和未来发展前景等外在因素，这是职业选择是否成功的基本保证。如果所选择的职业自己既感兴趣又符合能力要求，但社会没有需求或需求极少，就业机会渺茫，这样的职业生涯规划其起步就是失败的。

由于社会人才需求、劳动力市场变化发展的不确定性，衡量社会需求以及发展前景不是简单的事情，因而在选择职业时，应综合权衡、统筹考虑，力争做到在择己所爱、择己所长的同时择社会所需，理智地走好职业生涯规划的第一步。

（5）我的职业与生活规划是什么？——确定职业目标和个性化的职业发展计划　要根据自己的爱好、实际能力和社会需求制订有效的目标和实施步骤。例如某个年龄段该做什么、某个时间段自己达到什么目标等。许多事业有成的人，他们有一个共同特点，那就是在正确的时间做出正确的决策。这种选择并非因为他们拥有某种特殊的天赋，而是他们对自己的人生和事业有一个明确的目标和整体的规划。我们应该有一个十分清楚的目标体系。这个目标体系可以十分容易地检验自己的能力与素质。

在制订了自己职业目标的基础上，要制订一个个性化的职业发展计划。这一发展计划的核心内容就是在充分做好自我评价和内外环境分析的基础上，选择适合自己的职业——与自己兴趣、能力匹配，与所学专业领域方向一致、符合自己职业发展方向的理想职业。

（6）我该如何完善职业生涯规划？—根据目标和进程不断总结并完善自己的计划　要经常对自己制订的职业生涯规划进行评估、调整和回馈，对职业生涯中的不和谐之处进行矫正并最终选定自己的“职业锚”。职业生涯规划并不是一成不变的，影响个人职业生涯规划的不可测因素很多，在这种状况下，要使职业生涯规划行之有效，就必须对人生目标、职业生涯路线、实施计划与措施进行及时的评估与调整。

自我分析：

请分别用三句话描述你的优势和弱势。

我的优势：1）____。

2）____。

3）____。

我的弱势：1）____。

2）____。

3）____。

4. 职业生涯规划与目标

（1）分解目标　目标分解就是根据观念、知识、能力差距，将职业生涯远大职业目标分解为有时间规定的长、中、短期目标，甚至将阶段目标分解为某确定日期，可以采取的操作步骤与具体措施。

目标分解可以按时间分解为近期目标（1年以内）、短期目标（1~3年）、中期目标（3~5年）、中长期目标（5~10年）和长远期目标（10~20年），见表4-2。

表4-2　职业生涯发展目标

分　类	序　号	起止时间	目　标	备选方案
短期目标	1	—　年		
	2	—　年		
	3	—　年		
中期目标	1	—　年		
	2	—　年		
	3	—　年		
长期目标	1	—　年		
	2	—　年		
	3	—　年		

（2）针对目标差距制订措施 制订的措施要直接指向自己的职业目标，直接指向本人与目标的差距，找出现在的我与将来我的差距。例如，我的职业理想是成为一名焊接检测员，但是现在我对焊接检测这个工作岗位还不太了解，对于焊接检测技术更是知之甚少。同时，成为一名检测员应有的特质，我也不太突出，但我相信，凭借我对职业的热爱，通过我的勤奋努力，一定能够实现自己的理想！可是，在制订具体实施措施时，经常出现措施与目标分离，措施没有针对自我差距，或是措施没有针对性，甚至无效。

（3）操作步骤可行 措施要符合自身条件，符合社会外部环境，具有可操作性。但在实践操作中由于措施制订者没有客观自我评估，自我剖析不到位，对社会环境不了解，导致制订的措施缺乏可行性，泛泛而谈，操作模糊。

（4）合理评估 自我评估包括对自己学习任务、岗位能力、技能培训等现状分析。自我剖析时，既要立足现实，看清“现在的我”，更要着眼发展，看到“未来的我”，见表4-3。立足于现实，展望未来，目标明确，措施到位，只有这样才能不断提升自我素质，朝着预订的方向发展。

表4-3 自我能力评估

岗位要求	现在的我	将来的我	存在的差距
思想观念			
岗位知识			
心理素质			
岗位能力			

思考：通过上表，你认为自己的哪项差距最重要？

（5）路径的选择 通常适合职业学校学生的路径选择有两种：一是技术技能型，即学徒工—初级工—中级工—高级工—技师—高技技师；二是管理型，即班长—线长—车间主任—部门经理—公司负责人；此外还有自主创业型、升学型等。

请结合焊接专业的特点，选择适合自己的发展路径，制作自己职业发展路径图（图4-3）。

（6）设计个人职业生涯规划书 实施步骤：

1）到有关“职业生涯规划网站”检索职业生涯规划书范文，下载一些和自己专业相近的职业生涯规划书。

2）分析职业生涯规划书应包含哪几项内容。

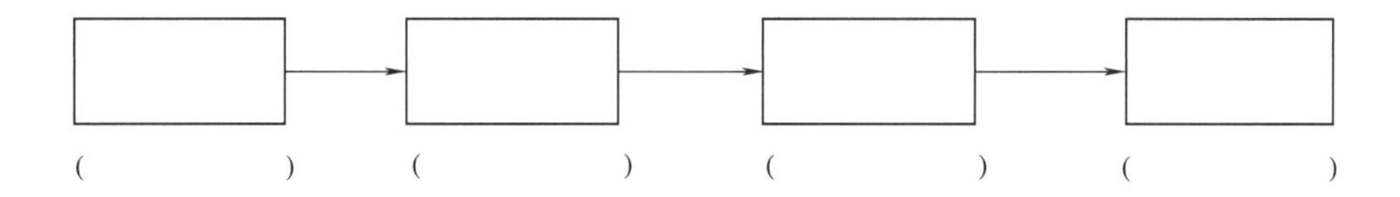

图 4-3　个人职业发展路径图

3）设计个人职业生涯规划书的项目和内容，确定题目。

4）确立自己未来的职业总目标或职业方向。

5）从所学专业、个人兴趣、性格、能力、价值观等角度来分析自己，对将来从事职业的社会环境及行业、企业的需求进行分析，与老师、同学们开展讨论、交流，进行适当的修改、完善。

6）分解自己的职业目标，制订详细的行动措施，初步形成自己的职业生涯规划书。

5. 评估反馈、制订备选方案

（1）评估反馈　为保证职业规划的实现，制定者将在规划的时间期限内，根据具体执行的情况，进行适当调整，采用评估表、反馈表、备选表的方式来做，时刻提醒、监督、引导自己按照确立的方向前进，如图 4-4 所示。

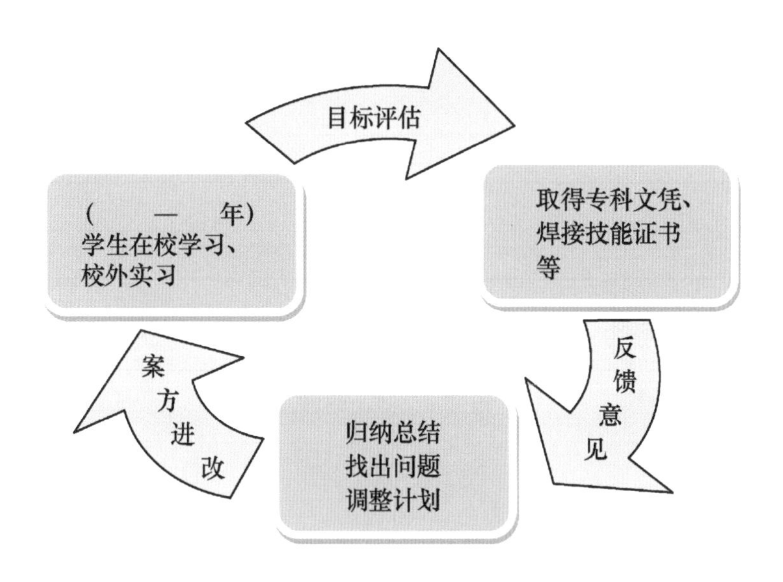

图 4-4　评估反馈示意图

根据图 4-4，任何一阶段如若不能达到阶段性目标，将按表 4-4 进行调整与改进。

表 4-4 备选方案总表

分类	序号	起止时间	目标	备选方案
短期目标	1	— 年		
	2	— 年		
	3	— 年		
中期目标	1	— 年		
	2	— 年		
	3	— 年		
长期目标	1	— 年		
	2	— 年		
	3	— 年		

如何来保证评估、反馈及备选方案的实施，以短期目标为例，进行解释与说明。短期内，学生仍为在校学生，主要的考查、评价内容为在校的学习情况，见表 4-5 和表 4-6。

表 4-5 学期课程评估表

课程	成绩	老师评估	同学评估	是否达标（≥85 分）
自我评估				

表 4-6 技能学习反馈表

课程	评价成绩	教师反馈	同学反馈	个人总结

（2）备选方案 虽然只是一年级新生，今后四年中，都将由同学们和老师们对自己的学习情况与表现，进行评估与反馈，期间，如若没有达到既定的目标，

将在一定的时间内，改进学习方面，更加努力学习，力争完成目标，具体的备选方案见表4-7和表4-8。

表4-7　学习备选方案表

未达标课程	计划时间	努力方向	是否达标（≥85分）

表4-8　实习备选方案表

计划时间	备选内容				是否达标
	实习单位	实习岗位	实习内容	证　书	

对自己职业生涯的规划，今后不管面对怎样的困难，有了自己的规划，都将朝着这个方向，坚定不移，努力奋斗，去实现自己的目标，走好自己的每一步，走好人生路！让每一天都活得精彩而有意义！

三、职业生涯规划案例

序　　言

一个人，若要获得成功，必须拿出勇气，付出努力。实现目标的历程需要付出艰辛的汗水和不懈的追求，而对每个人而言，职业生命是有限的，如果不进行有效的规划，势必会造成青春和时间的浪费。而作为当代的职业院校学生，要是没有一点准备，踏入这个竞争激烈的社会怎么能满足社会的需要？所以我们有必要提前规划我们的未来，为我们以后的发展做好打算。我试着为自己拟订了一份职业生涯规划。

人物背景：男，2004年出生，智能焊接技术专业，五年一贯制大专，江苏人。

目 录

（一）自我评估

聪明的人只要会认识自己就什么也不会失去——尼采

1. 职业技能和兴趣特长

职业技能	兴趣特长
计算机操作中级 计算机绘图中级 电焊工技能中级 英语初级	平时喜欢打篮球、看书、听音乐、上网，交际能力较强

2. 价值观

我有着较为强烈的家庭观念和社会责任感，我对生活充满热情和信心，尽管在努力的过程中会有挫败，但我乐观积极的价值观指导我看到美好的一面，并鼓励我一直奋斗下去。

3. 多方面评价

评　价	优　点	缺　点
自我评价	待人随和、乐于助人、礼节周全、举手投足都大方得体	幼稚不成熟、考虑问题不全面、专业知识了解不够
家人评价	懂事，尊老爱幼，乖巧	不圆滑，无心机
老师评价	表达能力强，尊师守纪，细心	做事太过于变动
亲密朋友评价	很容易相处，讲义气	缺乏一些人格魅力
同学评价	团结同学，理智	有时有点严肃
其他社会关系评价	善良、幽默	不够成熟、稳重

4. 自我认识总结

我的性格属于内外并蓄而又较偏内向型，主要表现为：与熟悉的朋友相处不拘小节，但在生疏的人面前却稍显拘谨。另外，我对待工作和生活中的任何一件事情都非常细心，而且有着明确的时间观念和较强的责任感。但同样需要看到，我对新环境的适应能力比较弱，不利于在一个新团体中开展工作；另一方面，我的性格当中还缺乏一些必要的主动性和魄力，常常是被动地接受任务，而很少主动地去寻找挑战。

不过不管做什么，我一定要保持一颗乐观向上的心，不管遇到什么挫折，只要希望还在我心中，我的信念还在，我就不用怕，心态一定要放正！还有，我个人的思想是经常笑笑吧！不管是对谁！微笑永远是最重要的！

（二）外部环境分析

1. 家庭环境分析

我来自苏北农村，家庭经济条件不好，我很珍惜这样的学习机会，我希望我毕业后能够在比较发达的城市发展，有自己的一席之地，不再让父母受苦！

2. 个人对职业的思考

一个人不管以后能不能找到自己心仪的工作，但一定要热衷于自己所做的事情，充分发挥自己的实力，劳逸结合。

3. 学校环境分析

我目前学习的专业是智能焊接技术专业，该专业是学校的骨干专业，1994 年开办焊接中专，2002 年开办焊接高职，现已有二十余年历史了，是省级示范专业，学校师资力量雄厚，软硬件条件都非常好。历届毕业生都是供不应求，所以很容易找工作，因为是属于职业院校，所以刚开始要从一线技术工做起，竞争力较强。

4. 社会环境分析

当前大学生的就业形势很严峻，社会究竟需要怎样的就业人才呢？由此我就就业能力主要包括哪些内容做了调查，图 4-5 是调查结果，即用人单位最看重的五种就业能力。

5. 目标地域分析

我的目标是长三角地区。长三角地区是中国经济最为发达的地区之一，世界 500 强已经至少有 480 家在长三角设立了分公司，500 强企业也要在这里招聘大量的技术人才。

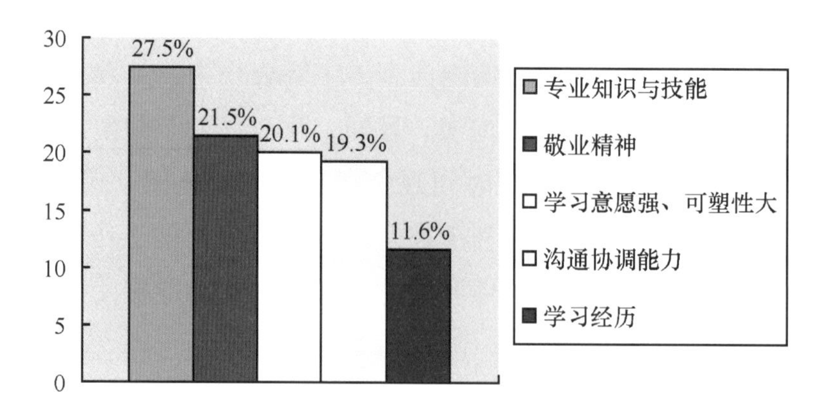

图 4-5　用人单位最看重的五种就业能力

（三）专业就业方向和前景分析

目前焊接结构的应用非常广泛，世界上工业发达国家一般钢产量的 40% 左右是经过焊接加工成为工业用品的。我国焊接行业经过 40 多年的发展壮大，目前已形成一批有一定规模的企业，可以基本满足国民经济的需求。随着我国改革开放和企业与产品结构改革的不断深化，原有的 1500 家电焊机专业和兼业制造厂、辅机具制造厂中，停产、半停产、转产以及资产重组的约占 50%；一批电焊机制造的新兴企业“异军突起”，部分合资和民营企业的业绩尤为突出。

目前我国的焊接自动化率只有 20% 左右，国家从 20 世纪末开始逐渐在各个行业推广气体保护焊，取代焊条电弧焊，现已初见成效。各企业正在逐步用高效率的 CO_2 或 $Ar+CO_2$ 气体保护焊取代焊条，大中型企业的焊接效率正在提高，中型企业用气体保护焊焊丝的比例为 72%，大型企业的焊条用量比例为 38%，特大型企业药芯焊丝用量较高，约为 17%，如图 4-6 和图 4-7 所示。

智能焊接技术专业的学生在焊接行业这一领域将大有所为。近十几年来，焊接技术在工业上的应用越来越多，许多工厂和企业引进了各种先进的焊接技术及设备，对焊接技术人才需要非常迫切，近几年焊接类学生的就业形势呈现出供不应求的局面。

五年制焊接高职教育是以培养焊接结构制造生产、管理与服务第一线需要的高素质技能型专门人才为目标，培养焊接技术应用、焊接工艺编制与实施、焊接自动化及智能化设备的操作使用与维护、焊接质量检测与分析、焊接生产管理技能等方面的高技术人才。

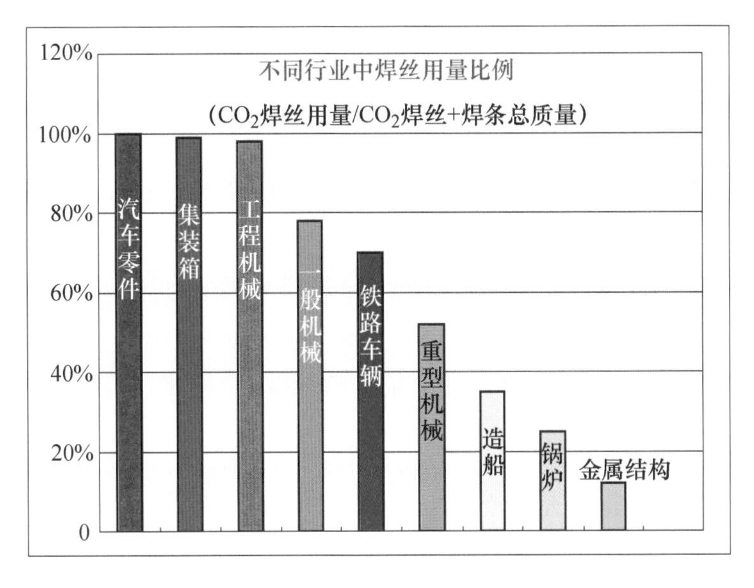

图 4-6　同行业中以气体保护焊取代焊条电弧焊的比例

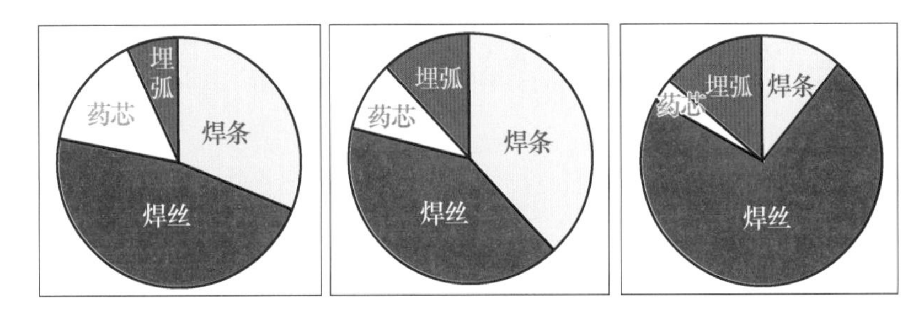

图 4-7　100 家企业中特大型（左）大型（中）和中型（右）企业焊材消耗比例

1. 就业方向

本专业的学生主要就业于船舶制造、汽车制造、锅炉、压力容器、石油、化工、航空航天等大型国有企业、外资与合资企业，从事焊接操作、现场管理、质量检验、工艺编制等工作。焊接岗位需求情况如图 4-8 所示。

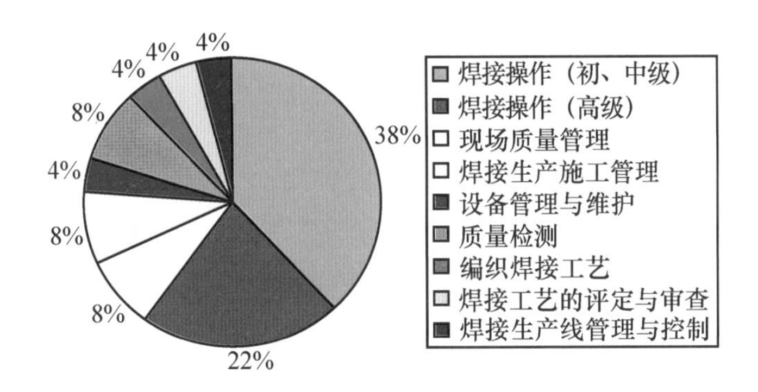

图 4-8　焊接岗位需求情况

2. 专业解读

智能焊接技术专业是一个技术性较强、知识面相对集中的专业，目前全省只有少数几所职业院校开办了该专业，每年的毕业生人数较少，而近几年来，焊接技术在各行各业的广泛应用，使焊接专业人才更加稀缺。

3. 就业形势

可以说，目前焊接专业的学生在毕业前，签订率就达到100%，在未来10~20年，随着制造业的发展和企业自身的完善，该专业仍然比较吃香，所以该专业的就业前景非常好。

4. 薪资状况

总体来说，该专业并不是一个高薪专业，但随着工作时间和工作经验的增加，会“越老越值钱”。该专业的学生毕业后第一年的工资都在2000元左右，以后几年工资会快速上涨，按照目前的薪资水平，国营和民营企业可达3000~5000元/月，外资企业可达8000~10000元/月，个别企业每个月20000~30000元也是有可能的。焊接专业学生薪金情况如图4-9所示。

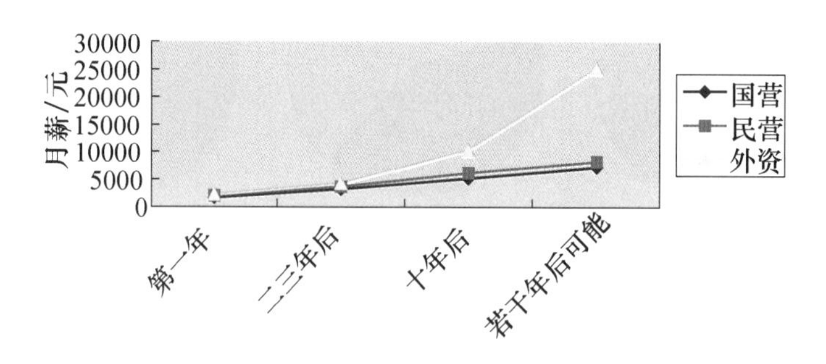

图4-9 焊接专业学生薪金情况

（四）目标职业选择分析

1. 目标职业名称

制造业企业的焊接质量控制高级工程师、技术总监。

2. 岗位说明

1）负责审核焊接工艺文件、规程以及标准。

2）负责焊接体系的维护与管理。

3）负责推行新的焊接方法、技术的调研与在公司内部推广与应用。

4）负责焊接件的工艺准备、审查以及现场工艺、质量问题的处理。

5）负责组织并联系行业持证焊工的考试，并建立、管理和完善焊工档案。

3. 工作内容

1）到现场了解生产工艺状况，改善焊接工艺及推广新工艺。

2）负责审批焊接性试验及焊接工艺评定报告。

3）制订二次以上的焊接返修方案。

4）参与生活流程改善，提高生产率。

5）审批焊接材料的采购要求、库存量和焊材库的管理制度。

6）协助采购部进行焊接设备、工具的选择。

7）协助相关部门进行员工的岗位培训，提高员工的操作技能和理论水平，将工人的操作标准化。

4. 任职资格

1）要求具有较丰富的理论知识、技能水平和实践经验，具有较强的管理能力。

2）熟悉行业专业知识，有丰富的相关行业焊接质量控制、焊接工艺评定、工艺编制等经验。

3）有较强的使命感和积极开拓的进取精神。

4）有良好的协调、沟通能力和服务意识。

（五）职业发展路径

职业发展路径如图4-10所示。

1）通过丰富的知识、技能储备敲开大型企业的大门。

2）当知识、技能、能力、素质提高到一定程度，进入合资或外资企业，成为焊接质量控制工程师。

3）最后凭借自己丰富的实践经验成为焊接质量控制高级工程师，并应聘为企业技术总监。

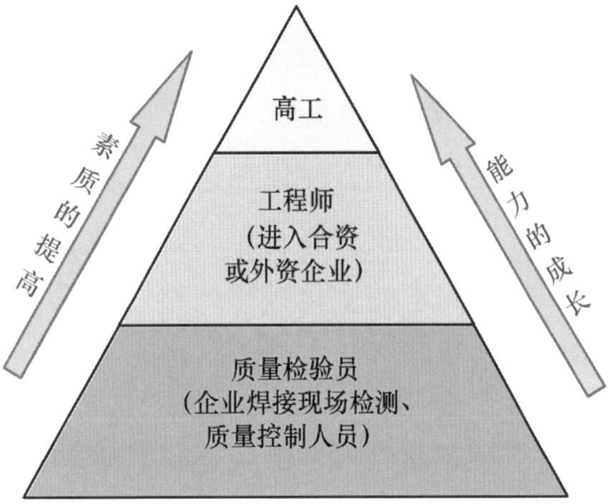

素质的提高
高工
工程师
（进入合资
或外资企业）
质量检验员
（企业焊接现场检测、
质量控制人员）
能力的成长

图4-10　职业发展路径

（六）职业目标的具体行动计划

1. 短期计划

在校四年级、五年级，抓住可以利用的机会锻炼自己，提高自己的能力，以较好的成绩完成大学课程。

学习方面：充分利用良好的校园学习环境认真学好专业知识，打下坚实的专业基础；抓住与老师交流的机会，虚心地向老师请教；充分利用学校的地域优势，多与兄弟学校的同学交流，共同进步。

考证方面：好好练习焊接技术，争取取得焊接高级工证书和 CCS 证书；注重焊接质量检测方面能力的提高，如果有条件的话，考取焊接检测检验证；好好练习普通话，如果时间允许的话可以考虑考驾照。

生活方面：早睡早起，养成良好的生活习惯；坚持每周进行体育锻炼，包括晨跑、打球等；合理安排饮食，使身体素质达标。

2. 中期计划

大学毕业后，通过自己的努力向目标前进。

1）调整好心态，从基本焊接技术工人做起，适应社会，学习前辈们的经验，处理好与同事之间的关系，积累人脉和职场经验，一步一步地升迁职位。

2）30 岁前，根据就业企业的需要，考取相关行业的各类焊接检测证书。

3）30 岁前，通过在职学习，提升学历，获得本科学历。

3. 长期计划

1）45 岁前，成为焊接质量控制高级工程师。

2）45 岁，应聘为企业技术总监。

3）45 岁拥有一份收入不菲的工作，有一个美满的家庭，父母不用再辛苦工作，工作顺利，家人身体健健康康的，经常陪家人出去旅游。

（七）动态反馈调整

计划不如变化，时代在进步，事事都不会如计划写得那么完整，随时都可能出现意外，所以我需要及时调整职业目标和行动计划。随着企业对焊接行业人才需求、岗位需求的变化进行调整。近几年我校焊接技术与自动化专业学生主要就业岗位情况如图 4-11 所示。

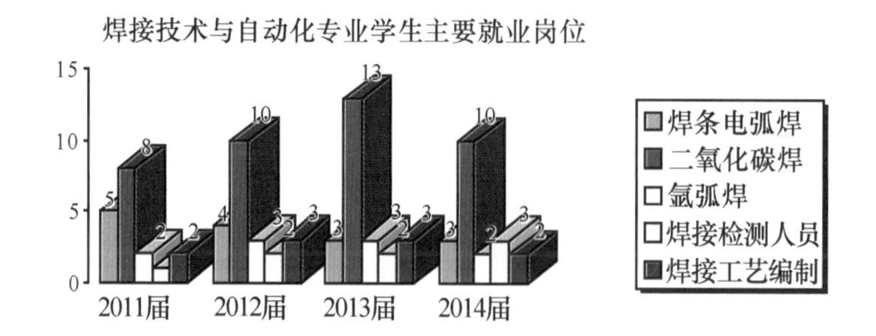

图 4-11 智能焊接技术专业学生主要就业岗位

我是一个做事比较细心的人，之所以选择智能焊接技术这个专业，然后自己又制订焊接检验这个计划，因为我觉得我的时间观念和责任感都比较强。根据企业需要和近几年我校智能焊接技术专业学生就业岗位情况，结合我的性格，对我的职业目标进行了调整。我的第二目标是成为焊接工艺员，第三目标是成为一名高级电焊工。

既然选择了焊接这一行业，我不会怕以后自己会有多辛苦，我会很努力地朝自己的目标奋进。

（八）备选规划方案

备选职业策划方案：继续学习，提升学历，将来成为焊接高级工程师、技术总监。

由于社会环境、家庭环境、组织环境、个人成长曲线等情况的变化以及各种不可预测因素的影响，一个人的职业生涯发展往往不是一帆风顺的。

现在准备两个备选方案。做人像山，做事像水，我职业发展的最终目标是确定的，但是实现最后目标的途径可能是不确定的。

1. 目标职业名称

焊接高级工程师、技术总监。

2. 确定职业目标和路径

（1）近期职业目标

1）大专毕业后，继续升学，通过专转本、专接本、专升本等渠道，获得本科文凭。

2）注重自己修养和素养的提高，使自己在大学里就具备一个职场精英的意识。

3）24 岁前本科毕业。

4）30 岁前研究生毕业。

（2）中期职业目标

1）本科毕业后，继续返回工作岗位，通过自己在工作中的表现得到公司的认可，成为一名焊接工程师。

2）在研究生毕业后，争取成为公司技术骨干和技术经理。

（3）长期职业目标

通过自己的努力，45 岁后成为焊接高级工程师，应聘为公司的技术总监。

（九）结束语

如今就业形势越发严峻，而大专时光是短暂的，我们只有好好利用这走向社会的最后实验场、训练地，好好地提升自己的内外素质，才能在毕业后面临求职就业考验时从容不迫。一个人的一生是有限的，人生能有几回搏，我们要抓住身边的每一个机会，来实现自己的人生价值。以上便是我的职业生涯规划，虽然简短，但却是我未来的指南针，在未来的二十年里，我将严格按照这个规划来做，努力打拼出自己的一片天地，一步一步接近我梦想，一步一步走向成功。

思考与练习

1. 请简述你对焊接专业的认识。
2. 请描述你身边的一位好朋友的性格特点。
3. 请评价自己的职业能力。
4. 请尝试制订自己的中短期职业目标和行动措施。
5. 请尝试设计一份职业生涯规划书。

第二章 学有所成——焊接成才案例

[学习目标]

1. 了解焊接人才成功案例。
2. 激发学生学习成才的信心。

一、高凤林——“金手天焊”

高凤林

高凤林（图 4-12）是首都航天机械公司特种熔融焊工、全国劳动模范、最美奋斗者。他技校毕业参加工作后，坚守在同一个车间，干同一个工种，只专注于一件事——在厚度、薄度均在毫厘之间的管壁上，一次次攻克发动机喷管焊接技术难关，被称为焊接火箭“心脏”的人。40 年来，他先后为 90 多枚火箭焊接过“心脏”，他焊接过的火箭占我国火箭发射总数近四成。

图 4-12　高凤林

汗水和时间打造的“金手天焊”

1978 年，高凤林进入 211 厂技术学校学习，1980 年毕业后分配到首都航天机械公司发动机焊接车间，是伴随改革开放成长起来的一代人。早期，培养一名氩弧焊工的成本甚至比培养一名飞行员还要高。用比金子还贵的氩气培养出来的焊工，被人们称为“金手”“银手”。同时，由于焊接对象是具有火箭“心脏”之称的发动机，对焊工的稳定性、协调性和悟性更有极高的要求。

汗水和时间，将高凤林打造成名副其实的“金手天焊”。20 世纪 90 年代，在亚洲最大“长二捆”全箭振动塔的焊接操作中，高凤林长时间在表面温度高达几百摄氏度的焊件上操作。在他的手上，至今可见当年留下的伤疤。

国家“七五”攻关项目、哈尔滨汽轮机厂大型机车换热器的生产中，为了突破一项熔焊难题，高凤林在半年时间里天天趴在产品上，一趴就是几个小时，被同事戏称“跟产品结婚的人”。“航天精神的核心就是爱国，能够用汗水报效祖国，是我的追求。”高凤林说。

好工匠要将“制造”和“智造”相结合

“要当一名好工人，必须要上 4 个台阶，一是干得好，二是明白为什么能干好，三是能说出来，四是能写出来。”这是一位老师傅对高凤林说过的话，他记了一辈子。

曾有一段时期，车间一些年轻人思想浮动，不安心岗位工作。就在这时，这位老师傅找到他，说了这样一番话，让他明白航天产品离不开高素质的操作工人，当好一名工人也不是一件容易的事。

从那以后，高凤林坚定了当一名好工人的信心，在航天操作岗位上不懈追求、创新突破，无数次将“不可能”变为“可能”。

早在 1996 年，针对产品特点，高凤林灵活运用所学高次方程公式和线积分公式，提出“反变形补偿法”进行变形控制，并凭借这一工艺荣获国家科技进步二等奖，展现出技术工人身上的创新力量。

每当新火箭型号诞生，对高凤林来说，都是挑战自我的过程。最险的一次，面对 10m 开外随时可能爆炸的大型液氢储罐和脚底下几十米深的山涧，在故障点无法观测、操作空间非常狭小的条件下，他利用丰富的经验进行“盲焊”，通过了发动机总设计师组织的“国际级大考”！

2006 年，一个由著名物理学家丁肇中教授牵头，16 个国家参与的反物质探测器项目，因低温超导磁铁的制造难题陷入困境。在国内外两拨顶尖专家都无能为力的情况下，高凤林只用两个小时就拿出方案，让在场专家深深折服。

作为 2016 年第二届中国质量奖的唯一个人获奖者，高凤林认为，“一名好的工匠，应该是‘制造’和‘智造’的结合。”

扎根焊接岗位放飞中国梦想

全国劳动模范、全国“最美职工”、全国道德模范、北京市全国技术创新大

赛唯一特等奖……集众多荣誉于一身的高凤林，已然站在人生巅峰。

站在领奖台上，聚光灯下的他彰显出新时期产业工人的自信与力量，回到车间岗位，穿上工装的他仍然淡定专注于一线，对待工作没有一丝杂念。他始终认为，“航天是我的理想，我的根在焊接岗位上。”

如今，年近 60 岁的高凤林依然奋战在一线，承担长三甲系列火箭氢氧发动机的批产，长征五号芯一、二级氢氧发动机的研制生产，重型火箭发动机的预研等国家重大工程的实施任务。

40 多年来，他攻克难关 200 多项，主编了首部发动机型号焊接技术操作手册等行业规范，多次被指定参加相关航天标准的制定工作，主导并参与申报了 9 项国家专利和国防专利。

（摘自《职业》，2019 年 10 月 1 日）

二、张冬伟——“国宝级”焊工

张冬伟

张冬伟（图 4-13），全国技术能手、全国职业道德建设标兵、全国五一劳动奖章获得者，我国首批殷瓦焊接技术工人中最年轻的一个。他稳稳操控焊枪，在薄如两层蛋壳的殷瓦钢片上“绣出精美钢花”。

“鱼鳞焊缝特别美”

张冬伟对焊接的爱，始于欣赏。“这些焊缝像鱼鳞一样均匀，特别美。盯着自己焊接的产品，他满脸陶醉，像在鉴赏精美的艺术品。

图 4-13　张冬伟

时光倒流 20 年，17 岁的张冬伟初中毕业，考入沪东技校电焊班。他来自周浦镇姚桥村，父亲和祖父都是泥瓦匠，祖父还是手艺高超的八级技工。“刚接触电焊，很难把握节奏——时间短了，质量不达标；时间稍长，钢板容易烧穿。”张冬伟坦言，自己早期焊接的产品很丑，“动作和老师差不多，但结果相差太远。”张冬伟仔细观察、反复苦练，越来越感受到藏在焊缝里的美，渐渐爱上了焊接，并朝着最美境界不断追求。

2001 年，他以优异成绩进入沪东造船厂，师从全厂最年轻的焊接高级技师、央企劳动模范秦毅。焊光飞沫间，他领略到了更丰富的美。“有一次备战全国比赛，师傅在集训期间展示‘单面焊双面成形的绝招’，我当时就看呆了。他完成正面焊接，成形美观的反面焊缝也同时出现，太漂亮了。我暗下决心，一定要好好学，将来超过师傅。”

如今，张冬伟已成长为高级技师、全国技术能手，经他焊接过的殷瓦钢，焊缝细密整齐，犹如银光闪闪的鱼鳞，即便是门外汉也能感受到其背后的绝佳技艺。“自己烧的焊缝，基本都认得出来。我个人追求像绣花一样，一针一针很均匀的焊缝，希望把每一条焊缝都变成艺术品。”

巧手静心绣钢花

张冬伟从 2005 年起开始建造 LNG 船，参与了沪东中华造船厂交付的全部 17 艘 LNG 船。目前在建的新船型，全船殷瓦钢焊缝总长度 140km，其中 90% 使用机器自动焊接，但是在角区等特殊位置，手工无法取代。也就是说，还有约 14km 的繁难焊缝，必须由人工完成。

“焊接过程中若产生针眼大小的漏点，随时可能引发烈性爆炸，船毁人亡。”张冬伟说。每个舱完成焊接作业后，必须接受第三方密封性检测，漏点为 0 才合格。首次检测，最多允许 10 个漏点，再逐个堵漏，确保安全。

全舱初检就毫无漏点，是世界造船业难以攀登的高峰，张冬伟和同事们不止一次地做到了。一船有四舱，一个舱的焊缝长达 35km，想杜绝所有漏点，除了手巧，更要心静。薄如纸片的殷瓦钢极易生锈，如用手轻轻触摸，第二天很可能就会锈穿，所以焊接时不能留下一颗汗珠、一个手印。这就要求工人不仅具备精湛的技艺，还要有超常的耐心和专注度。任何轻微的情绪波动，都会影响焊接质量。

“只要拿起焊枪，就要排除一切杂念。”张冬伟补充说，每天早晨开班组会，他会仔细观察每个焊工的精神状态，如果发现有人出现疲劳或烦躁，就让其暂时休息。“人难免遇到烦心事，必须尽快调整好心态，再上船。”

“期待徒弟超过我”

在沪东中华造船（集团）有限公司，流传着一个“三代焊接大师薪火相传”的故事。

年过六旬的集团首席技师张翼飞，40 多年坚守岗位，熟练掌握上百种材质的焊接工艺；徒弟秦毅，是我国第一位掌握殷瓦焊接技术的焊工；传到张冬伟这里，

已是第三代。在这些工匠之间代代相传的，不只是“钢板绣花”的绝技，还有对技术精益求精的渴望和对现世浮躁的隔绝。

不管收获多少荣誉，师徒三代始终扎根造船一线，苦练技术，追求完美。“‘差不多’肯定不行，要达到极致效果。”张冬伟反复强调，自己不是大师，“只是普通焊工，师公、师傅和我都这么想。”

内向的秦毅不善言辞，但对徒弟有问必答，毫无保留，张冬伟则用勤学苦练来回报师恩。做学徒时，他对师傅的每一次操作都看得格外仔细。有时候秦毅连续作业好几个小时，他就一直目不转睛，寸步不离。“有些关键动作，可能只有一两分钟，我不舍得错过。”

这些年来，师傅一直是张冬伟赶超的目标，交流切磋中，他们俩的技术不断进步。“我现在自己也带徒弟，心态和当年一样：期待徒弟的技术能超过我。如果大家你追我赶，人人都往上走一个台阶，我们国家的造船技术人才肯定后继有人。”

爱笑的张冬伟对徒弟很严厉，他能从完工的焊缝里，读出每个徒弟的情绪和水准，有任何小瑕疵，会及时纠正。在他身边，已有数十个工人获得了国际认可的殷瓦焊证书。张冬伟坦言，当技术工人，来不得半点浮躁，不管是新学徒，还是老师傅，都必须沉下心来，钻研技术。“只要心态一飘，手里的活儿质量肯定打折扣，焊缝上的‘那一排鱼鳞’不会说谎。”

（摘自搜狐新闻 2018 年 10 月 31 日）

三、王中美——全国劳动模范

王中美

王中美（图 4-14），中铁科工集团九桥公司（以下简称中铁九桥）的首席焊工、特级技师、全国劳动模范、全国五一劳动奖章、中国青年五四奖章获得者、全国三八红旗手、中国中铁十大专家型技术工人、中央企业青年岗位能手。她用辛勤和汗水将自己浇筑成一朵电焊战线上的铿锵玫瑰，用绽放的焊花“焊”出了一条通往高技能、专家型人才的人生轨迹。

王中美自参加工作以来，一直在生产一线从事桥梁电焊作业及焊接实验研究工作。她先后参加了武汉天兴洲长江大桥、南京大胜关长江大桥、铜陵长江大桥、孟加拉帕德玛大桥、沪苏通长江大桥、五峰山长江大桥等 40 多座世界一流桥梁的焊接和前期焊接试验任务。

图 4-14 王中美

不怕吃苦勇做“钢桥女焊将”

2001 年，受父亲影响，王中美从技校毕业后来到中铁九桥，本来学的是桥梁工专业，却选择干起了比桥梁工更苦、更累、更脏的电焊工。很多人觉得焊花飞溅的画面很美，可亲自干了才知道，狭窄的作业空间、闷热的焊接环境、僵立的持枪姿势、弧光和焊花的伤害，让一切都变得不那么美好。异常艰苦的工作环境，使得与王中美同期进厂干电焊的 7 位女工先后转行，唯独她坚持了下来。

王中美记得有位老工长曾告诉他们：“我们虽然只是普通的一线焊工，但我们焊接的是世界一流的桥梁，影响着千家万户的生活。要干一行爱一行，认真焊好每一条焊缝，保证每一个走在桥上的人和车都是安全的。”随着时间的积累，王中美认识到了焊接的重要性，开始苦练焊接手法，钻研焊接技术。慢慢地，看到自己焊出的焊缝越来越均匀、成形越来越漂亮，逐渐得到工友们的肯定，她慢慢地找到了工作的乐趣。

2010 年盛夏，王中美带领突击队紧急赶赴京福高铁铜陵长江大桥工地。到现场一看，要在钢梁箱体内进行焊接作业，工位窄、难度大，五六十摄氏度的高温，一进去就如同蒸桑拿，没几分钟衣服就能挤出水来。在这样一个酷热的环境内，她常常一干就是 10 多个小时，而且专挑难的、险的施焊部位，稍好一点的施焊部位都安排给工友完成。这期间，她多次出现中暑迹象，但稍作休息、用点防暑降温用品，就继续接着干了。有一次为了抢工期，连续两天作业的她晕倒在现场，领导实在不忍心，劝她回家休息几天。可她刚在家待了一天，又回到了现场。她说：“我是工班长，我的离开会影响大家的士气，这样下去会耽误工期。我还是

一名共产党员，这个时候，我不上谁上！”就这样，还未恢复体力的她，又重新投入到紧张的工作中。一个月后，工程项目如期完工，并全部一次性验收合格。在这么艰难的条件下完成任务，她没有抱怨，却还给自己总结出一条经验：作为队伍的领头人，凡事必须带头，遇事就躲怎么干得好工作！

以技立业创造“王中美焊接工法”

王中美以技立业，默默坚守电焊岗位近二十载，攻克了无数焊接技术难题。她参与建造的钢桥17次跨越长江、10次跨越黄河、9次跨越赣江，并取得了27项技术攻关、17项创新成果。她参建的重点工程相继获得国家优秀工程奖、鲁班奖，以及9项“全国优秀焊接工程一等奖”等众多大奖。

在”一带一路“重点项目孟加拉帕德玛大桥建设中，中铁九桥承建了13万余吨钢管桩制造工程。该管桩直径3m，长120m，板厚达60mm，项目焊接工程量巨大，焊缝质量等级均为Ⅰ级熔透的高要求。王中美和工友们一起，通过反复试验、优化坡口形式、完善焊接工艺，改进焊接方法，实现了焊缝优质高效，满足了工期要求。特别是在海上进行70m＋50m两重型（单节300多吨）管桩的现场定位及快速对接时，施焊技术是施工的难点和关键，要求在3天内快速完成定位、焊接和检测等工作，王中美和工友们进行了多组水上接桩的焊接工艺性试验及横位埋弧自动焊试验，从坡口形状和尺寸、焊接材料、工艺参数等方面反复调整、不断优化，最终制定了海上接桩横位自动化焊接专项工艺，填补了国内空白，为优质、高效完成德玛大桥钢管桩制造任务提供了技术支撑。

她不断用务实的态度去创新，将厚度16～28mm钢板的熔透焊接，由传统的开双面坡口焊接工法，改为开单面坡口焊接工法，有效地控制了杆件变形，工效提高了50%，被命名为“王中美焊接工法”。这种工法在公司承接的1000t多功能起重机、桅杆式桥面起重机等众多项目中得以应用。

在世界首座跨度超千米的公铁两用斜拉桥——沪苏通长江大桥新钢种焊接中，她又一次参与工厂实验，攻克了Q500qE钢材在钢桥上首次采用的焊接技术难关，解决了重达1800t的大型全焊整节段析梁的焊接难题，为推动我国铁路桥梁新钢种从Q370qE到Q420qE到Q500qE的三大跨越做出了重要贡献。

初心传承带领“女子电焊突击队”

在中国桥梁界，有一支赫赫有名的“女子电焊突击队”。2011年，中国桥梁界首支“女子电焊突击队”在中铁九桥诞生，近十年来，这支以王中美为领头人的“女子电焊突击队”，出现在一座座国内外知名桥梁建设中，累计完成焊缝长度近60万m，先后荣获“全国三八红旗集体”和“全国五一巾帼标兵岗”称号。

2016年，中铁九桥创立了“王中美劳模创新工作室”，王中美带领工友们相继开展了30多项材质实验和焊接攻关任务，开展了面向一线员工的技能培训、考试等活动3600多人次。王中美的徒弟中，多人成长为高级工、技师，其中徒弟刘青先后获得“江西省劳模”“赣鄱工匠”等荣誉称号。

2020年3月，作为党的十九大代表，王中美主动向单位提出建立“习近平新时代中国特色社会主义思想王中美学习小组”，发挥典型引领作用，推动习近平新时代中国特色社会主义思想走向基层，走进一线职工心中。通过经常性地开展学习、研讨等活动，“王中美学习小组”已经成了提高普通职工理论水平、促进青年成长成才、开展品牌党建的一次有益探索。

风雨兼程二十载，每一步足迹都有她耕耘的汗水，每一条焊缝都是她辛勤的结晶。她在焊接事业上精益求精，用行动诠释了“劳模精神”和“工匠精神”，立足岗位、苦练技能、积极创新，传播“劳动光荣、技能宝贵、创造伟大”的时代强音，谱写了一名工人对桥梁建造事业的执着追求。

（摘自腾讯新闻2020年11月27日）

卢仁峰

四、卢仁峰——“独手焊侠”

卢仁峰（图4-15），中国兵器集团首席技师、一机大成装备公司高级技师、第9届全国技术能手中焊接界唯一一位“中华技能大奖”获奖者、全国十大最美职工、中国2020年度人物候选人。卢仁峰几十年如一日，用一只手执着追求焊接技术革新、被誉为“独手焊侠”。

人物事迹

2020年9月28日，中国坦克焊接大师卢仁峰再次发布新的科研创新成果“短段双向减应力焊接操作法”，为国内军用装备高强高硬度壳体批产制造奠定基础，获得军工界的高度评价。

卢仁峰的工作是负责把坦克的各种装甲钢板连缀为一体，30多年来，他不断突破自己的技术峰值，从最早的五九式坦克，到现在正在研发的第四代新型主战坦克，他都参与了攻关研发。

20多岁时，卢仁峰已经是厂里重点培养的技术骨干。1986年，一场事故让卢仁峰左手遭受重创。被切去的左手虽然勉强接上了，但已经完全丧失功能。卢仁峰没有放弃焊接工作，他泡在车间，刻苦练习，硬是靠给自己量身定做手套和牙

咬焊帽这些办法，在五年后恢复了过去的焊接水平，再次成为厂里的焊接技术领军人。

自强不息

图4-15　卢仁峰

卢仁峰16岁那年，下乡知青回城，他来到一机集团做了焊工，他给自己定下目标：一定要学好、学精焊接技术。从此他刻苦努力，一心扑在工作上，即使师傅和工友们休息、下班了，他仍不停歇，努力地钻研和实践。同时，从基础开始，他认真学习《机械制图》《电工基础》《焊接材料》《焊工手册》等专业书籍，努力掌握焊接技术理论。

正当在焊接岗位上潜心钻研焊接方法技术并开始大显身手的时候，1986年的一场事故让卢仁峰险些彻底失去左手，大拇指、食指、中指虽被勉强缝合，但已完全丧失功能。但他没有被吓到，反而更加坚定有力。他给自己定下了每天要焊完50根焊条的任务。他常常一连几个月吃住在车间，一蹲就是数小时，直到厂房里空无一人。他左手残疾，仅靠右手练就一身电焊绝活，手工电弧焊单面焊双面成形技术堪称一绝；各类管道和容器所产生的泄漏的顶压补焊，压力容器焊接缺陷返修合格率为百分之百；各种有色金属和低、中、高合金钢的焊接及大型铸铁，铸钢的补焊样样精通。

勇挑重担

某军品项目大型水压机1#高压泵体突然出现裂纹。该设备承担13个品种、1850余项、42万件军品生产任务，按照常规需更换泵体，可市场上没有相应的备件。如果设备不能及时修复，将会影响整体进度。卢仁峰主动请缨，在没有技术参数、没有可靠的技术保障的情况下，他反复思考、试验，52个小时里，用手中的焊钳止住了高压水流，挽回损失近400万元。2009年，作为国庆阅兵装备的某型号轮式车辆首次批量生产，在整车焊接蜗壳部位过程中，由于新型装甲材料具有碳含量高、刚性极大和蜗壳壁薄等特点，焊接过程中焊接变形和焊缝成型难以控制，致使平面度超差，严重影响整车的装配质量和进度。卢仁峰再一次投入到了紧张的战斗中。从焊丝的型号到电流大小的选择，他和工友们反复研究细节，确定操作步骤，最终利用焊接变形的特性，采用“正反面焊接，以变制变”的方法，使该产品生产合格率一下由60%提高到96%。

甘为人梯

卢仁峰性格很温和，但是教起徒弟，他就像变了一个人，理论和实践上都严格要求。为了提高徒弟们焊接手法的精确度，他总结出“强化基础训练法”，每带一名新徒弟，不管徒弟过去的基础如何，都要求他一年内每天必须进行5块板、30根焊条的“定位焊”，每点误差不得大于0.5mm，不合格就推倒重来。几年间，卢仁峰带出了40多名徒弟，个个都成了技术上的骨干。他带出的徒弟有“全国劳动模范”“五一劳动奖章”和“全国技术能手”获得者、内蒙古第一机械集团公司高级技师王文山，有“全国技术能手”“内蒙古劳动模范”、内蒙古第一机械集团公司高级技师翟兴刚，有内蒙古自治区五一劳动奖章获得者、内蒙古第一机械集团公司高级技师卢仁昌，有兵器工业集团技术能手付阿什等。此外，卢仁峰对焊接事业的深爱也感染了身边的人。在他的影响下，他的爱人、弟弟、弟媳等家人共计8人干起了电焊工，其中1人获得“内蒙古自治区五一劳动奖章”，1人获得“兵器工业集团级技术能手”，2人成为高级技师，4人成为技师，他的家庭成为了名副其实的“焊工之家”。

（摘自百度百科，2021年3月20日）

五、曾正超——“技能英雄”

在巴西举行的第43届世界技能大赛上，19岁的曾正超代表中国出战，在焊接比赛中奋力拼搏，一举夺得该项目的金牌，成为中国世界技能大赛金牌第一人。焊接是制造业和所有工程项目中最基础、应用最广泛、技术要求最高的技能，因此，这块“第一金”的含金量就格外突出。

曾正超（图4-16）出生在四川省攀枝花市一个普通的农民家庭。在父母和老师的眼中，他从小就是个非常懂事的孩子，孝敬父母，做事认真。上中学时，他学习成绩一般，一心想搞体育，然而初三毕业时班主任的一句话改变了他的人生：“正超，你身体不错又能吃苦，不如去学电焊，别小看电焊工，技术含量很高，毕业了也吃香，不一定非得考大学”。于是，家庭经济条件不好，一心想早点工作为父母分担家庭重任的他选择了上技工学校。

在技校，作为焊接专业的学生，曾正超的特点就是身体好、能吃苦，最主要的是他对电焊很着迷，凭着兴趣这个最好的老师，他的技术水平提高得很快。焊接的火候全掌握在手上，不仅要求手臂有力，还要求关节灵活，干活既准又稳。

为了练稳，曾正超经常将一块砖或一块铁吊在手腕下。经过多年的努力和磨炼，他终于练就了一手过硬的焊接本领，并被选为代表中国出战第43届世界技能大赛焊接组的头号选手。

图4-16　曾正超

在集训期间，教练和选手们吃住在一起。每天选手6：30起床，6：30—8：00会进行40min以上的体能训练，8：00开始焊接技能训练，基本每天都要训练到晚上十一二点，每天在技能上的训练不会少于12h。集训期间没有节假日，焊接技能训练按照大赛的要求进行，大赛要求4个模块——单件焊接、低碳钢压力容器焊接、铝合金结构件焊接和不锈钢结构件焊接，每个模块都会分不同的选择项，比赛时每个选手会从中抽取一个进行作业。但是准备时必须每个项目都要准备到，所以训练的任务非常繁重。因为高强度训练加上压力大，一个月时间，曾正超就瘦了6斤。曾正超的左臂上面全是被焊光灼伤后的疤痕。他说，这是成长必须要付出的代价。

2015年8月，第43届世界技能大赛在巴西圣保罗举行。曾正超在规定的4天18个小时内完成了4个模块的焊接。经过严格的检验、评判，最终，评委亮分：89.6分！曾正超技压世界各国高手，赢得焊接项目金牌。

根据成绩宣布的先后顺序，他获得的这枚金牌成为中国参加世界技能大赛以来的“首金”。

（摘自《职业技术教育》，2016年1月20日）

参考文献

[1] 杨兵兵，杨新华. 焊条电弧焊实作［M］. 北京：机械工业出版社，2011.

[2] 何堂坤，靳枫毅. 中国古代焊接技术初步研究［J］. 华夏考古，2000（1）：61-65.

[3] 刘景凤，段斌，马德志. 新技术在国内建筑钢结构焊接中的应用［J］. 电焊机，2007，37（4）：38-44.

[4] 赵洪俊，王森. 分析钢结构焊接技术及其质量管理［J］. 科技创新导报，2013，(23)：61.

[5] 王新民. 焊接技能实训［M］. 北京：机械工业出版社，2004.

[6] 许志安. 焊接技能强化实训［M］. 2 版. 北京：机械工业出版社，2007.

[7] 侯银海. 职校生入学指导［M］. 长春：东北师范大学出版社，2011.

[8] 张士相. 焊工［M］. 北京：中国劳动社会保障出版社，2002.

[9] 许志安. 焊接实训［M］. 北京：机械工业出版社，2013.

[10] 于法鸣. 国家职业鉴定教程［M］. 北京：现代教育出版社，2009.

[11] 李颂宏. 熔化焊接与热切割作业［M］. 徐州：中国矿业大学出版社，2011.

[12] 刘云龙. 焊工（初级）［M］. 北京：机械工业出版社，2011.

[13] 周岐. 埋弧焊工艺与操作技巧［M］. 沈阳：辽宁科学技术出版社，2010.